VERKANNTE PIONIERE

Armin Strohmeyr

VERKANNTE PIONIERE

Erfinder | Abenteurer | Visionäre

styria premium

für Annick und Jo

INHALT

6 Vorwort

10 Edward Jenner 1749–1823 · Die Pockenschutzimpfung

24 Ignaz Philipp Semmelweis 1818–1865 · Die Asepsis

38 Gregor (Johann) Mendel 1822–1884 · Die Gesetze zur Vererbungslehre

48 Rosalind Franklin 1920–1958 · Die Entdeckung der DNA-Struktur

58 Richard Trevithick 1771–1833 · Die Dampflokomotive

72 Karl Drais 1785–1851 · Das Fahrrad

92 Josef Ressel 1793–1857 · Die Schiffsschraube

110 Wilhelm Bauer 1822–1875 · Das U-Boot

126 Siegfried Marcus 1831–1898 · Das Automobil und die »Legende Marcus«

142 Gustav Weißkopf 1874–1927 · Das motorisierte Flugzeug und die »Affäre Wright«

160 Max Valier 1895–1930 · Die Raketentechnik

172 Ilse Kober-Essers 1898–1994 · Der Massenausgleich an Flügelrudern

184 Johann Kravogl 1823–1889 · Der Elektromotor

196 Nikola Tesla 1856–1943 · Die Nutzung des Wechselstroms

208 Hippolyte Bayard 1801–1887 · Das Direktpositiv-Verfahren in der Fotografie

220 Ada Byron-Lovelace 1815–1852 · Die erste Programmiersprache

234 Peter Mitterhofer 1822–1893 · Die Schreibmaschine

248 Johann Philipp Reis 1834–1874 und Antonio Meucci 1808–1889 · Das Telefon

262 Christian Hülsmeyer 1881–1957 · Das Radarprinzip

272 Konrad Zuse 1910–1995 · Der frei programmierbare Rechner

286 Theodore Maiman 1927–2007 · Der Laser

296 Auswahlbibliographie

303 Bildnachweis

VORWORT

»UND SIE BEWEGT SICH DOCH«

Die Geschichte ist bekannt: Am 22. Juni 1633 fand in der Basilika Santa Maria sopra Minerva in Rom der Prozess der Inquisition gegen den berühmten Astronomen Galileo Galilei statt. Er hatte im Jahr zuvor sein Buch *Dialog über die zwei wichtigsten Weltsysteme, das ptolemäische und das kopernikanische* veröffentlicht. Die Kirche sah darin einen fundamentalen Angriff auf das geozentrische Welt- und Menschenbild, wie sie es auf der Grundlage des Alten Testaments lehrte und als unabweisliche wissenschaftliche Tatsache betrachtete.
Galilei blieb – um der drohenden Hinrichtung auf dem Schafott zu entgehen – nichts anderes übrig, als seine Ansichten als Irrtum zu widerrufen. Er wurde zu lebenslänglicher Kerkerhaft verurteilt, doch bis zu seinem Lebensende 1642 »nur« unter Hausarrest gestellt und in seinen schriftlichen und mündlichen Äußerungen scharf überwacht. Die Legende behauptet, Galilei habe beim Verlassen der Kirche die Worte »Und sie [die Erde] bewegt sich doch« gemurmelt und damit ein Zeichen seiner Unbeugsamkeit und der Unleugbarkeit wissenschaftlicher Fakten setzen wollen. Erst 1992 rehabilitierte nach eingehender naturwissenschaftlicher und theologischer Untersuchung der Vatikan den Astronomen und distanzierte sich 2008 formell von dem Prozess.
Die Erde bewegt sich doch, und sie wird bewegt, auch vom menschlichen Geist. Doch wie einst Galileo Galilei von menschlicher Dummheit, Intoleranz und einem bestehenden Machtgefüge behindert, ja sogar mit der physischen Auslöschung bedroht wurde, so setzte sich die Knebelung des wissenschaftlichen und technischen Fortschritts in den folgenden Jahrhunderten fort. Etwas freilich änderte sich im ausgehenden 18. Jahrhundert grundlegend: Kirchliche und feudale Instanzen verloren an Einfluss, das Zeitalter der bürgerlichen Aufklärung schien einen Raum für freies Denken und Forschen zu schaffen und zu legitimieren.

Die Wirklichkeit sah anders aus. Anstelle offenkundiger autoritärer Systeme, die über der Wissenschaft maßregelnd und urteilend saßen, traten immer mehr wissenschaftsinterne Blockaden. Sie waren nicht zuletzt durch typisch menschliche Verhaltensmuster wie Neid, Missgunst, Karrieresucht, Geltungsdrang motiviert. Die Behinderung der Wissenschaften geschah oft genug im Kollegenkreis und innerhalb der »hehren Hallen« von Universitäten, wissenschaftlichen Gesellschaften und Akademien. Auch die Macht der Medien nahm in den letzten zweihundertfünfzig Jahren konstant zu. Sie wurden trotz der Gebote der Unabhängigkeit, Freiheit und Neutralität oft genug von Lobbys und Seilschaften gelenkt und gegängelt.

Und schließlich war im Zeitalter aufgeklärter, bürgerlicher Moderne, in der Epoche beginnender Industrialisierung, immer noch *eine* Frage ungelöst: die des rechtlichen Schutzes geistigen Eigentums. Das Patentrecht bildete sich erst nach und nach mit den Nationalstaaten heraus und war international noch länger ein Desiderat. Zudem war die Anmeldung eines Patents lange an Besitz und Stand gekoppelt, so dass Erfinder aus der mittellosen Unterschicht mehr oder weniger elegant von akademischen Kreisen ferngehalten wurden.

So ist es nicht verwunderlich, dass viele der technischen und wissenschaftlichen Errungenschaften und Entdeckungen, die grundlegend Neues in das menschliche Dasein brachten und deren Weiterentwicklungen wir noch heute wie selbstverständlich nutzen, von ihren geistigen Vätern und Müttern gegen allerlei Hindernisse durchgesetzt werden mussten: gegen die Widrigkeiten »kollegialer« Missgunst, bürokratischer Borniertheit, gesellschaftlichen Standesdünkels, patentrechtlicher Lücken, Werkspionage, monopolistischer Kämpfe, industrieller Verdrängungsmechanismen, oder – meistens – menschlicher Dummheit.

Eine Kulturgeschichte des 18. bis 20. Jahrhunderts ist ohne die Darstellung der naturwissenschaftlichen und technischen Fortschritte undenkbar. Seit der Aufklärung sah sich die abendländische Gesellschaft im optimistischen Glauben, Meister ihres eigenen Schicksals sein zu können, die Grenzen der Conditio humana hinter sich zu lassen, die natürlichen Gegebenheiten und Schranken zu überwinden und eine für möglichst breite Schichten erreichbare annehmliche und gerechtere Zivilisation erschaffen zu können.

Wenngleich wir Heutige solch einen positivistischen Optimismus nur noch bedingt besitzen und uns angesichts ökologischer und ökonomischer Krisen die Grenzen des dem Menschen Machbaren warnend vor Augen gehalten werden, benutzen wir doch weiterhin wie selbstverständlich die Entdeckungen, Entwicklungen und Errungenschaften einer ganzen Reihe von Pionierinnen und Pionieren jener Jahrhunderte der wissenschaftlichen Expansion: Wir telefonieren, fotografieren und benutzen dienstbare Computerprogramme, wir reisen bequem und schnell mit Auto, Zug, Flugzeug oder Schiff, uns ist selbstverständlich, dass aus der Steckdose Strom fließt, der unsere Arbeits- und Privatwelt erst »ins Laufen« bringt, wir haben uns an ein Leben gewöhnt, das durch Hygiene und medizinischen Fortschritt lebenswerter und sicherer gemacht wurde. Und relativ neue Forschungsfelder wie Genetik oder Photonik greifen vielfältig und segensreich in unser menschliches Dasein und eröffnen neue Perspektiven in Medizin und Technologie.

Viele dieser heute wie selbstverständlich genutzten Errungenschaften waren in ihren (oftmals noch bescheidenen) Anfängen Ideen Einzelner. Anders als heute war der Stand des Erfinders bis ins 20. Jahrhundert hinein von einzelgängerischen Pionieren geprägt. Und etliche dieser Pioniere waren auf ihrem Gebiet zwar geniale Denker, Tüftler und Visionäre, aber weder ökonomisch noch publizistisch bewandert. Oft genug fehlten ihnen die Kenntnisse der Wirtschaftswissenschaft, der Juristik, des Vertriebs und der PR. Sie waren oft genug in ihre Welt und ihre Ideen eingesponnen, oder aber hatten nicht die finanziellen Möglichkeiten, ihre Erfindungen auf den Markt zu bringen. Oft genug scheiterten sie an der Konkurrenz oder den gesellschaftlichen und ökonomischen Verhältnissen.

Sie wurden von Umwelt und Nachwelt verkannt, verspottet und vergessen. Ihre Ideen und Modelle wurden ihnen gestohlen und anderweitig vermarktet. Sie wurden als Spinner abgetan und unterdrückt, strafversetzt oder gleich in die »Irrenanstalt« weggesperrt.

Die verkannten Pioniere der letzten gut zweihundert Jahre waren aber keine weltfernen Träumer. Im Gegenteil, sie hatten sehr festumrissene Utopien, die zu realisieren sie nichts unversucht ließen. Nicht immer gelang ihnen das. Oft genug konnten erst nachfolgende Generationen von einer Idee profitieren. Aber in jedem Fall legten sie ein Fundament, auf dem das Gebäude der Zivilisation sicher errichtet werden konnte.

Die Lebensgeschichten dieser verkannten Pioniere und die Geschichte ihrer Erfindungen und Entdeckungen gleichen Abenteuerromanen: Sie sind spannend, tragisch, haarsträubend, unerhört, bisweilen unfreiwillig komisch, beinahe unglaublich. Forschung und Wissenschaft waren zu jener Zeit noch stark von Individuen geprägt, von einzigartigen und ganz eigenen Köpfen. Und wie Genie und Wahnsinn oft nahe beieinander liegen, so auch Erfindergeist und originale Verschrobenheit.

Nicht alles, was diese Frauen und Männer gedacht und ertüftelt haben, findet heute unsere ungeteilte Zustimmung oder Bewunderung. Auch sie waren in die sozialen und kognitiven Grenzen ihrer Zeit eingebunden, und nicht immer bedachten sie alle möglichen Konsequenzen ihres Tuns (und konnten das auch nicht). Und auch diese Pioniere waren nur Menschen, von ganz persönlicher Motivation gelenkt und getrieben. Doch in der Essenz ihres Lebens und Schaffens dienten sie einer Idee, die den Nutzen für die Menschheit nie außer Acht ließ und im humanistischen Sinne menschenfreundlich geprägt war. Vielleicht sollte die heutige Wissenschaft das wieder mehr in ihr Blickfeld bringen.

MEDIZIN, HYGIENE, VERERBUNG:
SCHUTZ UND HILFE FÜR DAS MENSCHLICHE LEBEN

EDWARD JENNER

1749–1823

DIE POCKENSCHUTZIMPFUNG · VAKZINATION

Lady Montagu propagiert eine umstrittene Impfmethode.
Der englische Landarzt Jenner wundert sich über eine Melkerin
und wagt ein Experiment an seinem Sohn.
Kants Angst vor der »Tierheit«. Vorbehalte von Klerus
und Ärzteschaft gegen die Vakzination.

Seit dem Altertum gibt es Berichte über die Pocken oder Blattern. Auch durch das ganze Mittelalter hindurch blieben Pocken eine Geißel der Menschheit. Die spanischen Eroberer schleppten um 1500 die Pocken in die Neue Welt ein, was neben der bloßen Waffengewalt zum Zusammenbruch der Azteken- und Inkagesellschaften führte. Königin Elisabeth I. von England infizierte sich mit Pocken, überlebte aber ohne größere Entstellungen. Kaiser Joseph I. starb 1711 im Alter von nur dreiunddreißig Jahren daran, was zu einem Umschwung im Spanischen Erbfolgekrieg führte. Und das gesamte 18. Jahrhundert hindurch – das heute gerne als die Epoche der Aufklärung und das Zeitalter des Lichts idealisiert wird – grassierte in Europa eine der schlimmsten Pockenepidemien seit Menschheitsgedenken, der nach Schätzungen etwa sechzig Millionen zum Opfer fielen.
Doch die Zeiten waren immerhin schon aufgeklärt genug, um nicht mehr an das Wüten eines blinden Schicksals oder gar an eine göttliche Strafe für begangene Sünden glauben zu müssen. Man wusste, dass die Krankheit von einem Menschen auf den anderen übertragen wurde. Es gab noch keine Erkenntnisse über Bakterien oder Viren (die Pocken sind eine Virusinfektion), sehr wohl aber kannte man den Begriff Virus, worunter man damals ganz allgemein eine krankheitserregende eitrige oder gallertartige Flüssigkeit verstand, die aus Wunden oder Pusteln austritt.
Neu jedoch war die Erkenntnis der Variolation (auch Inokulation genannt), der Schutzimpfung, bei der abgeschwächte Erreger einer Krankheit gesunden Menschen in die Blutbahn »eingeimpft« wurden. Zwar zeigten die Geimpften leichte bis mittelschwere Symptome, doch waren sie daraufhin gegen ebendiese Krankheit immun.

DIE KAMPAGNE DER LADY MONTAGU ▌ Wie so oft in der Medizingeschichte waren die Länder des Orients in ihren Erkenntnissen dem Abendland voraus, auch bei der Variolation. 1717 hielt sich eine der gebildetsten und schönsten Damen Englands als Frau des britischen Gesandten am osmanischen Hof in Adrianopel (bei Konstantinopel) auf: Lady Mary Wortley Montagu (1689–1762).
Sie schrieb ihrer Freundin Miss Sarah Chiswell den folgenden Bericht: »Die Pocken, diese üble und so weit verbreitete Krankheit, sind hier im

Ganzen harmlos infolge der Erfindung einer Pfropftherapie [Inokulation], wie sie das hier nennen. Es gibt hier eine Art alter Weiber, die im Herbst immer beruflich die Operation vornehmen, im September nach der großen Hitze. Die Leute stellen untereinander fest, ob in irgendeiner Familie jemand beabsichtigt, [künstliche] Pocken zu bekommen. Dann bilden sie Gruppen zu diesem Zweck, und wenn gewöhnlich fünfzehn bis sechzehn zusammen sind, kommt das alte Weib mit einer Nussschale voll Material der Pockensorte und fragt, welche Venen man geöffnet zu haben wünscht. Dann macht sie diese unmittelbar auf, mit einer breiten Nadel, die nicht mehr Schmerzen macht als eine gewöhnliche Schramme, und dabei bringt sie in die Vene so viel Gift ein, wie auf ihren Nadelkopf geht; danach verbindet sie die kleine Wunde mit einem gewöhnlichen Stück Hülle, und auf diese Weise öffnet sie vier bis fünf Venen.
[...] Die Kinder oder junge Patienten spielen zusammen den ganzen übrigen Tag und erfreuen sich bester Gesundheit. Nach acht Tagen schließlich befällt sie Fieber, sie legen sich zu Bett für zwei, höchstens drei Tage. Sie haben sehr selten etwa zwanzig bis dreißig (Pusteln) im Gesicht, die nicht zurückbleiben. Und in weiteren acht Tagen sind sie so gesund wie vor der Erkrankung. Zur Zeit der Wundsetzung während der Krankheit fühlen sie sich unbehaglich; ich zweifle indessen nicht an der großen Hilfe seitens dieser Erkrankung.
[...] Sie können glauben, dass ich sehr zufrieden bin mit der Sicherheit dieses Experiments, zumal ich beabsichtige, es bei meinem kleinen Sohn zu versuchen. Ich bin Patriot genug, mich zu bemühen, diese nützliche Erfindung in England bekannt zu machen. Ich werde es nicht unterlassen, einigen unserer Ärzte darüber ausführlich zu schreiben.«
Die englische Lady machte ihre Ankündigung wahr: Nicht nur ließ sie ihren Sohn auf diese Weise impfen, sie propagierte die osmanische Art der Pockenimpfung später in England in Kreisen der »besseren« Gesellschaft. Tatsächlich zeitigte ihr Vorbild Nachahmung. Die Variolation, die Impfung mit »echten« Pocken, fand im Laufe der nächsten Jahre und Jahrzehnte immer mehr Anhänger: Zunächst wurden Versuche an »minderwertigen« Gliedern der englischen Gesellschaft unternommen, etwa an zum Tode verurteilten Sträflingen oder an Waisenkindern. Bald aber

verbreitete sich die Variolation – ausgehend vom englischen Königshof, der vorbildlich wirkte – über weite Kreise des Adels und des gehobenen Bürgertums. Selbst das Royal College of Physicians in London empfahl die Schutzimpfung gegen Pocken, allerdings erst 1754. Und nach und nach wandte man auch auf dem Kontinent die Variolation an, etwa in der Schweiz und in Frankreich, wo der Aufklärer Voltaire die Impfung propagierte. Auch der Herzog Emmanuel de Croÿ-Solre – ein weitgereister Mann und geistreicher Tagebuch- und Memoirenautor – verweist in seinem Diarium auf ein Gespräch mit englischen Herren am Versailler Hof, wonach in Frankreich von etwa einhunderttausend Geimpften nur vierundzwanzig an den Folgen gestorben seien, und das, wie der Herzog versichert, weil sie die nach der Impfung gebotene Diät nicht eingehalten hätten. Ähnliches, so de Croÿ, hätten ihm seine Gesprächspartner für England bestätigt.

Doch die Variolation war – anders als Lady Montagu und der Duc de Croÿ in ihrem aufgeklärten Optimismus glauben machen wollten – so ungefährlich nicht. Immer wieder kam es zu Todesfällen, vor allem, wenn die zum Einsatz gebrachte Virenflüssigkeit zu virulent war oder man die frisch Inokulierten nicht von Ungeimpften fernhielt. Es gab damals noch keine Möglichkeit, den Virulenzgrad von Erregern zu bestimmen. Zudem wurden bei der Variolation zum Teil auch andere Erreger unwissentlich und unwillentlich weitergegeben. So mancher Patient wurde zwar erfolgreich gegen Pocken geimpft, erkrankte aber an der Syphilis und anderen todbringenden Krankheiten. Auf der Variolation blieb immer ein Schatten des Unheimlichen, des nicht ganz Beherrschbaren. Vor allem setzte sich die Variolation nur in gehobenen Kreisen durch, nicht aber flächendeckend in allen Bevölkerungsschichten.

Die Pocken oder Blattern waren also nach wie vor unbesiegt und allen aufklärerischen und medizinischen Erkenntnissen und Bemühungen zum Trotz weiterhin mit der Fratze des Schrecklichen versehen – im übertragenen wie auch im wörtlichen Sinn: Denn die Opfer, die die Krankheit überlebten, waren oftmals entstellt, hatten das Gesicht »verloren«. Die Hofdame etwa, die Königin Elisabeth I. während ihrer Krankheit pflegte, erkrankte selbst, mit so schlimmen Folgen, dass sie später nur noch mit einer Maske bei Hofe erschien. Und Kaiserin Maria Theresia, die in ihrem fünfzigsten Lebensjahr an den Blattern erkrankte, trug so viele Narben im Gesicht davon, dass sie in ihren Wohnräumen alle Spiegel abhängen ließ. Waren dies schon die Auswirkungen in medizinisch und hygienisch vergleichsweise gut gestellten Kreisen, um wie vieles ärger mussten die Verhältnisse in den breiten Schichten des einfachen Volkes – der Bauern und der Arbeiter – sein.

»SMALL POX« UND »COW POX« Verwunderlich erscheint, dass der Mann, der eine wirksame und weitgehend gefahrlose Impfung gegen die Pocken entwickelte, ausgerechnet aus einer ländlichen Provinz stammte und keinerlei Einfluss auf den königlichen Hof oder die hauptstädtischen Akademien hatte. Das war – neben der »anstößigen« Neuheit seiner Erkenntnisse – ein Grund dafür, dass seine Lehre von etlichen »ernsthaften« Wissenschaftlern verworfen und heftig attackiert wurde. Man ertrug es schlicht nicht, dass einem einfachen Landarzt auf diesem Gebiet der entscheidende Durchbruch gelang, der ihnen selbst bei aller Gelehrsamkeit verwehrt geblieben war.
Edward Jenner wird am 17. Mai 1749 im englischen Berkeley in Gloucestershire geboren. Sein Vater ist Vikar, ein gelehrter Mann, der an der Universität Oxford studiert hat, und zudem ein wohlhabender Landbesitzer. Als Edward fünf Jahre alt ist, stirbt der Vater, drei Jahre später die Mutter. Edwards ältester Bruder, auch er Geistlicher, übernimmt die Erziehung des Achtjährigen. Edward besucht zunächst eine Lateinschule, dann kommt er als Privatschüler zu einem Geistlichen, der ihm klassisch-humanistisches Wissen vermittelt. Als Edward zwölf Jahre alt ist, wird er zu einem Wundarzt nach Sodbury bei Bristol in die Lehre geschickt. Der Beruf des Wund- und Landarztes ist damals noch nicht an eine akademische Ausbildung geknüpft, sondern wird wie ein Handwerk in berufspraktischer Unterweisung vermittelt. Seit 1770 vertieft Edward Jenner seine Ausbildung am St. George's Hospital in London. Sein Meister ist der damals bekannte Chirurg, Anatom und Pathologe John Hunter (1728–1793). Er bestärkt seinen Schüler darin, problembezogene, vergleichende Versuchsreihen durchzuführen.

Edward Jenner impft den achtjährigen James Phipps mit Kuhpocken. Phipps bleibt gesund und ist später einer der Trauergäste auf Jenners Beerdigung.

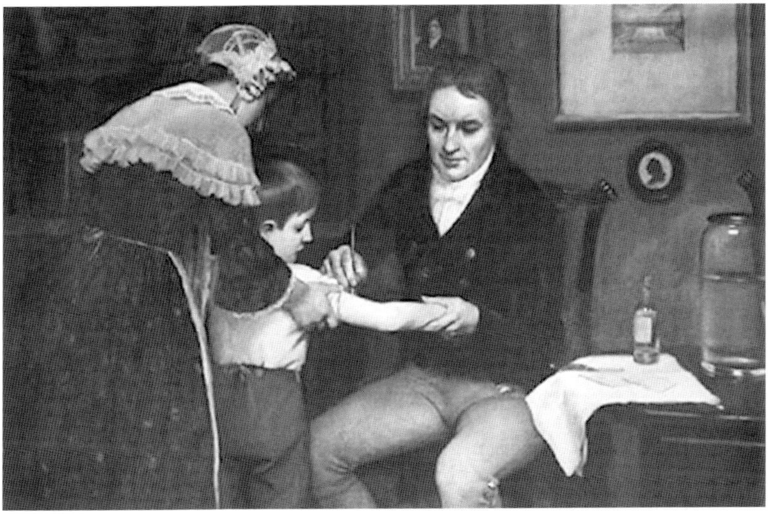

Bereits zwei Jahre zuvor wurde der junge Landarzt Jenner zu einer kranken Melkmagd gerufen. Jenner vermutete damals eine Pockeninfektion, wurde von der Melkerin jedoch auf rätselhafte Weise beruhigt: »Ich kann nicht echte Pocken (small pox) bekommen, denn ich hatte bereits die Kuhpocken (cow pox).« Die sogenannten Kuhpocken sind eine den echten Pocken oder Blattern verwandte, aber letztlich ungefährliche Krankheit. Sie tritt bevorzugt bei Kühen auf, eine ähnliche ungefährliche Pockenart kann auch Schweine oder Pferde befallen (die sogenannte »Mauke«). Besonders Pferdeknechte, Melker und Melkerinnen konnten an den Pferde- oder Kuhpocken erkranken, wenn sie mit den aufbrechenden Pusteln an den Hufen oder dem Euter der Tiere in Kontakt kamen und sich über kleinste Wunden an den Händen infizierten. Die Folge waren Pockenpusteln an Händen und Armen, manchmal auch im Gesicht. Die Infizierten bekamen außerdem zwei bis drei Tage lang Fieber, dann gesundeten sie jedoch, die Pusteln fielen ab, ohne größere Narben zu hinterlassen.

Tatsächlich gab es damals in Teilen der bäuerlichen Bevölkerung die überlieferte, aus der Erfahrung von Generationen genährte Erkenntnis, dass Menschen, die sich bereits früher mit Kuhpocken infiziert hatten, in der Regel bei auftretenden Epidemien nicht mehr an den echten Pocken erkrankten. Von akademischer Seite wurde solches Wissen erst gar nicht wahrgenommen, bestenfalls als Volksaberglaube abgetan. Doch auch in bürgerlichen und höfischen Kreisen war diese Einsicht bekannt, wenngleich man daran glauben konnte oder auch nicht. Belegt ist die folgende Anekdote aus der Zeit König Charles' II. von England (er regierte von 1660 bis 1685): Ein missgünstiger Höfling warnte damals die Mätresse des Monarchen, Barbara Villiers, sie solle sich in Acht nehmen, die Blattern könnten eines Tages auch sie erfassen und dermaßen entstellen, dass der König jegliches Interesse an ihr verlöre. Die Angesprochene erwiderte schnippisch: »Blattern kann ich nicht mehr bekommen, weil ich bereits die Kuhpocken gehabt habe.«

Edward Jenner jedenfalls lässt die Äußerung der Kuhmagd nicht ruhen. Als er wenig später John Hunter das Problem der Wechselbeziehung zwischen Kuhpocken und echten Blattern vorträgt, antwortet der: »Grübeln Sie nicht, sondern versuchen Sie!«

1773 lässt sich Edward Jenner als Wundarzt in seinem Heimatort Berkeley nieder. 1785 erwirbt er das Landhaus »The Chantry« (das 1985, genau zweihundert Jahre später, als Edward-Jenner-Museum eröffnet wurde). Im weitläufigen Garten befindet sich eine kleine Hütte, die euphemistisch »Temple of Vaccinia« (»Tempel der Vakzination«) genannt wird. 1788 heiratet Jenner Catherine Kingscote. Das Paar hat eine Tochter und zwei Söhne. Einer der Söhne ist geistig behindert, er stirbt 1810. Jenners Ehefrau ist kränklich, sie stirbt 1815.

Jenners anderer Sohn wird wenige Jahre später in die Medizingeschichte eingehen – zumindest indirekt. Denn obwohl der Alltag als Landarzt Edward Jenner wenig Freiraum lässt, gelingt es ihm doch, sich nach und nach einigen Ruf als Naturkundler und Medizinforscher zu erwerben. Er veröffentlicht seine Beobachtungen über das Nestverhalten der Kuckucksküken und über die veränderten Verhaltensweisen von Mischlingsrassen im Tierreich (etwa von Wolf und Hund oder Schakal und Hund). Auch befasst er sich mit der verlässlichen Herstellung von Arzneien, etwa der Produktion reiner Kristalle des Brechweinsteins, und mit der Erforschung der Ursachen der Angina Pectoris (an der 1793 sein Lehrer John Hunter stirbt). 1788 wird Jenner Mitglied (»Fellow«) der Royal Society.

DIE ERSTE ERFOLGREICHE VAKZINATION Nach eingehenden Beobachtungen wagt Edward Jenner am 17. Dezember 1789 ein Experiment, dessen Ausgang offen ist. Da er nicht einen Fremden als Versuchsobjekt benutzen möchte, dient ihm sein einjähriger Sohn: Er impft ihn mit Schweinepockenviren. Bei dem Knaben treten wenige Tage später die bekannten, leichten Krankheitssymptome auf. Am 12. Januar 1790, vier Wochen nach dieser »Vakzination« – Jenner verwendet später Impfstoff aus Kuhpocken (Kuh: lat. vacca) –, unternimmt Jenner an seinem Sohn eine Variolation oder Inokulation, also eine Infizierung mit echten Pockenviren. Sie bleibt folgenlos, es zeigen sich keine Symptome. Der Knabe bleibt gesund.

Auch bedingt durch seinen beruflichen Alltag kann Jenner seine Experimente erst sechs Jahre später fortführen. Jetzt unternimmt er systematische Versuchsreihen und führt darüber Buch. Kuhpocken treten nur sporadisch auf. Doch Jenner ist daran gelegen, den Impfstoff jederzeit verfügbar zu haben. Er hat die Idee, die Kuhpockenviren von einem Menschen auf den anderen zu übertragen und hofft, dass die Impfwirkung sich dabei weder abschwächt noch verändert. Zwei Jahre später legt er seine Versuchsreihen und Erkenntnisse in einer Schrift dar, die den langen Titel trägt: *An Inquiry into the Causes and Effects of the Variolae Vaccinae, a Disease Discovered in Some of the Western Counties of England, Particularly Gloucestershire, and Known by the Name of the Cow Pox.* Darin beschreibt er ausführlich die dreiundzwanzig »Fälle«, an denen er Versuche durchgeführt hat. Für die Medizingeschichte bedeutsam wurden Fall 16 und 17, die Impfung der Kuhmagd Sarah Nelmes und des achtjährigen Knaben James Phipps.

Jenner entnimmt Flüssigkeit aus den Pusteln der Magd Sarah Nelmes, die sich beim Melken einer erkrankten Kuh infiziert hat. Diese Virenflüssigkeit inokuliert er am 14. Mai 1796 dem achtjährigen Knaben James Phipps durch zwei Hautschnitte am Arm. Sieben Tage später erkrankt der Junge und zeigt drei Tage lang die üblichen Krankheitssymptome, die die Kuhpocken hervorrufen. Doch nach wenigen Tagen verschwinden die Symptome, die Pusteln heilen ab. Daraufhin wagt Jenner die Inokulation mit echten Pocken:

»Um mir größere Gewissheit zu verschaffen, ob dieser vom Virus der Kuhpocken in so milder Form infizierte Knabe gegen Variola [echte Pocken] immun wäre, unterzog ich ihn am 1. Juli der Impfung mit der aus einer Pustel entnommenen Blatternmaterie. Sie wurde auf beiden Armen nach Vornahme mehrerer Einstiche und Schnitte sorgfältig übertragen, doch zu einem Ausbruch der Blattern kam es nicht. Dieselben Erscheinungen traten an den Armen auf, wie sie an einem Kranken sich einzustellen pflegten, welchem der Blatternstoff inseriert worden ist, nachdem er entweder Variola oder Kuhpocken durchgemacht hatte. Nach Ablauf einiger Monate wurde er neuerlich mit Blatternmaterie inokuliert, doch zeigte sich keinerlei sichtbare Wirkung am Körper.«

Diese und andere Versuche bestätigen Edward Jenner: »Es ist eine besondere Eigenschaft des Kuhpockengiftes, dass ein Mensch, der davon ergriffen wurde, später gegen die Ansteckung der Menschenblattern geschützt bleibt.«

Nachdem er seine Beobachtungen und Schlussfolgerungen schriftlich ausformuliert hat, sendet er sie an den Rat der Royal Society (deren Mitglied er ist), in dem sicheren Glauben, dass man dort die Bedeutung seiner Erkenntnisse erfasst und würdigt und eine Veröffentlichung veranlasst. Doch Jenner wird bitter enttäuscht. Weder wird seine Schrift *Inquiry* in der Royal Society verlesen noch zur Veröffentlichung freigegeben. Im Juni 1798 lässt er das Büchlein in London auf eigene Kosten drucken.

Die Geschichte dieses anfänglich verkannten Pioniers der Medizingeschichte verläuft zwischen langsamer Anerkennung, ja internationalem Ruhm, und heftigster Ablehnung, die auf Ignoranz und Böswilligkeit fußt. Übersetzungen der *Inquiry* erscheinen bereits 1799 in Wien in lateinischer Sprache (damals noch die gängige Wissenschaftssprache), im selben Jahr in Hannover in deutscher Sprache *(Untersuchungen über die Ursachen und Wirkungen der Kuhpocken)*. 1800 erscheint eine französische und eine italienische Übersetzung, 1801 eine niederländische, 1803 eine portugiesische.

Gleichzeitig setzt sich die Vakzination immer mehr durch, wird von der Gesundheitspolitik sogar propagiert und zwangsweise für einzelne Berufsgruppen oder ganze Bevölkerungsteile angeordnet. Zunehmend er-

kennt man die Vorteile der Vakzination gegenüber der Variolation: Sie ist ungefährlich und bietet sicheren Schutz vor den echten Pocken, und das Impfserum ist dadurch, dass man es auch von an Kuhpocken erkrankten Menschen gewinnen kann, relativ leicht erhältlich.
Jenner vertieft seine Erkenntnisse durch weitere Versuchsreihen und legt sie in seinen *Further Observations* (1799) und in *A Continuation* (1800) nieder. Auch diese Schriften werden bald ins Lateinische, Deutsche und Italienische übersetzt und nicht nur in Europa, sondern auch in Australien und Amerika verbreitet. Die Motivation für all seine Bemühungen umreißt der humanistisch geprägte Jenner so: »Inzwischen will ich fortfahren, diese Untersuchung weiter zu verfolgen, ermutigt durch die Hoffnung, damit der Menschheit eine wesentliche Wohltat zu erweisen.«
Die »Wohltat« für die Menschheit ist schon zu Jenners Lebzeiten unleugbar. Bereits im Ägyptenfeldzug von 1799 gegen Napoleon werden die britischen Soldaten zwangsweise vakziniert. Es kommt in dem Land, das bereits in der Antike als Brutstätte der Blattern galt, im englischen Heer zu keinen Infektionen. Im selben Jahr führt in Wien der Arzt Jean de Carro die ersten Schutzimpfungen durch. Wenig später erfolgen Impfungen in Hannover und Berlin. In der preußischen Hauptstadt gründet der Leibarzt des Königs, Ernst Ludwig Heim, eine Anstalt zur Förderung der Vakzination und wird dabei von dem berühmten Mediziner Christoph Wilhelm Hufeland unterstützt – auch publizistisch. Ebenso im militärischen Bereich – Europa ist damals von Kriegen überzogen, und die Bewegungen der Truppenverbände bewirken auch eine Ausbreitung ansteckender Krankheiten – setzt sich die Vakzination immer mehr durch. Napoleon ordnet – noch unter dem Eindruck von Pockentoten während seines Ägyptenfeldzugs – 1805 die Schutzimpfung all seiner Soldaten an. Im Königreich Bayern wird die Vakzination der Truppen 1807 eingeführt, andere deutsche Staaten ziehen in den folgenden Jahren nach.

DIE ANGST VOR DER »TIERHEIT« Aber es fehlt nicht an Gegnern, Neidern und Missgünstigen, an Verfälschungen und Verdrehungen. Und nicht einmal unabhängige Köpfe sind davor gefeit. Der Königsberger Philosoph Immanuel Kant äußert die Befürchtung, dass »durch Jenners

Kuhpocken die Menschheit sich zu sehr mit der Tierheit gleichstelle und dass der ersteren eine Art Brutalität eingeimpft werden könne«. Weniger helle Köpfe verbreiten wüste Gerüchte von angeblichen Folgen der Vakzination: Ein Kind habe begonnen, auf allen vieren zu laufen, wie eine Kuh zu brüllen und wie ein Stier mit dem Kopf zu stoßen. Und die Tochter einer vornehmen Dame habe wie ein Kalb gehustet und Haare am ganzen Körper bekommen.

Auch kursieren in jenen Jahren Karikaturen, teils von Gegnern Jenners gezeichnet, teils von den Gegnern der Gegner. Eine Darstellung etwa zeigt Edward Jenner bei einer öffentlich vollzogenen Vakzination. Drum herum befinden sich bereits »Geimpfte«, denen Kälber aus Gesicht, Mund, Arm und Hintern wachsen. Hier wird die Tierheit, vor der Kant warnte, wortwörtlich genommen. Der Karikaturist James Gillray ist jedoch ein Parteigänger Jenners und mokiert sich in der Zeichnung über die Dummheit derer, die vor der Vakzination warnen.

Doch so unumstritten sind die Zwangsmaßnahmen nicht. Und die Realität scheint Jenners Thesen immer wieder zu entkräften. Von 1816 bis 1819 grassiert in England erneut eine Pockenepidemie, was Jenners Gegnern Auftrieb verleiht. Wenngleich falsche Vakzinationsmethoden, überalterte, zu schwache oder auch verunreinigte Impfseren dafür verantwortlich waren, mussten die Zeitgenossen doch ihre Schlüsse ziehen. Die kritischen Stimmen rissen nicht ab.

Edward Jenner erlebt auch diese Rückschläge noch. Er stirbt am 26. Januar 1823 in seinem Heimatort Berkeley an den Folgen eines Schlaganfalls. Bei der Trauerfeier am 3. Februar in der Kirche von Berkeley – Jenner wird in dem Gotteshaus beigesetzt – ist auch der inzwischen vierunddreißigjährige, kerngesunde James Phipps anwesend, »Fall 17«, dem Jenner gut sechsundzwanzig Jahre zuvor eine Schutzimpfung gegen die Pocken verabreicht hat. Es haben sich Verwandte, Freunde und ein paar Honoratioren aus Gloucestershire versammelt (auch aus der »Gloucestershire Medical Faculty«). Trauergäste aus London, gar aus der Royal Society, fehlen. Dort ignoriert man noch immer die Bedeutung der Jenner'schen Vakzination.

Und auch nach Jenners Tod verstummen seine Gegner nicht. Besonders die noch mächtige Geistlichkeit tut sich durch ihre Ignoranz hervor. In

Kälber wachsen den Geimpften aus Gesicht und Körper. Der Karikaturist James Gillray mokiert sich über die Ängste der Gegner der Schutzimpfung.

Baden wettert der katholische Pfarrer Hansjakob in einem Pamphlet gegen die Pockenschutzimpfung, wobei er sogar die Bibel bemüht: »Und Gott sah an alles, was er gemacht hatte, und siehe da, es war sehr gut. Die Herren Mediziner aber verbessern die Schöpfung des Menschen durch Impfgift.« Nicht besser sind manche Vertreter der Medizin. Der Stuttgarter Arzt Nittinger etwa bezeichnet die Vakzination als Betrug und Schwindel und die Mediziner, die die Impfung befürworten, als eine »gesetzlich privilegierte Kaste von Giftmischern«.

Doch gibt es auch viele Befürworter der Vakzination – selbst in der älteren Generation. Eckermann notiert im Februar 1831 ein Gespräch mit dem einundachtzigjährigen Goethe, der die Vakzination im Großherzogtum Weimar verteidigt, obgleich die Bevölkerung durch das erneute Aufflackern der Pocken (die letzte flächendeckende Impfung hatte durch eine falsch angewandte Impftechnik an Virulenz eingebüßt) misstrauisch geworden ist. Der greise Dichter urteilt: »Dennoch aber bin ich dafür, daß man von dem strengen Gebot der Impfung auch ferner nicht abgehe, in dem solche kleine Ausnahmen gegen die unübersehbaren Wohltaten des Gesetzes gar nicht in Betracht kommen.«

Nicht alle zeigen so viel Verstand – und schon gar nicht in den zuständigen Ministerien und Behörden. Besonders in Frankreich wird die Pockenschutzimpfung im 19. Jahrhundert recht lasch angegangen. Napoleon ordnete noch die Pflichtimpfung seiner Truppen an und ließ ab 1809 auch rund zwei Millionen Menschen aus der Zivilbevölkerung impfen. Doch mit dem Ende des Empire hält der Schludrian Einzug in das Gesundheitssystem Frankreichs. Trotz eines Erlasses zur Zwangsimpfung französischer Rekruten wird diese nur bei rund einem Drittel durchgeführt. Während des Deutsch-Französischen Krieges von 1870/71 brechen in einigen Regionen Frankreichs – gefördert durch die Massenbewegungen von Truppen und zivilen Flüchtlingen – die Pocken erneut aus. Besonders in den dicht belegten Kasernen und Festungen des französischen Heeres und in der zur Zeit der »Commune« eingekesselten Hauptstadt Paris grassiert die Epidemie. Während die durchweg geimpften preußischen Truppen keine Verluste beklagen, raffen die Pocken in der französischen Armee rund dreiundzwanzigtausend Soldaten dahin. Für die französische Zivilbevölkerung geht man sogar von rund zweihunderttausend Pockentoten aus. Und noch 1889, fast ein Jahrhundert nach der ersten erfolgreichen Vakzination, äußert sich Professor Edgar Crookshank, eine Koryphäe auf dem Gebiet der Bakteriologie, in seiner zweibändigen *History and Pathology of Vaccination,* es sei Jenners mangelhaftem Charakter zuzuschreiben, dass die Vakzine (Seren) so unwissenschaftlich und gesundheitsgefährdend hergestellt worden seien.

KOPFGELD AUF POCKENKRANKE ▌ Dass Jenners Methoden einfach und unvollkommen waren, ist unbestritten. Dass er als Pionier einer medizinischen Richtung auch nur die Grundgesetze der Schutzimpfung erkennen konnte, ebenso. Jenner wusste noch nichts von Mikrobiologie und den Veränderungsmöglichkeiten von Viren- und Bakterienstämmen sowie von der komplizierten Interaktion zwischen Erregern und Immunsystem. Doch hat er nach systematischen Beobachtungen richtige Schlüsse gezogen und die Grundlage der Lehre von der Schutzimpfung geschaffen, auf der spätere Forscher mit verbesserten Methoden und erweitertem Wissensstand aufbauen konnten.

Besonders Kriege, Wirtschaftskrisen und revolutionäre Wirren beförderten immer wieder das Ausbrechen der Krankheit. Während des Ersten Weltkriegs grassierten die Pocken, vor allem in Polen und Russland, aber auch in der wegen Nachlässigkeit unzureichend geimpften Armee Österreich-Ungarns. Und auch außerhalb Europas kam es immer wieder zu gewaltigen Pockenepidemien, vor allem in Asien, Afrika und Südamerika.
Nach dem Zweiten Weltkrieg initiierte die Weltgesundheitsorganisation WHO eine internationale Kampagne gegen die Pocken. Im Jahre 1965 wurden weltweit noch einhundertzwölftausend Pockenerkrankungen gezählt. 1970 waren es nur noch dreißigtausend. 1977 wurde der letzte Pockenkranke, ein Koch aus Somalia, behandelt. Die WHO setzte daraufhin ein »Kopfgeld« aus und versprach jedem, der noch einen Pockenkranken irgendwo auf der Welt ausmachte, eine Belohnung von eintausend Dollar. Drei Jahre später erklärte die WHO stolz, die Pocken, jahrtausendelang eine der schlimmsten Geißeln der Menschheit, seien weltweit ausgerottet. Es war dies auch das Verdienst Edward Jenners, des mutigen Landarztes aus der englischen Provinz, der sich knapp zweihundert Jahre zuvor entgegen allen Warnungen und überkommenen Vorstellungen seine eigenen Gedanken über die Krankheit gemacht hatte.
Nicht besiegt freilich ist die selbstgewählte Unwissenheit der Menschen: Auf einer privaten Homepage eines in Nürnberg lebenden Mannes, der sich als Erleuchteter sieht, der mit außerirdischen Kulturen und sogar mit Engeln Kontakt haben will, ist zu lesen:
»Jedermann muss selbst wissen, was er tut. Doch ich warne jeden Menschen. Nie wieder impfen lassen. Die Krankheiten werden den Menschen eingepflanzt. [...] Edward Jenners Impfungen können nicht vor Infektionskrankheiten schützen. Im Gegenteil. Massenimpfungen fügen der Menschheit enormen körperlichen und seelischen Schaden zu.«
Dieser Verhöhnung der Millionen von Pockenopfern der letzten Jahrhunderte ist nichts hinzuzufügen. Allenfalls das Bonmot Albert Einsteins, wonach zwei Dinge unendlich sind: das Universum und die menschliche Dummheit.

IGNAZ PHILIPP SEMMELWEIS

1818–1865

DIE ASEPSIS · KEIMFREIHEIT

Ärzte bringen den Tod in die Kreißsäle.
Der ungarische Arzt Semmelweis führt das Händewaschen mit Chlorkalk ein.
Der Ärztestand fühlt sich düpiert.
Selbstmord eines Kieler Geburtshelfers.
Semmelweis' rätselhaftes Schweigen.
Er wird ins Irrenhaus weggesperrt.

Die Geburtsabteilung des Wiener Allgemeinen Krankenhauses im Frühjahr 1847: Die hygienischen Zustände sind katastrophal. Die Sterblichkeit unter den Gebärenden liegt bei fast zwanzig Prozent. Das Schreckgespenst, das umgeht, ist das »Kindbettfieber«. Bereits seit der Antike wird diese Krankheit bei Wöchnerinnen und Neugeborenen beobachtet. Doch über die Ursache ist man sich uneins. Man vermutet als Auslöser »Miasmen« (schädliche Ausdünstungen) oder nach der Humoralpathologie ungute Mischungen der menschlichen Körpersäfte. Doch sind diese Erklärungsversuche nicht hinreichend. Warum liegt die Zahl der Toten in manchen Ländern Europas bei nur zwei bis fünf Prozent, in anderen bei bis zu fünfundzwanzig? Und weshalb sind Frauen, die zu Hause entbinden, nur selten vom Kindbettfieber betroffen? Die Ärzte rätseln und legen sich selbst in einem Zeitalter der Rationalität die abstrusesten Erklärungen zurecht: Diätfehler, dumpfe Luft, zu warme Räume, Erkältungen, selbst zu hohe Fensterbretter werden verantwortlich gemacht.

Kein Wunder, dass, wer es sich leisten kann, die Geburtskliniken meidet. Adlige und bürgerliche Frauen entbinden zu Hause, doch viele mittellose Frauen der niederen Stände gehen in die Wiener Geburtsklinik, denn Aufenthalt und ärztliche Versorgung sind dort kostenfrei. Und: Unverheiratete Mütter können in Diskretion und auf Wunsch anonym entbinden, sogar ihre Säuglinge zurücklassen, die dann einer staatlichen Waisenanstalt übergeben werden. Eine gut gemeinte Einrichtung des Wiener Magistrats, der damit in menschenfreundlicher Haltung die hohe Zahl der ausgesetzten oder gar getöteten Säuglinge zu verringern sucht. Aber auch Eigennutz steckt hinter dieser Einrichtung: In der Geburtsklinik praktizieren Medizinstudenten und junge Assistenzärzte, die am »lebenden Objekt« studieren sollen. Denn die Leichensektion allein genügt nicht. Die angehenden Ärzte wechseln rege zwischen Hörsaal, Bibliothek, Prosektur und Kreißanstalt hin und her. Doch die Frauen, die meist hier sind, weil sie sich zu Hause weder Hebamme noch Arzt leisten können, oder weil sie in ihrer Not die »Schande« des unehelichen Kindes vertuschen wollen, sind nicht beglückt über die zahlreichen Studenten, die – bisweilen grob und ungeschickt – die vorgeburtlichen Vaginaluntersuchungen vornehmen. Ein junger Arzt erinnert sich:

»Dass sie sich wirklich vor der ersten Abtheilung fürchteten, davon konnte man sich leicht überzeugen, da man manchmal herzzerreißende Scenen mitansehen musste, wenn Individuen knieend und die Hände ringend um ihre Wiederentlassung baten, welche auf die zweite Abtheilung zur Aufnahme gehen wollten, und wegen Unkentniss des Locals auf die erste Abtheilung geriethen, welches ihnen die Anwesenheit vieler Männer klar machte. Wöchnerinnen mit unzählbaren Pulsschlägen, meteoristisch aufgetriebenem Bauche, trockener Zunge, d. h. am Puerperalfieber [Kindbettfieber] schwer erkrankten, betheuerten wenige Stunden vor dem Tode, vollkommen gesund zu sein, um nur nicht ärztlich behandelt zu werden, weil sie wussten, dass ärztliche Behandlung der Vorläufer des Todes sei.«

Die Wöchnerinnen ahnen im Gegensatz zu den Medizinern die Tragik: Ärzte, die das Leben schützen und retten sollten, verbreiten die tödliche Krankheit. Lediglich einer der Assistenzärzte – von ihm stammt auch das Zitat – vermutet Zusammenhänge, kann sie aber weder recht erklären noch beweisen. Es ist der Ungar Ignaz Philipp Semmelweis.

CHLORKALK ZUR DESINFEKTION Ein Vorfall in jenem Frühjahr 1847 führt Semmelweis auf die richtige Spur: Bei einer Sektionsübung wird der am Wiener Allgemeinen Krankenhaus lehrende Professor Jakob Kolletschka von einem Schüler mit einem Seziermesser leicht am Finger verletzt. Die Wunde selbst ist unscheinbar, Kolletschka stillt die Blutung. Doch kurz darauf erkrankt der Professor schwer und stirbt wenige Tage später an einer Blutvergiftung. Semmelweis fällt es wie Schuppen von den Augen:

»Tag und Nacht verfolgte mich das Bild von Kolletschkas Krankheit, und mit immer größerer Entschiedenheit musste ich die Identität der Krankheit, an welcher Kolletschka gestorben, mit derjenigen Krankheit, an welcher ich so viele Wöchnerinnen sterben sah, anerkennen.«

Semmelweis erkennt, dass die Krankheit mit dem »Leichengift« zu tun hat, und dass die Ärzte und Studenten, die von der Sektion kommen, den Krankheitserreger in die Wöchnerinnenabteilung schleppen. Von bakteriellen Erregern weiß man damals noch nichts. Sie werden erst zehn Jahre später von Louis Pasteur unter dem Mikroskop entdeckt und beschrieben.

Einfach, aber effektiv: Semmelweis inspiziert eine Wöchnerinnenstation. Die Assistenzärzte waschen sich seit Kurzem die Hände mit einer Chlorkalklösung.

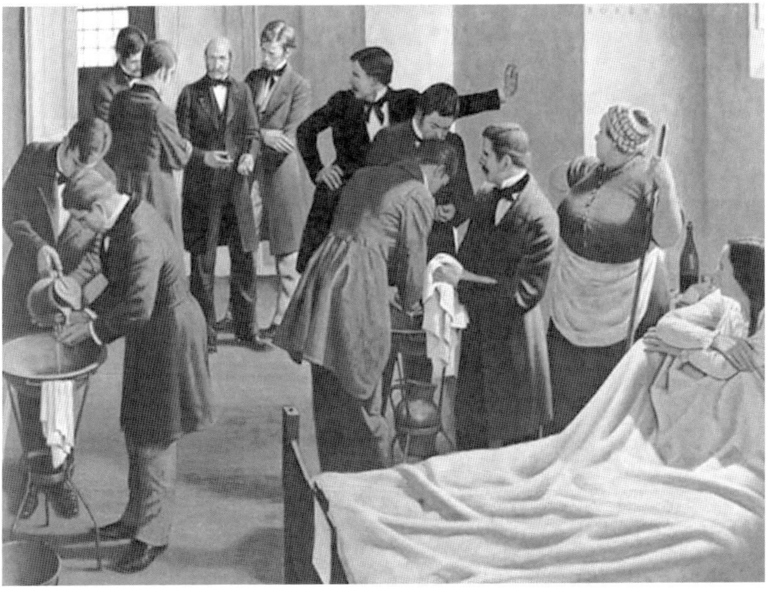

Semmelweis spricht noch recht ungenau von »Cadavertheilen«, hat aber das Prinzip der Infektion und deren Vorbeugung erkannt:
»Wenn die Voraussetzung, dass die an der Hand klebenden Cadavertheile bei den Wöchnerinnen dieselbe Krankheit hervorbringen, welche die am Messer klebenden Cadavertheile bei Kolletschka hervorgebracht haben, richtig ist, so muss, wenn durch eine chemische Einwirkung die Cadavertheile an der Hand vollkommen zerstört werden, und daher bei Untersuchungen von Schwangeren, Kreißenden und Wöchnerinnen, deren Genitalien blos mit den Fingern und nicht gleichzeitig mit Cadavertheilen in Berührung gebracht werden, diese Krankheit verhindert werden können, in dem Maße, als sie durch Einwirkung von Cadavertheilen mittelst des untersuchenden Fingers bedingt war. […] Um die an der Hand klebenden Cadavertheile zu zerstören, benützte ich, ohne mich jedoch des Tages zu erinnern, beiläufig von Mitte Mai 1847 angefangen, die Chlorina liquida, mit welcher ich und jeder Schüler vor der Untersuchung seine Hände waschen musste. Nach einiger Zeit verließ ich die Chlorina liquida wegen ihres hohen Preises und ging zu dem bedeutend billigeren Chlorkalk über.«

Der rasche Erfolg scheint seiner Theorie recht zu geben. Semmelweis setzt seine Anordnung bei den untersuchenden Ärzten in der Wöchnerinnenabteilung durch. Innerhalb nur eines Monats sinkt die Zahl der am Kindbettfieber verstorbenen Frauen von sechsunddreißig auf sechs, nach einem weiteren Monat auf nur drei. Doch gesunder Menschenverstand und nachweisliche Erfolge allein reichen nicht aus, um wissenschaftliche Anerkennung zu garantieren. Im Gegenteil: Bereits kurz nach Semmelweis' Entdeckung der infektiösen Zusammenhänge zwischen Leichensektion und Kindbettfieber bläst ihm vonseiten der Kollegen, aber auch auf medizinischen Kongressen und in Fachzeitschriften ein scharfer Wind entgegen. Skandalös erscheint der Gedanke, die Ärzteschaft selbst sei für die Übertragung der tödlichen Krankheit verantwortlich. Gegen dieses schuldhafte Eingeständnis stemmt sich der Dünkel eines ganzen Standes. Aber auch Ignaz Semmelweis trägt zur Verwirrung und Verschleppung seiner Anliegen bei. Jahrelang hüllt er sich in Schweigen, statt seine Theorie in Periodika zu verbreiten. Auf Anwürfe reagiert er zunehmend gereizt und irrational, er verwechselt wissenschaftliche Rivalität mit persönlicher Feindschaft. Freundschaften zerbrechen daran, er selbst wird krank, bis er im Jahre 1865 mit erst siebenundvierzig Jahren in eine psychiatrische Anstalt eingeliefert wird. Über die psychopathologischen Ursachen von Semmelweis' seltsamem Verhalten wurde lange Zeit geschwiegen, seine Krankenakte lag einhundertzwölf Jahre unter Verschluss.

ÄRZTE BRINGEN DEN TOD ▮ Ignaz Philipp Semmelweis wird am 1. Juli 1818 im ungarischen Tabán, unterhalb der Burg Buda an der Donau, geboren. Der Vater betreibt einen Gewürz- und Kolonialwarenladen. Die Familie ist kinderreich, insgesamt neun Sprösslinge kommen zur Welt. Ignaz Philipp besucht Mittelschule und Gymnasium, dann studiert er zwei Jahre Philosophie an der Universität Pest, ein Jahr Jura und wechselt schließlich zur Medizin über. Er studiert in Wien und Pest und promoviert 1844 in Wien über ein botanisches Thema. An der Geburtshilfeklinik des Allgemeinen Krankenhauses in Wien wird er Aspirant, schließlich Assistent und Geburtshilfemagister. Die Ausbildung ist veraltet. Noch immer kommt das Hebammenbuch von Raphael Johann Steidele aus dem Jahre

Nach der Einführung verbesserter Hygiene zur Erlangung von Keimfreiheit sank die Zahl der Todesfälle durch Kindbettfieber rapide.

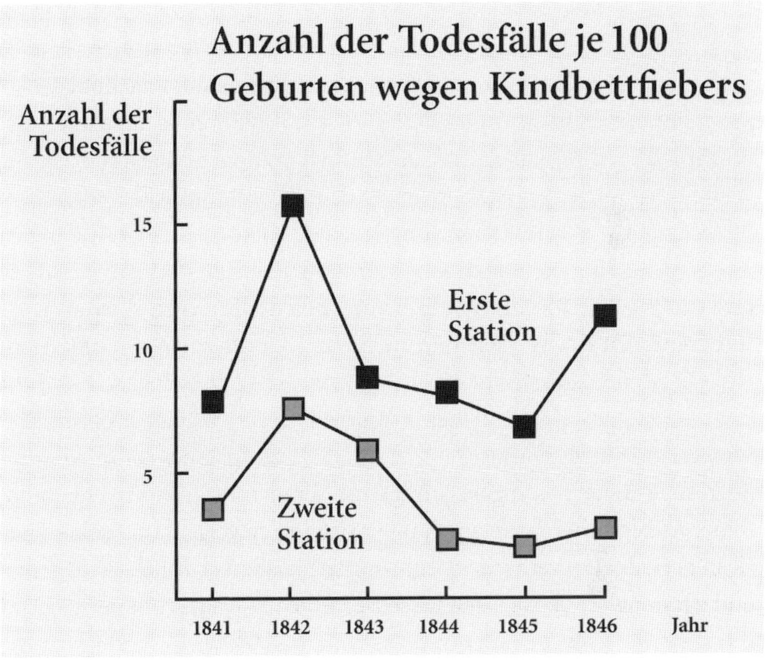

1775 zum Einsatz, und auch das siebenbändige Werk Lucas Johann Boërs über die Geburtshilfe weiß nichts von der Gefahr, die von Ärzten ausgeht, die Leichen sezieren. Auch Semmelweis besucht damals sorglos die Kurse in der Prosektur.

Zur damaligen Zeit gilt Semmelweis als umgänglicher und ausgeglichener Mann. Er schließt Freundschaft mit dem zwei Jahre älteren Dermatologen Ferdinand Hebra, der 1849 eine Professur erhält und dem damaligen Unwesen, sämtliche Hautkrankheiten einfach als »Krätze« zu bezeichnen und mit Purgieren zu »behandeln«, ein Ende bereitet und stattdessen differenzierte Diagnosen und Behandlungsmethoden durchsetzt.

Dass sich Semmelweis mit einem so fortschrittlichen Kollegen anfreundet, kennzeichnet auch ihn selbst. Sehr zu leiden hat er unter dem Leiter der Geburtsklinik, Professor Johann Klein, einem rückständigen, eitlen, missgünstigen Mann. Unter dessen Ägide steigt die Sterblichkeitsquote unter den Wöchnerinnen noch weiter an. Klein stört das nicht. Für ihn sind die unverheirateten Wöchnerinnen sittenlose Geschöpfe, die Dienstmädchen nur Anschauungsmaterial für seine Medizinstudenten. Semmelweis jedoch macht sich seine Gedanken über die Ursachen der hohen Sterblichkeit. Ihn dauern die Frauen.

Zu jener Zeit beobachtet Semmelweis etwas Merkwürdiges: Um »unmoralischen« Zuständen vorzubeugen, werden Ärzteklinik und Hebammenklinik getrennt. Zudem müssen die Hebammen nicht mehr an Leichen ihre Kenntnisse schulen, sondern an »Phantomen«, also anatomischen Puppen. In der Folge sinkt die Zahl der Todesfälle in der Hebammenklinik stark, während die in der Ärzteklinik weiterhin hoch bleibt. Semmelweis erkennt intuitiv, dass die These von der Epidemie, also der Ansteckung der Wöchnerinnen untereinander, nicht richtig sein kann, sondern dass es sich um eine Endemie, eine von außen hereingetragene Ansteckung handeln muss. Als Semmelweis und die anderen Ärzte wieder zur Leichensektion beordert werden, steigt die Sterblichkeitsrate in der Wöchnerinnenklinik sprunghaft auf achtzehn Prozent an. Semmelweis ahnt, dass er selbst zu diesem tragischen Umstand beiträgt. Er leidet unter depressiven Verstimmungen, vielleicht auch eine Begleiterscheinung der syphilitischen Ansteckung, die er sich in jenen Jahren zuzieht – möglicherweise sogar bei einer gynäkologischen Untersuchung.

SEMMELWEIS' SCHWEIGEN UND SEINE UNENTDECKTE KRANKHEIT Dann, im März 1847, der tragische Tod Professor Kolletschkas und Semmelweis' Schlussfolgerungen. In der von Ferdinand Hebra betreuten *Zeitschrift der k. k. Gesellschaft der Ärzte zu Wien* erscheinen im Dezember 1847 und im Frühjahr 1848 zwei wohlmeinende Artikel des Redakteurs über Semmelweis' Thesen, die allerdings teilweise missverständlich formuliert sind. Semmelweis hat anscheinend die Artikel des Freundes vor der Drucklegung weder gelesen noch korrigiert. Dies ist umso erstaunlicher, als er selbst rund zehn Jahre lang keine Anstrengungen unternimmt, seine Thesen in Fachzeitschriften oder auf einem Ärztekongress vorzustellen.

Hier stößt man an die Schattenseiten in Semmelweis' Wesen. Lange Zeit versuchte die Semmelweis-Forschung, die vor allem von patriotischen

Ungarn gern als Hagiographie betrieben wurde, jeglichen Zweifel am »ungarischen Genie« zu zerstreuen und alle Schuld an seinem wissenschaftlichen Scheitern zu Lebzeiten seinen Gegnern zuzuschieben. Das gipfelte in dem 1977 erschienenen Buch *Semmelweis halála* [*Semmelweis' Tod*] (dt. unter dem Titel *Die Wahrheit über Semmelweis,* 1978) des Ungarn Georg Silló-Seidl, der nach langer Recherche und über verdeckte Kanäle endlich an die über ein Jahrhundert von den Wiener Behörden zurückgehaltene Krankenakte Semmelweis' aus dessen Zeit in der »Irrenanstalt« zu Wien gelangte. Silló-Seidl wollte darin ein Komplott von Semmelweis' Feinden sehen und unterstellte ihnen sogar einen verdeckten Mord an dem unglücklichen Opfer. Diese wildwuchernden Vermutungen und Phantasien finden sich auch in Luc Bürgins Buch *Irrtümer der Wissenschaft* (1997) wieder.

Der ungarische Arzt István Benedek hat unterdessen in mehreren Aufsätzen und Büchern (etwa *Semmelweis' Krankheit,* 1983) eine überzeugende Erklärung für Semmelweis' auffallende Wesensveränderung und seine Antriebslosigkeit bezüglich der Verbreitung und Verteidigung seiner Thesen geliefert. Demnach gab es zunächst gleichermaßen Befürworter wie Gegner. Allem Ränkespiel im damaligen Wien zum Trotz hatte Semmelweis keine erklärten persönlichen Feinde. Selbst der altmodische Johann Klein ließ seinen Assistenzarzt zunächst unbehelligt, solange seine eigene Position nicht gefährdet schien. Der englische Biograph William J. Sinclair brachte es auf den Punkt, wenn er über Semmelweis aphoristisch festhielt: »Er hatte viele Gegner, doch sein größter Gegner war er selbst.«

Allerdings war diese Gegnerschaft seiner selbst nicht frei gewählt, sondern psychopathologische Folge seiner syphilitischen Krankheit, wie István Benedek medizinisch überzeugend darstellte: Demnach gibt es Verläufe der syphilitischen Erkrankung, bei denen das zweite und dritte Stadium verdeckt bleiben und der Infizierte – oftmals, ohne von seiner Infektion zu wissen – ein scheinbar völlig »normales« Leben führt. Lähmungen und Geschwüre bleiben aus, allerdings setzt allmählich eine Wesensveränderung ein: Der Kranke wird geschwätzig, vernachlässigt sein Äußeres, wird reizbar, es treten psychomotorische Unruhen und manische Größenideen auf, es kann zu sprachlichen Ausfällen kommen, auch zeigen

sich graphologische und orthographische Unsicherheiten. Das Verhältnis des Kranken zur Erotik steigert sich ins Infantile und Obszöne, es treten Schlafsucht und Heißhunger auf, auch kann es zu einer Aufhebung der Schmerzempfindung (Analgesie) kommen. Nach Auswertung von Zeugnissen der Zeitgenossen – auch wohlmeinender Freunde – traten bei Semmelweis alle diese Symptome auf. Die daraus resultierende Charakter- und Verhaltensveränderung wirkte auf die damaligen, stark von bürgerlichen Konventionen geprägten Menschen verstörend, zumal sie nicht deren Ursache kannten. Immerhin versah Semmelweis in all den Jahren seinen Dienst ohne größere Ausfälle. Gleichwohl schlug sich seine Wesensveränderung in Antriebslosigkeit und Reizbarkeit nieder.
Zunächst steht die Fachwelt Semmelweis' Thesen nicht grundsätzlich ablehnend gegenüber. Neben feindlich gesinnten Äußerungen hauptsächlich aus rückwärts gewandten Wiener Professorenkreisen gibt es auch erste Zustimmung. Manche freilich nehmen sich Semmelweis' Erkenntnisse zu sehr zu Herzen. Der Kieler Geburtshelfer Gustav Michaelis begeht aus Gewissensbissen darüber, am Tod seiner Cousine indirekt schuld zu sein, Selbstmord. Semmelweis schreibt über den Tod des Kollegen: »Wir werden leider Gelegenheit haben, dem Leser Geburtshelfer vorzuführen, denen man etwas von der Gewissenhaftigkeit wünschen möchte, was Michaelis davon zu viel hatte.«
Schließlich gerät Semmelweis doch in die Kämpfe der »alten« und der »neuen« Schule. Er wird in diesem schlechten Schachspiel ein Bauernopfer und verliert im März 1849 seine Assistentenstelle. Anderthalb Jahre lang schreibt Semmelweis keine einzige Zeile zur Verteidigung seiner Thesen. Ein folgenschwerer Fehler, denn inzwischen bemächtigen sich andere seiner Erkenntnisse. Am 18. Oktober 1849 hält Professor Joseph Škoda (ein Onkel des späteren Autokonzerngründers) an der Wiener Akademie der Wissenschaften einen Vortrag über die infektiösen Ursachen des Kindbettfiebers und nennt sie »eine der wichtigsten Entdeckungen im Gebiete der Medizin«, behauptet aber, dies sei eine Entdeckung der Wiener Schule. Der Vortrag schadet Semmelweis mehr, als er ihm nützt. Es bricht ein wahrer Feldzug gegen Semmelweis los, der sich zu Teilen auch gegen Škoda und dessen Kreis richtet. Einer der Gegner ist Professor Franz

Kiwisch von Rotterau (1814–1852), der an gynäkologischen Kliniken in Würzburg und Prag lehrte und es vollbrachte, die Sterblichkeitsquote infolge des Kindbettfiebers auf sechsundzwanzig Prozent hochschnellen zu lassen. Ein zweifelhaftes Verdienst, das Kiwisch jedoch nicht in seiner Überzeugung erschüttert, dass die Ursache der Krankheit keineswegs mit dem Sezieren von Leichen in Verbindung zu bringen sei, vielmehr an einem »genius epidemicus« liege. Ein anderer Gegner von Semmelweis ist der seit 1855 in Prag als Professor der medizinischen Geburtshilfe tätige Bernhard Seyfert. Er widerlegt Semmelweis' Theorie auf recht zynische Weise, indem er die Sterblichkeitsquote an seiner eigenen Geburtsklinik statistisch dadurch nach unten drückt, dass er die todkranken Frauen nach Hause schickt. Zudem erklärt er – argumentativ am Mittelalter geschult –, das Kindbettfieber sei »miasmatischen« Ursprungs.

FLUCHT NACH PEST Schließlich sucht Ignaz Semmelweis, der sich nach anderthalb Jahren der Vorwürfe und Verdrehungen immer noch nicht verteidigend zur Wort gemeldet hat, das Weite: Am 1. Oktober 1850 erhält er zwar vom Ministerium die Habilitation zum Privatdozenten bestätigt, doch reist er neun Tage später – für viele überraschend – zurück in seine Heimat Ungarn. Für ihn steht fest, dass er in Wien nicht mehr dozieren will.

Semmelweis erhält am St. Rochus-Spital in Pest eine Anstellung und übernimmt im Mai 1851 die Leitung der geburtshilflichen Abteilung, die er bis 1856 innehat. Innerhalb kürzester Zeit sinkt auch hier die Sterblichkeitsquote auf unter ein Prozent. Zumindest in Pester Kreisen erfreut sich Ignaz Semmelweis in jenen Jahren wachsenden Ansehens. 1855 erhält er sogar die Berufung als Professor für Geburtshilfe an der dortigen Universität.

Rätselhaft ist, dass Semmelweis zwar seit 1856 mehrfach Vorträge vor der »Königlichen Gesellschaft der Ärzte von Pest-Buda« hält, sich jedoch nie über seine Thesen zur Übertragung des Kindbettfiebers äußert. Bereits damals beobachten ihm Nahestehende eine allmähliche Veränderung seines Wesens: Er ist zunehmend depressiv und apathisch, bisweilen auch jähzornig. Freunde und Familie – Semmelweis hat 1857 die zwanzig Jahre jüngere Maria Weidenhofer geheiratet, das Paar hat mehrere Kinder

– sind ratlos, ja verstört angesichts seiner Grobheiten – Anzeichen einer unerkannten schleichenden Gehirnlähmung infolge der syphilitischen Infektion. Andere Zeitzeugen berichteten, Semmelweis habe aus nichtigen Anlässen getobt und geflucht, überall habe er Feinde und Intrigen gewittert, auf der Straße habe er wildfremde junge Paare angehalten und sie über die Gefahren des Kindbettfiebers aufgeklärt, im Professorenkreis sei er mehrfach durch wirre Äußerungen aufgefallen, etwa, als er mitten in einer wissenschaftlichen Diskussion den Hebammeneid vorgelesen habe. Semmelweis, der in jenen Jahren – gerade einmal Mitte vierzig – auch äußerlich sichtlich verfällt, ja vergreist, bemerkt diese erschreckende Veränderung. Zu seiner Frau sagt er: »Es fehlt mir was im Kopf!«

SEMMELWEIS MELDET SICH ENDLICH ZU WORT ▮ Trotz dieser zunehmenden Wesensveränderung – oder gerade deswegen – rafft sich Semmelweis nach zehnjährigem Schweigen doch noch auf und arbeitet an einer Verteidigungsschrift: *Die Aetiologie, der Begriff und die Prophylaxis des Kindbettfiebers* erscheint Ende 1860 (mit Jahreszahl 1861) in deutscher Sprache und ist fünfhundertfünfzig Seiten stark. 1862 folgt der hundertseitige *Offene Brief an sämmtliche Professoren der Geburtshilfe.* Beide Veröffentlichungen verwirren die zeitgenössischen Mediziner, selbst die ihm wohlgesinnten. Semmelweis zitiert aus völlig veralteten Statistiken, geht viel zu wenig auf seine eigenen Erfahrungen und Erkenntnisse ein, schlägt überhaupt einen unwissenschaftlichen Ton an, ergeht sich in persönlichen Beschuldigungen, wiederholt sich endlos und ermüdend in seinen Aussagen. Aus psychopathologischer Sicht ist auch die *Aetiologie* in weiten Teilen Ausdruck von Semmelweis' zunehmender Krankheit.
Beide Veröffentlichungen stoßen in der Fachwelt auf kaltes Schweigen. Dabei gibt es immer mehr Ärzte in den Geburtskliniken Europas, die sich Semmelweis' Erkenntnisse erfolgreich zu eigen gemacht haben. Doch auf dieses Buch mit seinem »biblischen« Stil, seinen veralteten Statistiken, seinen Wiederholungen, seinen Schuldzuweisungen will und kann keiner reagieren.
In seiner Verbitterung und selbst verursachten Isolation hat Semmelweis nicht die neuen Entdeckungen der Fachwelt zur Kenntnis genommen.

Zeitgenössische Waschschüssel. Wasser und Chlorkalk sollten verhindern, dass »Cadavertheilchen« von der Prosektur in die Gebärklinik eingeschleppt würden.

Louis Pasteur hat 1857 die Mikroben der Milchsäuregärung entdeckt und erkannt, dass Fäulnis nicht Folge eines chemischen Prozesses ist, sondern Folge des Vorhandenseins fäulniserregender Kleinstlebewesen. Die Bakteriologie steht damit an ihrem Anfang. Mit seinen Ansichten steht Pasteur in der Fachwelt zunächst ebenfalls alleine da. Der berühmte Chemiker Justus Liebig etwa widerspricht dem Kollegen und spottet, den Zerfall organischer Stoffe mit mikroskopischen Tieren zu erklären bedeute so viel wie den Lauf des Rheins von den Wassermühlen abzuleiten. Doch Pasteur setzt seine Ansichten durch Experimente und klare Darstellungen in Fachperiodika sehr bald durch. Semmelweis hingegen, der Pasteurs Entdeckung nicht wahrnimmt, bleibt stur bei der irrigen Meinung, ein nicht näher definiertes Leichengift, ein zersetzter Stoff von »Cadavertheilen«, sei Ursache der Übertragung des Kindbettfiebers. Semmelweis wagt auch nicht den Schritt, seine Thesen durch Beobachtung unter dem Mikroskop zu untermauern oder gegebenenfalls zu differenzieren. Seine Isolation treibt er selbst immer weiter und weigert sich sogar, an dem 1863 in Pest stattfindenden Kongress der ungarischen Ärzte und Naturforscher teilzunehmen, obwohl er Mitglied des Verbandes ist.

EINLIEFERUNG IN DIE IRRENANSTALT Im Jahre 1865 werden Semmelweis' Wesensveränderungen und die daraus resultierenden Belastungen für die Umwelt so groß, dass Familie und Freunde die Einlieferung in die Wiener »Landes-Irrenanstalt« beschließen. Am 30. Juli reisen Ignaz und Maria Semmelweis, der Assistent István Báthory und ein Onkel von Frau Semmelweis mit dem Zug nach Wien. Der Kranke ist über den Zweck der Reise nicht unterrichtet, man wiegt ihn in der falschen Annahme, ihn zur Kur nach Gräfenberg zu bringen. In Wien werden sie am Bahnhof von Semmelweis' altem Kollegen Ferdinand Hebra empfangen und in dessen Wohnung gebracht. Auch jetzt ahnt Semmelweis noch nichts Arges, kennt er Hebra doch seit vielen Jahren. Hebra überredet den Kollegen, sein Institut zu besichtigen. Sie schlagen den Weg zur Irrenanstalt ein. Man führt Semmelweis in ein Zimmer mit vergitterten Fenstern. Erst jetzt wird er misstrauisch. Der Biograph Fritz Schürer berichtet: »Als man ihn am Fortgehen hinderte, bekam er einen Tobsuchtsanfall. Sechs Wärter sind nötig, um ihn zu bändigen. Man legte ihm die Zwangsjacke an und brachte ihn zur Beruhigung in die Dunkelkammer.«
Semmelweis bleibt zwei Wochen in der Anstalt, wird ärztlich beobachtet und mit den damals üblichen kalten Umschlägen behandelt. Eine Krankenakte wird angelegt, in der sein körperlicher und geistiger Zustand minutiös beschrieben wird. István Benedek über die letzten Tage des Arztes:»Bei der Aufnahme fiebert er, sein Kopf ist heiß, sein Puls beschleunigt. Der fiebrige Zustand hält auch weiter an. Die Pupillen sind mäßig weit und reagieren gut. Die Nächte verbringt er schlaflos, nur in den zwei letzten Tagen wird er somnolent. Er hat einen breiten, unsicheren Gang und schleppt den rechten Fuß nach. Die Sprache ist murmelnd, stotternd, lallend. Wenn er nicht gerade festgebunden ist, wandert er unruhig hin und her, zieht sich nackt aus, wirft sich zu Boden, will aus dem Fenster springen und schlägt sich mit den Wärtern herum. Sein körperlicher und geistiger Zustand verschlimmert sich zusehends, in den letzten Tagen ist er apathisch und murmelt Unverständliches vor sich hin.«
Bereits kurz nach der Einlieferung kommt es zu einer Rangelei zwischen Semmelweis und sechs Wärtern. Dabei wird eine bis dahin von der ärztlichen Diagnose übersehene verkapselte Eiterung im Mittelfinger gedrückt.

Der Abszess bricht auf, der Eiter zerrinnt im Gewebe, gerät durch die Blutbahn in den ganzen Körper. Semmelweis stirbt am 13. August 1865 an einer Blutvergiftung.

SEMMELWEIS' FORDERUNGEN BLEIBEN AKTUELL ▮ Semmelweis gerät bald in Vergessenheit. Seine Erkenntnisse werden von den Arbeiten des schottischen Chirurgen Joseph Lister (1827–1912) verdrängt, der 1867 in Glasgow zu ähnlichen Ergebnissen wie sein ungarischer Kollege kommt – ohne von Semmelweis' Thesen je vernommen zu haben. Bald gilt Lister als der Begründer der Lehre von der Asepsis (Keimfreiheit). Doch gegen Ende des 19. Jahrhunderts setzt – vor allem durch ungarische Mediziner – Semmelweis' Heroisierung ein. Er wird sogar als Begründer der Bakteriologie und der Antisepsis (Vernichtung von Krankheitskeimen) genannt. Beides ist schlicht falsch. Semmelweis ist aber der Begründer der Asepsis, die selbst heute, im Zeitalter der Antibiotika, nicht geringgeschätzt werden darf. Immer wieder wird in der Presse von sich verändernden Bakterienstämmen berichtet, für die die heute bekannten Antibiotika kein Gegenmittel mehr darstellen. Zugleich nimmt in Kliniken die Zahl der Infektionen wegen zunehmend nachlässiger aseptischer Hygiene zu. Insofern haben Semmelweis' Forderungen auch im 21. Jahrhundert nichts von ihrer Dringlichkeit verloren.

GREGOR (JOHANN) MENDEL

1822–1884

DIE GESETZE ZUR VERERBUNGSLEHRE

Ein Brünner Schüler stößt auf einen seltsamen Aufsatz.
Der Mönch Mendel züchtet im Klostergarten Erbsen und entdeckt Erstaunliches.
Mendel vertraut zu sehr einem Professor und reibt sich in einem Steuerstreit auf.

Etliche Bereiche unseres Daseins sind von der Gentechnik mitbestimmt. Allen Unkenrufen zum Trotz sind viele segensreiche Fortschritte, etwa in der Lebensmitteltechnik, der Biochemie oder der Medizin, ohne sie nicht denkbar. Erste Voraussetzung für die Erkenntnisse der Vererbung waren die nach dem Augustinermönch Gregor (Johann) Mendel benannten Gesetze, die er 1865 nach jahrelangen Beobachtungen und systematischer statistischer Auswertung an den Vererbungsmustern von Erbsen formuliert hat. Mendel war ein eher scheuer und zurückhaltender Mann. Ihm fehlte eine universitäre Ausbildung als Botaniker. In akademischen Kreisen wurde er missachtet und ignoriert. Seine Schrift *Versuche über Pflanzen-Hybriden* aus dem Jahre 1866 wurde nur einem kleinen Kreis bekannt und blieb in der damaligen Forschung unterdrückt. Mendel besaß weder die Beziehungen, seine Erkenntnisse publik zu machen, noch die finanziellen und zeitlichen Möglichkeiten. 1868 wurde er zum Abt des Augustiner-Klosters St. Thomas in Brünn gewählt und rieb sich in den Jahren bis zu seinem frühen Tod in Verwaltungsarbeiten und Steuerstreitigkeiten auf.

Als der siebzehnjährige Brünner Gymnasiast (und spätere Mendel-Biograph) Hugo Iltis im Jahre 1899 zufällig einen Aufsatz Mendels in einem alten, angestaubten naturkundlichen Journal entdeckte und darauf aufmerksam machte, wurde das in der inzwischen in gleichen Problemfeldern forschenden Botanik als Sensation gefeiert. Wegweisende Wissenschaftler auf dem Feld der Vererbungslehre der Zeit nach 1900 haben auf Mendels Erkenntnissen aufgebaut und gelangten zu internationalem Ansehen. Gregor Mendel hingegen, der botanische Autodidakt, der Mönch aus dem mährischen Brünn, wurde zu Lebzeiten von der Wissenschaft als »Erbsenzähler« verspottet.

BAUERNBUB, HILFSLEHRER, MÖNCH ▌Johann Mendel kommt am 20. Juli 1822 in Heinzendorf (dem heutigen Vražne) in Österreichisch-Schlesien zur Welt. Es sind ärmliche Verhältnisse. Die Eltern betreiben eine kleine Landwirtschaft. Der Vater Anton Mendel wird als geschickter Obstbaumzüchter und -veredler geschildert, den man gern beim Okulieren zu Rate zieht. Von ihm erhält Johann Mendel die ersten botanischen

Anregungen und Erkenntnisse. Schon damals mag sich dem Jungen die Frage nach möglichen Gesetzmäßigkeiten bei der Züchtung von Pflanzen gestellt haben.
Johann Mendel ist ein intelligenter Knabe. Die Mutter Rosina Mendel unterstützt den Bildungswunsch ihres Sohnes. Johann besucht nach der Volksschule die Piaristenschule in Leipnik, von 1834 bis 1840 das Gymnasium in Troppau. Die Eltern überanstrengen sich durch einen Hausbau, Missernten schmälern die ohnehin knappen Reserven. Johann muss neben der Schule viel auf dem elterlichen Hof mitarbeiten. Zudem versucht er als Privatlehrer zum Unterhalt der Familie beizutragen. Die Mehrfachbelastung bei schlechter Kost überfordert den Jugendlichen. Eine zeitlebens angegriffene körperliche und seelische Konstitution mag damals ihren Ausgang genommen haben.
Bei einem Betriebsunfall wird Vater Mendel verletzt und bleibt arbeitsunfähig. Der kleine Hof geht an die älteste Tochter Veronika und deren Mann über. Für Johann wird die Priesterlaufbahn vorgesehen, für junge Männer aus ärmlichen Verhältnissen der übliche Weg sozialen Aufstiegs. Um Schule und Seminar mitzufinanzieren, verzichtet Johanns sieben Jahre jüngere Schwester Theresia auf einen Teil ihrer Mitgift.
Der junge Mann studiert zunächst am Philosophischen Institut der Universität Olmütz und tritt im Oktober 1843 in das Noviziat des Brünner St. Thomas-Klosters ein, wo er den Ordensnamen Gregor annimmt. 1845 wird Gregor Mendel nach Wien geschickt. Dort studiert er Latein und Griechisch, Hebräisch, Chaldäisch, Syrisch, Arabisch, zudem Theologie und Philosophie. 1848 wird er zum Priester geweiht, außerdem unterrichtet er als Hilfslehrer am Gymnasium in Znaim, später in Olmütz am Philosophischen Institut (wo er allgemeine Naturwissenschaft lehrt) und in Brünn an der Realschule. Doch bei den Prüfungen zur Zulassung als Gymnasiallehrer, denen er sich im Sommer 1850 und nochmals 1856 unterzieht, versagt Gregor Mendel. Für ihn eine arge persönliche Niederlage, für das Kloster die Einbuße eines regelmäßigen gehobenen Gehalts. Mendel bleibt »Supplent«, Hilfslehrer, und erhält nie den Titel eines »Gymnasialprofessors«.

ERBSENZÜCHTUNGEN IM KLOSTERGARTEN So tragisch dieses wiederholte Misslingen für Gregor Mendel sicherlich war, so produktiv wurde dieses »Versagen« kompensiert. Um 1854 beginnt er mit seinen Experimenten zur kontrollierten künstlichen Befruchtung, Züchtung und Kreuzung von Pflanzen. Auf einer Fläche von sieben mal fünfunddreißig Metern züchtet Mendel in den Jahren von 1856 bis 1863 seine Erbsen. Er unterscheidet dabei Farben und Formen der Blüten, der Schoten und der Erbsenfrüchte sowie die Anordnungen der Blütenstände. Völlig neu ist die logische Vorgehensweise und die mathematisch-statistische Auswertung der Versuchsreihen, was »akademische« Botaniker jener Zeit, sofern sie von Mendels Experimenten überhaupt Kenntnis nehmen, eher belustigt als Spleen und sprichwörtliche »Erbsenzählerei« verunglimpfen. Nach achtjährigen Versuchen mit Erbsenkreuzungen und deren Auswertung kann Gregor Mendel in den Jahren 1865/66 seine Abhandlung *Versuche über Pflanzen-Hybriden* vorlegen, zunächst in Form eines Vortrags, dann als Aufsatz im Periodikum des Naturforschenden Vereins Brünn, dessen Mitglied er ist. Er formuliert darin drei Gesetze der Vererbung, die er an Erbsen studiert hat, die jedoch für alle Lebewesen – Pflanzen, Tiere und Menschen – gelten.

Mendel erkannte, dass es in den Erbanlagen »dominante« und »rezessive« Eigenschaften (Gene) gibt, die paarweise auftreten. In Schemata werden dominante Gene meist mit Großbuchstaben, rezessive mit Kleinbuchstaben bezeichnet. Die dominanten unterdrücken bei der Vererbung die rezessiven.

Nach dem »Uniformitätsgesetz« sind die Nachkommen homozygoter (gleicherbiger) Lebewesen untereinander gleich (uniform). Werden also homozygote, dominante, rotblühende Erbsen (im Schema: AA) mit homozygoten, rezessiven, weißblühenden Erbsen (im Schema: aa) gekreuzt, entstehen in der ersten Tochtergeneration nicht rosablühende Erbsen (wie auf einer Farbpalette bei der Mischung von rot und weiß), sondern rote und ausschließlich rote Blüten (im Schema: Aa), da die rotblühende Eigenschaft dominant vererbt wird. Diese Nachkommen sind aber heterozygot (verschiedenerbig, im Schema: Aa), sie werden auch Hybriden oder umgangssprachlich Bastarde genannt.

Nach dem »Spaltungsgesetz« sind die Nachkommen verschiedenerbiger Elternteile nicht mehr uniform, sondern spalten ihre äußere Erscheinung in einem bestimmten statistischen Verhältnis auf. In der zweiten Tochtergeneration der hybriden Erbsenpflanzen (Aa) entstehen nach dem phänotypischen (aussehensbezogenen) Verhältnis drei zu eins: drei rotblühende und eine weißblühende. Dabei hat eine rotblühende, homozygote Pflanze die Erbinformation AA, zwei heterozygote die Erbinformation Aa, die weißblühende, homozygote die Erbinformation aa. Die weißblühende Erbinformation wurde also nur überdeckt, ging aber nicht verloren. Das genotypische (genbezogene) Verhältnis beträgt in dieser zweiten Tochtergeneration eins zu zwei zu eins.
Mendel erkannte bereits, dass Erbträger vorhanden sein können, ohne eine Ausprägung zu erfahren, dass Gene in den Hybriden zusammenwirken, aber nicht miteinander verschmelzen, und dass Gene in den Körperzellen doppelt vorhanden sein müssen, in den Keimzellen aber nur einfach, damit sie mit anderen Genen anderer Keimzellen sich neu kombinieren können.
Nach der dritten Mendelschen Regel, dem »Gesetz der freien Kombinierbarkeit der Gene«, sind die diversen Eigenschaften eines Lebewesens frei voneinander vererbbar. Mendel untersuchte insgesamt sieben Eigenschaften der Erbsenpflanze (Blütenfarbe, Farbe und Aussehen der Erbsenfrüchte, Größe etc.). Bei der Kreuzung von Pflanzen, die sich in mehreren Merkmalen voneinander unterscheiden, entdeckte er diese freie Kombinierbarkeit der Gene (sofern, wie es bei der Erbsenpflanze der Fall ist, die Merkmale auf verschiedenen Chromosomen liegen). Also können in der Kreuzung einer rotblühenden, großen Erbsenpflanze mit einer weißblühenden, kleinen Erbsenpflanze sowohl große und kleine rotblühende als auch große und kleine weißblühende Nachkommen entstehen.

DIE IGNORANTE ÖFFENTLICHKEIT Wenige Jahre, bevor Mendel mit seinen Erkenntnissen zur Vererbungslehre vor die – größtenteils ignorante – Öffentlichkeit tritt, publiziert Charles Darwin 1859 sein epochemachendes Buch *On the Origin of Species by Means of Natural Selection*. Dessen Lehre von der Entstehung neuer Arten durch Auslese widerspricht

Mendels Gesetze gelten für alle Lebewesen. Darstellung der Phänotypen durch drei Generationen bei Hausrind und Meerschweinchen.

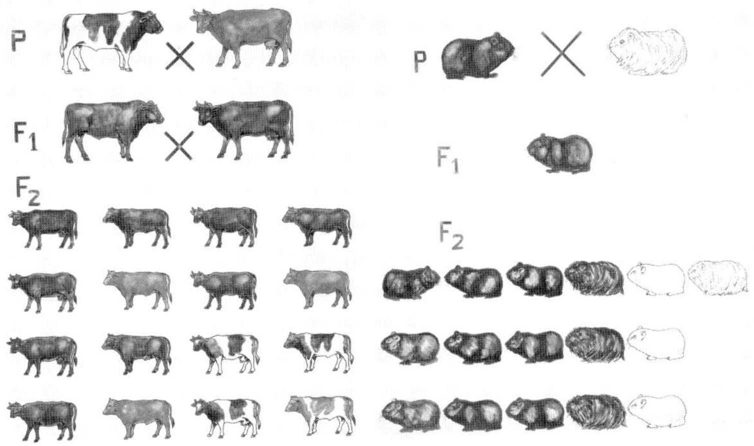

Mendels Gesetzen nicht, sondern ergänzt sie. Leider haben sich Gregor Mendel und Charles Darwin nie kennengelernt. In der Klosterbibliothek zu Brünn fanden sich jedoch Darwins Werke mit Randbemerkungen Mendels. Der botanisierende Mönch nahm die Erkenntnisse des Engländers sehr wohl zur Kenntnis. Im Gegensatz zu Darwin verlor sich Mendel aber nicht in der Vielfalt der Arten, er beschränkte sich auf die Untersuchung der Unterscheidungsmerkmale einer einzigen Art, um daraus allgemein gültige Gesetzmäßigkeiten abzuleiten. Umgekehrt jedoch war es Darwin wegen der lokalen Begrenztheit der Mendelschen Publikation über die »Pflanzen-Hybriden« nicht möglich, diese wahrzunehmen. Viel ist auch über einen möglichen Besuch Mendels bei Darwin spekuliert worden, als der Mönch im Jahr 1862 nach England reiste. Doch ist das unwahrscheinlich, da Darwins Landgut außerhalb Londons fern jeder Eisenbahnanbindung lag und der englische Naturforscher damals schwer krank war und niemanden empfing.

Nachdem Mendel in rund achtjähriger Arbeit knapp dreizehntausend Erbsen-Hybriden gezüchtet, untersucht, statistisch erfasst und die Ergebnisse eingeordnet und bewertet hat, hält er am 8. Februar 1865 in der Sitzung des Naturforschenden Vereins von Brünn vor etwa vierzig Zuhörern seinen ersten Vortrag über die *Versuche über die Pflanzen-Hybriden*, am 8. März den zweiten. Das Protokoll des Vereins vermerkt: »Fragen wurden nicht gestellt, eine Diskussion fand nicht statt.« Mendel stößt auf Unverständnis, im besten Fall auf Gleichgültigkeit. Die Kombination von botanischen Beobachtungen und mathematisch-statistischen Ableitungen war dem damaligen Denken fremd. Es gehört zu Mendels Tragik, dass sogar er selbst sich der Tragweite seiner Erkenntnisse nicht bewusst wurde. Mit den von ihm formulierten Gesetzen zur Vererbungslehre war er seiner Zeit und ihren wissenschaftlichen Fragestellungen so weit voraus, dass erst zwei Generationen später die Forschung diese einzuordnen, zu würdigen und zu nutzen wusste.

Mendel publiziert seinen Vortrag ein Jahr später im Publikationsorgan des Naturforschenden Vereins in Brünn. Eine größere Verbreitung findet der Aufsatz nicht. Die wenigen Exemplare, die außerhalb Brünns und Mährens in die Hände von Naturforschern und Rezensenten gelangen, vermögen daran nichts zu ändern. Der botanisierende Mönch aus Mähren wird von den Rezensenten ignoriert, von »ernstzunehmenden« akademischen Botanikern missachtet und geschnitten.

NÄGELI UND DIE HABICHTSKRÄUTER Der einzige, der phasenweise von Mendel Notiz nimmt, ist der Münchner Botaniker Carl Wilhelm von Nägeli (1817–1891). Zu ihm nimmt Mendel brieflichen Kontakt auf. Der vielbeschäftigte Universitätsprofessor steht im Ruf, anderweitige Meinungen und Fragen einfach dadurch ins Leere laufen zu lassen, dass er sie nicht beachtet oder unbeantwortet lässt. Ähnlich ergeht es zunächst Gregor Mendel. Einige seiner Briefe an den Professor bleiben unbeantwortet, erst nach und nach ahnt Nägeli die Tragweite von Mendels Entdeckungen, ändert schließlich seine Haltung gegenüber dem botanisierenden »Laien«, als jener zum Abt gewählt wird (und damit eine gesellschaftliche Respektsperson darstellt), und drängt Mendel schließlich dazu, seine Experimente auch mit Habichtskrautarten (Hieracien) durchzuführen.

Damit erweist der Professor dem Abt einen Bärendienst: Die Habichtskräuter besitzen die (damals noch nicht bekannte) Fähigkeit zu apogamer Vermehrung – eine sekundärgeschlechtliche Fortpflanzung ohne Befruchtung –, was sie völlig ungeeignet für einfache Vererbungsexperimente macht. Dennoch plagt sich Mendel – vielleicht, weil er als weitgehender Autodidakt vor der »hohen« Wissenschaft einen tief verwurzelten Respekt hat – mehrere Jahre lang mit der Züchtung von Habichtskräutern und veröffentlicht seine unbefriedigenden Ergebnisse 1870 in dem Aufsatz *Über einige aus künstlicher Befruchtung gewonnene Hieracium-Bastarde.* Nägelis Brief an Mendel vom 27. Februar 1867 jedenfalls ist in seinem professoralen Duktus nicht untypisch und verrät über das Fachliche hinaus einiges über soziale Verhaltensmuster der damaligen Zeit:

»Es scheint mir überhaupt, dass die Versuche mit Pisum [lat. für Erbse] nicht abgeschlossen seien, sondern dass sie erst recht beginnen sollten. Der Fehler aller neueren Experimentatoren ist der, dass sie an Ausdauer weit hinter [Josef] Koelreuter [Botaniker, 1733–1806] und [Karl] Gärtner [Botaniker, 1772–1850] zurückstehen. Ich sehe mit Vergnügen, dass Sie nicht in diesen Fehler verfallen und dass Sie in die Fußstapfen Ihrer beiden berühmten Vorgänger treten. Aber Sie wollen dieselben übertreffen, und nach meiner Ansicht ist das nur möglich, und es ist in der Bastardlehre nur dann ein Fortschritt zu machen, wenn die Versuche mit einem Objekt nach allen Richtungen erschöpft werden. Eine solche vollständige Versuchsreihe, welche unwiederbringliche Beweise für die wichtigsten Schlüsse gibt, besitzen wir überhaupt noch nicht. Wenn Sie vorrätigen Samen Ihrer Bastardbefruchtungen besitzen, die Sie nicht selber zu Aussaaten verwenden, so bin ich gern erbötig, denselben in unserem Garten zu cultivieren, um zu sehen, wie sich die Konstanz unter anderen Verhältnissen bewährt. […] Die Auswahl überlasse ich natürlich Ihrem Ermessen und bemerke nur, dass mir allerdings nicht viel Zeit und auch nicht viel Raum zu Gebote steht.«

Mendel müht sich vergeblich mit den von Nägeli empfohlenen Habichtskräutern. 1871 bricht er seine Versuchsreihen ab und teilt dies Nägeli zwei Jahre später mit. Die Verbindung reißt ab. Nicht nur Nägelis professorale Überheblichkeit, sondern auch Mendels Zeitnot haben daran Schuld. Denn als Abt des Klosters St. Thomas in Brünn hat er sich mit vielfältigen Verwaltungsangelegenheiten herumzuschlagen.

BIENENKUNDE, METEOROLOGIE UND EIN STEUERSTREIT Erstaunlich ist, dass sich Mendel trotz seiner vielfältigen Belastungen in den letzten Lebensjahren intensiv mit der Bienenzucht befasst und 1871 sogar zu einem Bienenzüchterkongress nach Kiel reist. Zudem beschäftigt er sich mit meteorologischen Studien und unternimmt Versuche mit Kürbiskreuzungen und Kreuzungen von Birn-, Apfel- und Marillenbäumen. Der damals angestellte Klostergärtner erinnert sich noch Jahrzehnte später an mehrere hundert Kreuzungen, die Abt Gregor Mendel gelungen sind. Leider hat Mendel darüber keine schriftlichen Ausführungen hinterlassen.

Ein unerquicklicher Steuerstreit hält Mendel bis zu seinem Tod in Atem. Nach dem neu erlassenen Religionsfondsgesetz von 1874 werden die Besitztümer der Klöster in Österreich-Ungarn neu berechnet und besteuert. Die Steuersätze sind infam hoch. Abt Gregor Mendel erweist sich in diesem Streit als ein unnachgiebiger und harter Gegner. Wiederholt legt er Widerspruch ein und scheut nicht davor zurück, sich mit seinen Protestschreiben an den Kaiser in Wien zu wenden. Er kann einen Teilerfolg erzielen: Das zu versteuernde Vermögen des Klosters wird weit niedriger eingestuft, doch selbst jetzt lässt Mendel nicht locker und verweigert die Zahlung. Der Zwist kulminiert 1876 in einer von den Behörden angeordneten Pfändung, wogegen der streitbare Abt erneut Protest bei der Statthalterei einlegt. Eine erneute Zahlungsaufforderung vom Herbst 1883 wird vom Kloster mit der Bemerkung zurückgewiesen, die Angelegenheit könne wegen Erkrankung des Abtes nicht bearbeitet werden.

Gregor Mendels Gesundheit ist unterhöhlt. In den letzten Lebensjahren wirkt er verbittert und vereinsamt, die Streitigkeiten zehren an seinen Nerven, mehrmals erleidet er einen psychischen und physischen Zusammenbruch. Einmal notiert er den Vers: »Wer durch die Welt will rücken – der muss sich hübsch bücken.« Dass er selbst sich vor Obrigkeiten und Instanzen nie bücken wollte, wurde ihm zum Nachteil, in der Wissenschaft und im Streit mit den Behörden. Mendel stirbt am 6. Januar 1884 in Brünn und wird – seiner Stellung als Abt angemessen – unter großer Anteilnahme und mit Pomp beigesetzt.

WIEDERENTDECKUNG, MISSBRAUCH UND NUTZEN Seine Leistung als Botaniker ist bereits damals vergessen und wird allenfalls als Schnurre abgetan. Ausgerechnet ein Gymnasiast wird fünfzehn Jahre später auf Mendels bahnbrechenden und doch ignorierten Aufsatz über die Pflanzen-Hybriden stoßen. Namhafte Botaniker wie Hugo de Vries (1848–1935), Karl Correns (1864–1933) und Erich von Tschermak (1871–1962) nutzen um und kurz nach 1900 Mendels Erkenntnisse für ihre eigenen Forschungen. Allmählich dringt der Name des erbsenzüchtenden Mönchs in die Welt hinaus. Nach 1918 wird er in der Tschechoslowakei als Nationalheld gefeiert (obwohl der gebürtige Schlesier das Tschechische nur unzureichend beherrschte). Von den Nationalsozialisten wurde Mendels Vererbungslehre für ihre menschenverachtende Rassen- und Züchtungslehre vereinnahmt.
Heute widmet sich ein Mendel-Museum in Brünn dem Begründer der Vererbungslehre und deren Bedeutung und Auswirkung. Mendels Erkenntnisse wurden von der sich nach 1945 rasant entwickelnden Genetik rasch differenziert und weit hinter sich gelassen. Sie haben aber nichts von ihrer Bedeutung und Allgemeingültigkeit verloren. Das 21. Jahrhundert wird als Epoche der Genetik die menschlichen Verhältnisse und die menschliche Umwelt grundlegend erweitern und verändern – ob eher zum Nutzen oder zum Nachteil ist eine andere Frage.

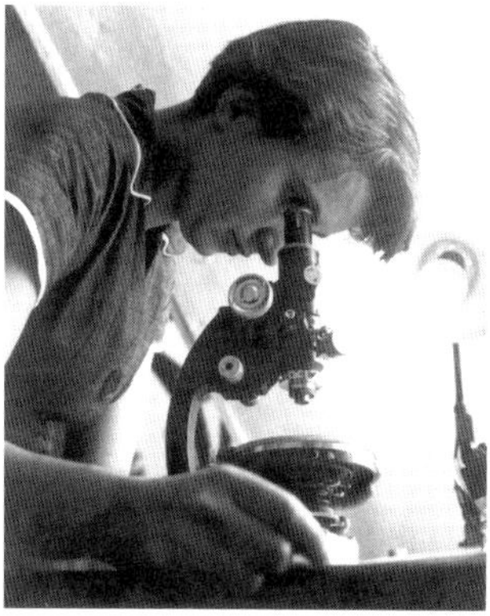

ROSALIND FRANKLIN

1920–1958

DIE ENTDECKUNG DER DNA-STRUKTUR

Ein posthumer Rufmord. Als Wissenschaftlerin unter Männern. Die Suche nach dem Baustein des Lebens. Laborspionage. Wettrennen um die Erstveröffentlichung. Rosalind Franklins früher Tod. Der Nobelpreis geht an die Konkurrenten.

Als 1962 der Nobelpreis für Medizin an den Amerikaner James D. Watson (geb. 1928) und die Engländer Francis Crick (1916–2004) und Maurice Wilkins (1916–2004) für die Erforschung der Doppelhelixstruktur der DNA vergeben wurde, geschah das im Bewusstsein, dass das die bedeutendste und folgenreichste Entdeckung in der genetischen Forschung des 20. Jahrhunderts war. Der Mönch Gregor Mendel hatte ein Jahrhundert zuvor mit der Formulierung der Gesetze zur Vererbungslehre den Anfang gemacht. Nun war man einen großen Schritt weiter: Die Struktur der DNA, des genetischen Informationsträgers aller Lebewesen, war entdeckt, und man konnte sich in den nun folgenden Jahrzehnten auch an die Entschlüsselung der Erbinformationen machen, mit ungeahnten Möglichkeiten für Medizin und Nahrungsindustrie.
In den Dankesreden der Nobelpreisträger wurde damals *ein* Name nicht erwähnt: Rosalind Franklin. Aus gutem Grund; hatten doch die prämierten Wissenschaftler bei der Entdeckung der Doppelhelixstruktur der DNA im Jahre 1953 unbefugten Einblick in unveröffentlichte Forschungsunterlagen ihrer Kollegin und Konkurrentin erhalten, was ihnen bei den eigenen Überlegungen sehr zustatten kam. In jenen Wochen des Frühjahrs 1953 kam es in den Forschungslabors in London und Cambridge zu einem Wettrennen, das nicht immer mit fairen Mitteln ausgetragen wurde. Es ist eine Geschichte, die von Indiskretion und Naivität, von Verletzung des geistigen Eigentums und verratener Kollegialität gekennzeichnet ist und bisweilen Züge eines Thrillers aufweist. Und es ist eine Story, die von der Benachteiligung und Behinderung weiblicher Forschungsarbeit erzählt.

DIFFAMIERUNG ALS BLAUSTRUMPF ▮ Rosalind Franklin wird am 25. Juli 1920 in London als Kind einer wohlhabenden jüdischen Familie von Bankiers und Akademikern geboren. Früh zeigt sie Interessen für Naturwissenschaften und Mathematik. Von den Eltern wird das Mädchen in seinen geistigen Neigungen gefördert. Rosalind besucht die St.-Paul's-Mädchenschule in London, eine der besten Institutionen jener Zeit, mit besonderem Schwerpunkt auf Physik, Chemie, Biologie und Mathematik. Siebzehnjährig besteht Rosalind die Aufnahmeprüfung an der Universität Cambridge mit Bestnoten und erhält ein Stipendium, das der reiche Vater jedoch lieber einem der aus dem nationalsozialistischen Deutschland geflohenen Studenten zukommen lässt. Von 1938 bis 1942 studiert Rosalind Franklin am Frauencollege Newnham in Cambridge und legt ihre Schwerpunkte auf Kristallographie und physikalische Chemie. Doch so liberal und fortschrittlich die jüdische Familie Franklin ist – die Verhältnisse in Cambridge sind es keineswegs. Studentinnen sind damals noch die Ausnahme. Sie werden begafft und behindert. In den Hörsälen müssen sie im Grüppchen in der ersten Reihe sitzen. Bestimmte Bereiche der Universität sind ihnen noch immer verschlossen, und sie dürfen nicht an Universitätszeremonien teilnehmen.

Rosalind Franklin wird später, nach ihrem frühen Tod, von Weggefährten und Konkurrenten wie James Watson als menschenscheuer, männerverachtender Blaustrumpf karikiert und diffamiert. Für »Rosy«, wie Watson 1968 in anmaßender Verniedlichung und Distanzlosigkeit schreibt, hat er nur klischeehafte Worte übrig:

»Sie tat ganz bewusst nichts, um ihre weiblichen Eigenschaften zu unterstreichen. Trotz ihrer scharfen Züge war sie nicht unattraktiv, und sie wäre sogar hinreißend gewesen, hätte sie auch nur das geringste Interesse für ihre Kleidung gezeigt. Das tat sie nicht. Nicht einmal einen Lippenstift, dessen Farbe vielleicht mit ihrem glatten schwarzen Haar kontrastiert hätte, benutzte sie, und mit ihren einunddreißig Jahren trug sie so phantasielose Kleider wie nur irgendein blaustrümpfiger englischer Teenager. Insofern konnte man sich Rosy gut als das Produkt einer unbefriedigten Mutter vorstellen, die es für überaus wünschenswert hielt, dass intelligente Mädchen Berufe erlernten, die sie vor der Heirat mit langweiligen Männern bewahrten. Aber das war keineswegs der Fall.«

Rosalind Franklin war eine Frau, die sich ganz der Wissenschaft verschrieb. Sie tat das aus Leidenschaft und Hingabe an die Forschung. Keinesfalls jedoch war sie eine Karrieristin, die sich um des eigenen Vorteils willen unfair verhielt. Im Gegenteil: Wiederholt hat sie Kollegen arglos und wohlwollend Einblick in ihre Überlegungen gewährt – und selten Dank dafür erhalten. Die Behauptung, Rosalind Franklin sei ein kontaktscheuer, hässlicher Blaustrumpf gewesen, ist eine böswillige Diffamierung, die noch dazu nach ihrem Tod in die Welt gesetzt wurde, als sich die um den

Nobelpreis Geprellte nicht mehr wehren konnte. So vermischen sich im »Fall« Rosalind Franklins karrieristische Übervorteilungen mit persönlichen Anwürfen zu einer Melange aus Intrige, Neid und übler Nachrede.

ERSTE RÖNTGENUNTERSUCHUNGEN ZUR DNA ▮ Nach dem Studium in Cambridge nimmt die ausgebildete Physikerin Rosalind Franklin im Jahre 1942 eine Stelle bei der »British Coal Utilisation Research Association« an. Die Forschungseinrichtung beschäftigt sich vor dem Hintergrund des Krieges und der wirtschaftlich angespannten Situation mit der physikalisch-chemischen Erforschung des Rohstoffs Kohle, um diesen effizienter nutzen zu können. Aus dieser Arbeit, die die antinationalsozialistisch gesinnte Jüdin durchaus als politisches Engagement betrachtet, erwächst ihre Doktorarbeit über die *Thermische Ausdehnung von Kohlen und carbonisierten Kohlen* (1945/46).

Nach dem Krieg nutzt Rosalind Franklin die Gelegenheit, ihren geistigen Horizont zu weiten und begibt sich für drei Jahre nach Paris. Dort übernimmt sie am »Laboratoire Central des Services Chimiques de l'Etat« eine Stelle. Rasch erwirbt sie sich einen guten Ruf. Das aufgeklärte geistige Klima in Frankreich gefällt ihr. Rosalind Franklin forscht und publiziert auf dem Gebiet der Röntgenkristallographie und wird darin eine der international führenden Koryphäen.

Nochmals wechselt sie Arbeitsplatz und Forschungsgebiet: 1950 kehrt sie in ihre Heimatstadt London zurück, um im Rahmen eines dreijährigen Stipendiums am King's College zur Struktur der Desoxyribonukleinsäure (dt. DNS, engl. DNA), der Trägerin der Erbinformation, zu forschen. Leiter der Forschungseinrichtung ist damals John Randall, stellvertretender Leiter Maurice Wilkins. Es kommt in den Folgejahren zu Streitigkeiten um Kompetenzen und Aufgabenbereiche zwischen Randall und Wilkins, in die – ungewollt und arglos – auch Rosalind Franklin gerät. Zudem gibt es damals am King's College allgemein Vorbehalte gegen Frauen im Wissenschaftsbetrieb.

Selbst mit historischer Distanz ist es nicht möglich, nur *einen* Wissenschaftler oder *eine* Wissenschaftlerin als Entdecker der Doppelhelixstruktur der DNA herauszulösen. Es war ein damaliges Desiderat, den Aufbau des Trägers der Erbinformationen zu entschlüsseln. Zudem waren die Zeiten der genialen Alleingänger in der Wissenschaft passé. Das Team trat an die Stelle des einzelnen Pioniers. Auch Rosalind Franklin forschte nicht allein, sie arbeitete mit Assistenten und Studenten zusammen, so mit dem 1926 geborenen Raymond Gosling. Und auch in anderen Institutionen formierten sich Teams zur Erforschung der DNA: In Cambridge etwa die jungen Chemiker James D. Watson und Francis Crick. Beide waren »Newcomer« und betrachteten dieses Forschungsgebiet als besonders aussichtsreich, um rasch zu Ruhm und Ansehen zu gelangen.

Rosalind Franklin beginnt ihre Röntgenuntersuchungen zur DNA im Herbst 1951 gemeinsam mit Gosling. Sie stützt sich dabei auf Techniken, die Maurice Wilkins vorbereitet hat, verfeinert diese aber. Wilkins und Gosling haben der DNA Wasser entzogen und diese kristalline »A-Form« geröntgt. Franklin und Gosling entdecken, dass sich durch Zusetzung von Wasser auf die A-Form die DNA verändert (»B-Form«). Diese B-Form eignet sich für die Röntgenuntersuchung weit besser, da sie genauere Aufnahmen ermöglicht.

WETTRENNEN UM DIE PRÄSENTATION DER DNA In den anderthalb Jahren vom Herbst 1951 bis zum Frühjahr 1953 kommt es zu einem Wettrennen der Wissenschaftler um die Entschlüsselung der Struktur der DNA, von dem die breite Öffentlichkeit freilich nichts wahrnimmt. Crick und Watson in Cambridge stellen eigene Überlegungen an, wobei sie sich von einem Vortrag Rosalind Franklins, den sie 1952 am King's College hält, durchaus »inspirieren« lassen. Sehr bald wird deutlich, dass die DNA eine Helix- oder Spiralstruktur aufweist, doch gehen die Auffassungen darüber, ob es sich um eine einfache, doppelte oder gar dreifache Spirale handelt, auseinander. Ebenso ist noch unklar, ob die Basenpaare im Inneren der Helix oder außen liegen. Auch aus Kalifornien bekommen die Forscher Konkurrenz: Dort arbeitet Linus Pauling (1901–1994) ebenfalls an der Entschlüsselung der DNA-Struktur.

Das wissenschaftliche Wettrennen jener Monate ist auch ein Wettkampf der divergierenden Arbeitsweisen: Rosalind Franklin führt ausführliche Versuchsreihen durch und gründet darauf ihre Ergebnisse. Watson und

Röntgenaufnahme einer DNA aus Rosalind Franklins Labor, frühe 1950er Jahre.

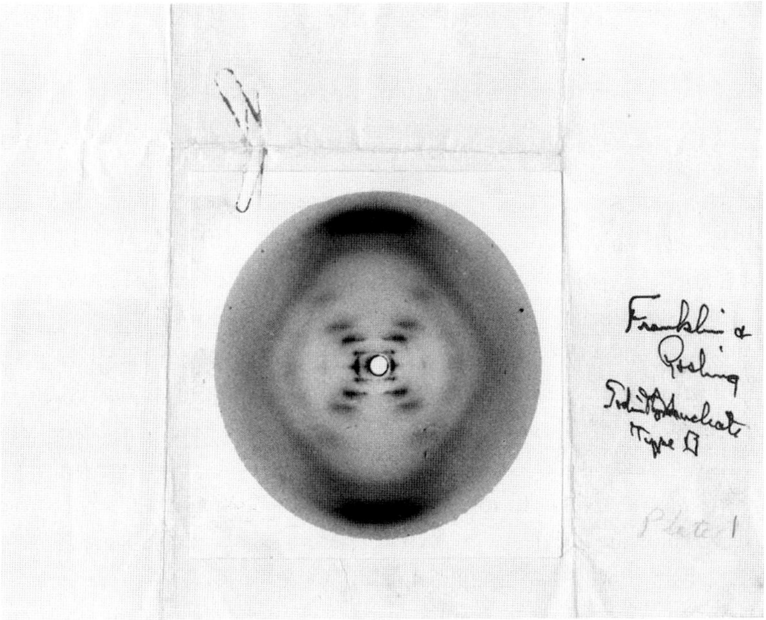

Crick hingegen gleichen ihre damalige relative Unerfahrenheit in der Forschung durch die Fähigkeit aus, recht phantasievoll Theorien zur Struktur der DNA zu entwerfen, die sie gleichwohl mehrmals verwerfen oder korrigieren müssen. So behaupten sie noch Ende 1952, die DNA bestehe aus einer Tripelhelixkette, und laden ihre »Kollegin« Rosalind Franklin zur Präsentation der »Ergebnisse« nach Cambridge ein. Die jedoch weist den jungen Forschern ohne Umschweife und ohne falsche Rücksichtnahme nach, dass ihr Konstrukt jeglichen Beweises entbehre und daher Unsinn sei. Erbost über die Zeitverschwendung reist Rosalind Franklin zurück nach London und lässt ein Forscherduo zurück, das verständlicherweise pikiert ist.
Auf recht primitive Weise rächt sich Watson zehn Jahre nach dem Tod Rosalind Franklins, indem er der Kollegin posthum Jähzorn und mangelnden Teamgeist unterstellt: »Unglücklicherweise sah Maurice [Wilkins] absolut keine Möglichkeit, Rosy auf anständige Weise hinauszuwerfen. Erstens hatte man ihr zu verstehen gegeben, dass sie nun für mehrere Jahre eine feste Stellung habe. Außerdem ließ sich nicht leugnen, dass sie

ein kluger Kopf war. Wenn sie nur imstande gewesen wäre, ihre Emotionen zu beherrschen! Es hätte gute Aussicht bestanden, dass sie ihm wirklich hätte behilflich sein können.«

Behilflich wird indes Rosalind Franklins Kollege Maurice Wilkins – aber ausgerechnet den Konkurrenten aus Cambridge. Wilkins nämlich gewährt Watson und Crick Ende Januar 1953 Zugang zur Röntgenaufnahme einer B-Form, die Rosalind Franklin kurz zuvor erstellt hat. Die Aufnahme liefert ihnen einen entscheidenden Hinweis auf die Doppelhelixstruktur der DNA. Rosalind Franklin hingegen ist zum damaligen Zeitpunkt noch nicht so weit, aus der Aufnahme einen gesicherten Beweis ziehen zu können und vor die wissenschaftliche Öffentlichkeit zu treten. Ihre Skrupel bezüglich der Seriosität wissenschaftlicher Aussagen werden ihr in gewisser Weise zum Verhängnis. Selbst Crick hat viel später, 1988, dies eingestanden:

»[…] sie war der Ansicht, ein Erraten der Struktur, indem man die verschiedenen Modelle ausprobierte und nur ein Minimum an experimentellen Daten heranzog, sei zu gewagt. Alles, was sie tat, war durchaus vernünftig, fast zu vernünftig […] Und ein Grund dafür war meines Erachtens, […] dass sie das Gefühl hatte, eine Frau müsse beweisen, dass sie wirklich professionell ist. Jim [James Watson] hatte keinerlei solcher Skrupel hinsichtlich seiner Fähigkeiten. Er wollte einfach die Antwort, ob er die nun mit Hilfe vernünftiger oder gewagter Methoden erhielt, kümmerte ihn kein bisschen. Alles, was er wollte, war, die Antwort so schnell wie möglich zu bekommen.«

Watson gesteht noch im Nachhinein unumwunden: »Ich erfuhr zu meiner Überraschung, dass er [Maurice Wilkins] mit Hilfe seines Assistenten [Herbert] Wilson in aller Ruhe einen Teil von Rosys und Goslings röntgenographischen Arbeiten kopiert hatte. So bedurfte er keiner langen Zeitspanne, um seine eigenen Forschungen ganz in Schwung zu bringen. […] In dem Augenblick, als ich das Bild sah, klappte mir der Unterkiefer herunter, und mein Puls flatterte. Das Schema war unvergleichlich viel einfacher als alle, die man bis dahin erhalten hatte.«

Anfang Februar 1953 ist allen Forschern klar, dass es ein Wettrennen um Wochen, vielleicht nur um Tage sein würde, um die Theorie von der Doppelhelixstruktur der DNA in einem wissenschaftlichen Organ publik zu machen und auf diese Weise als Entdecker des Bausteins der Genetik zu gelten, vor der Kollegenschaft, aber auch vor der Nachwelt.

Watson und Crick erhalten nochmals unerwartet Hilfe: Max Perutz (1914–2002), Leiter der Röntgenbeugungsabteilung des Cavendish Laboratory Cambridge, spielt den beiden einen noch nicht publizierten Forschungsbericht Rosalind Franklins zu, der ihnen Ergebnisse über die Veränderung der DNA-Struktur von der A- zur B-Form verrät. Als Watson und Crick Anfang März 1953 noch an einem Modell mit parallelen Strängen bauen, geht unterdessen, am 6. März, bei der Zeitschrift *Acta Crystallographica* ein Aufsatz Rosalind Franklins und Raymond Goslings ein, worin die DNA bereits als Doppelstrang mit innen liegenden Basenpaaren dargestellt wird. Tags darauf, am 7. März, erstellen Watson und Crick ebenfalls das richtige Modell der Doppelhelix auf der Grundlage der Laboraufnahmen Rosalind Franklins.

Der »Countdown« erfolgt im April 1953. Das Podium: die Zeitschrift *Nature*. Die veröffentlicht am 25. April drei kurze Artikel zur Struktur der DNA. Im ersten Artikel stellen Watson und Crick ihr Modell vor und bekennen immerhin, dass sie dazu auch durch Ideen von Maurice Wilkins und Rosalind Franklin inspiriert worden sind. In den beiden anderen Artikeln veröffentlichen Franklin, Wilkins und ihre Mitarbeiter ihre Experimentaldaten und »bestätigen« damit Watsons und Cricks Modell.

RUFMORD AN EINER KONKURRENTIN ▮ Dass Watson und Crick unveröffentlichte Röntgenaufnahmen aus Franklins Labor kannten, leugnen sie zunächst. Erst fünfzehn Jahre nach der Publikation in *Nature*, zehn Jahre nach Rosalind Franklins Tod und sechs Jahre nach der Verleihung des Medizin-Nobelpreises an Watson, Crick und Wilkins entlarvt sich Watson selbst in seinem reichlich verklatscht geratenen Buch *The Double Helix* und scheut sich nicht, die einstige Kollegin der Lächerlichkeit preiszugeben. An das »Wettrennen« zur Erstveröffentlichung in der Zeitschrift *Nature* hat er seine eigene, ganz spezielle Erinnerung:

»Dass Rosy unser Modell sofort akzeptierte, wunderte mich zuerst. Ich hatte befürchtet, sie würde, nachdem ihr scharfsinniger, verbohrter Geist in die sich selbst gestellte Antispiralen-Falle gegangen war, irgendwelche nebensächlichen Resultate ausgraben und damit eine gewisse Unsicherheit über die Richtigkeit der Doppel-Helix hervorrufen. Sie erkannte jedoch wie fast jeder, wie reizvoll diese komplementären Basenpaare waren, und fand sich damit ab, dass die Struktur zu hübsch war, um nicht richtig zu sein. Noch ehe sie von unserem Modell gehört habe, hätten ihre Röntgenbefunde sie veranlasst, zwingender, als sie damals hätte zugeben wollen, eine spiralförmige Struktur in Erwägung zu ziehen.«

Aus der eigentlichen Entdeckerin der Doppelhelixstruktur wird in Watsons Erinnerung eine verbitterte, nachtragende Person ohne eigene Ideen: »Gleichzeitig schwand auch ihr [Rosalind Franklins] wilder Ärger auf Francis [Crick] und mich. Anfangs zögerten wir noch, mit ihr über die Doppel-Helix zu sprechen, da wir die Gereiztheit fürchteten, die bei unseren früheren Begegnungen geherrscht hatte. [...] Eine unmittelbare Folge von Rosys Verwandlung war, dass sie unser altes Steckenpferd, die Modellbauerei, jetzt als ernsthafte wissenschaftliche Methode anerkannte, statt darin eine bequeme Ausflucht für Faulpelze zu sehen, die von der Schufterei, die zu einer ehrlichen wissenschaftlichen Laufbahn gehört, nichts wissen wollten.«

Rosalind Franklins Unduldsamkeit und Verbitterung, so legt Watson es sich zurecht, habe nichts mit einer Übernahme ihrer wissenschaftlichen Ergebnisse durch Crick und ihn zu tun, sondern sei einzig auf ihren schwierigen Charakter und ihre Geltungssucht zurückzuführen: »Es wurde uns auch klar, dass Rosys Schwierigkeiten mit Maurice und Randall auf ihrem sehr verständlichen Bedürfnis beruhten, von den Leuten, mit denen sie zusammenarbeitete, als ebenbürtig angesehen zu werden. Schon in ihrer ersten Zeit im King's [College] hatte sie sich gegen den hierarchischen Charakter des Laboratoriums aufgelehnt und Anstoß daran genommen, dass ihre außerordentlichen Fähigkeiten auf dem Gebiet der Kristallographie nicht offiziell anerkannt wurden.«

Rosalind Franklin hat indes keine Möglichkeit mehr, auf diese Anwürfe und Unterstellungen zu antworten. Kurze Zeit nach der Veröffentlichung der Artikel in *Nature* wechselt sie an das Birkbeck College in London. Aus dem Vertrag am King's College wird sie nur unter der Bedingung entlassen, nicht mehr zur DNA zu forschen. Auch auf diese Weise wird verhindert, dass sie den männlichen Kollegen weiterhin ins Gehege kommt. Rosalind Franklin forscht an ihrer neuen Arbeitsstelle zur Struktur des Tabakmosaikvirus. Freundschaftlich ist sie mit ihrem Mitarbeiter Aaron Klug (geb. 1926) verbunden, der 1982 mit dem Nobelpreis für Chemie ausgezeichnet wird und in seinen Erinnerungen mehrfach die Pionierrolle Rosalind Franklins bei der Erforschung der DNA-Struktur hervorhebt und erklärt, sie hätte – gleichrangig neben Watson, Wilkins und Crick – den Nobelpreis ebenso verdient.

EINE ZU SPÄTE VERBEUGUNG ▮ Obwohl Rosalind Franklin in den Jahren am Birkbeck College eine anerkannte Wissenschaftlerin ist, bleiben ihr doch der große Durchbruch und die offizielle Ehrung versagt. Der Tod schneidet ihr Leben und ihre Forscherkarriere jäh ab: Im Herbst 1956 wird bei Rosalind Franklin Eierstockkrebs diagnostiziert. Sie stirbt am 16. April 1958 in London. Vier Jahre später geht der Nobelpreis an Crick, Watson und Wilkins. Immerhin gibt Watson in einem später eingefügten Epilog zu *The Double Helix* doch noch ein differenzierendes Urteil ab und mimt eine späte – zu späte – Verbeugung vor Rosalind Franklin und ihrem Werk:

»Ich hatte inzwischen einen Lehrstuhl in den Staaten und konnte sie [Rosalind Franklin] darum nicht so oft sehen wie Francis [Crick], den sie häufig besuchte, um sich Rat zu holen oder aber, wenn sie etwas besonders Hübsches zuwege gebracht hatte, um sich zu vergewissern, ob er mit ihren Begründungen übereinstimmte. Alle unsere früheren Zänkereien waren längst vergessen, und wir beide lernten ihre persönliche Aufrichtigkeit und Großmütigkeit schätzen. Einige Jahre zu spät wurde uns bewusst, was für Kämpfe eine intelligente Frau zu bestehen hat, um von den Wissenschaftlern anerkannt zu werden, die in Frauen oft nur eine Ablenkung vom ernsthaften Denken sehen. Rosalinds Integrität und ihr vorbildlicher Mut wurden allen offenbar, die erlebten, wie sie, obwohl sie wusste, dass sie unheilbar krank war, niemals klagte und bis wenige Wochen vor ihrem Tod ihre Arbeit auf einem hohen Niveau fortsetzte.«

ZU WASSER, ZU LANDE UND IN DER LUFT:
RAUSCH DER BEWEGUNG

RICHARD TREVITHICK

1771–1833

DIE DAMPFLOKOMOTIVE

James Watt hütet argwöhnisch sein Patent. Trevithick, ein Dampfmaschinenkrieg und ein »pustender Teufel«. Ein Tunnel unter der Themse und der Traum vom peruanischen Silber. Unvermutete Begegnung in einer kolumbianischen Absteige. Ein Armengrab und eine versetzte Uhr.

Es ist der 7. Dezember 1835. Ein Tag, der in die Technik- und Verkehrsgeschichte eingehen wird. Denn auf einer neu errichteten, sechs Kilometer langen Gleisstrecke von Nürnberg nach Fürth soll an jenem Tag die erste Eisenbahn Deutschlands fahren. Hunderte Schaulustige haben sich entlang der Strecke versammelt. Mit einem Mal sehen sie in der Ferne eine schwarze Rußwolke in den Himmel steigen, die sich mehr und mehr nähert. Sie spüren den Boden unter den Füßen leicht vibrieren. Da taucht der Zug hinter einer Reihe von Pappeln auf: Fauchend und schnaubend nähert sich die Dampflokomotive. Es ist – das haben im Vorfeld die Zeitungen berichtet – ein englisches Fabrikat. Der Ingenieur Robert Stephenson hat die »Adler« – so der Name der Lok – ins Königreich Bayern geliefert, und den Lokführer William Wilson gleich dazu; der verdient mit einem Jahresgehalt von 2571 Mark mehr als der Eisenbahndirektor der neuen Bahnlinie. Man kann das als Gefahrenzulage werten. Denn noch gilt das technische Wunderwerk vielen Zeitgenossen als teuflische Ausgeburt. Die Zuschauer staunen nicht schlecht. An dem »Dampfross« hängen ein Tender mit der Kohle zur Anfeuerung der Dampfmaschine und dahinter sechs Waggons: ein offenes Coupé für das einfache Volk, fünf geschlossene Wagen für die vornehmeren Fahrgäste. Mit immensen zehn Pferdestärken und einer hohen Geschwindigkeit von zwanzig Kilometern in der Stunde rast der Zug an den Schaulustigen vorbei Richtung Fürth. Nicht alle sind begeistert. Es gibt Stimmen, die vor einer Gefährdung der menschlichen Gesundheit warnen. Doch rasch verlieren diese Ewiggestrigen an Einfluss. Innerhalb weniger Jahre etabliert sich die Eisenbahn auch in Deutschland – wie zuvor schon in England, der Wiege der modernen Industrialisierung. Man erkennt rasch die Vorteile der Eisenbahn zur Beförderung der wachsenden Personen- und Warenströme. Die von einer Dampfmaschine betriebene Lokomotive ist im 19. und weit ins 20. Jahrhundert hinein *das* Verkehrsmittel. Erst nach dem Zweiten Weltkrieg werden Dampflokomotiven von elektrifizierten Lokomotiven und vom Lkw- und Pkw-Verkehr abgelöst.

Nicht nur an jenem Tag, sondern auch in den folgenden Jahren ist der Name des Konstrukteurs der »Adler« in aller Munde: Robert Stephenson (1803–1859). Er führt gemeinsam mit seinem Vater George eine Firma in

Newcastle upon Tyne und baut frühzeitig das englische Eisenbahnnetz aus. Und bis heute überstrahlt sein Name den des Erfinders der Dampflokomotive: Richard Trevithick, ein Landsmann Robert Stephensons, der nicht nur seinen Nachruhm an den Konstrukteur der »Adler« verlor, sondern ihm – launisches Spiel des Schicksals – auch das Leben zu verdanken hatte.

EIN PATENT KNEBELT FORSCHUNG UND WIRTSCHAFT Richard Trevithick kommt am 13. April 1771 in Illogan in Cornwall zur Welt. Er entstammt einer Familie von Bergwerksingenieuren. Auch Vater Richard Trevithick senior ist in einer Erzmine als Ingenieur beschäftigt. Bald nach der Geburt des sechsten Kindes (und einzigen Sohnes) Richard zieht die Familie nach Camborne, dort besucht der Knabe die Schule. Er gilt nach Aussage eines Lehrers als »ungehorsamer, langsamer, starrköpfiger, verzogener Junge, der oft fehlt und sehr unaufmerksam ist«. Einzige Ausnahme: Richard interessiert sich für Arithmetik. Und er schaut sich früh die Dampfmaschinen im Bergwerk des Vaters an, die zum Betrieb der Pumpen eingesetzt werden.

Der Bergbau in Cornwall befindet sich damals in einer strukturellen Krise. Zum einen sind die Bergwerke in Mittelengland weit ertragreicher. Zum anderen werden die Betriebe durch ein Monopol behindert: Damals hält der Ingenieur James Watt (1736–1819), der gemeinsam mit seinem Kompagnon Matthew Boulton eine Fabrik in Soho/Birmingham betreibt, ein Patent auf die Dampfmaschine, das bis zum Jahre 1800 läuft. Anderen Konstrukteuren ist der Nachbau und die Verbesserung der Dampfmaschine untersagt. Und die Firmen, die die Maschinen einsetzen, haben hohe Lizenzen an Boulton & Watt zu zahlen. Das behindert den Wettbewerb und belastet die ohnehin unter der Konkurrenz leidenden Minen von Cornwall zusätzlich.

All das sieht und erfährt der heranwachsende Richard Trevithick junior – und er macht sich seine Gedanken darüber. Als 1775 der Ingenieur Thomas Newcomen für die Dolcoath-Mine eine neue Dampfmaschine lieferte, verbesserte Vater Trevithick eigenhändig die Konstruktion. Auch hiervon hört der junge Richard. Und davon, wie Watt eifersüchtig Verletzungen seines Patents bewacht und vor Gericht bringt.

Früh sucht Richard Trevithick junior Kontakt zu Ingenieuren der Dampfmaschine. Bereits von Zeitgenossen wird Richard Trevithick als Riese beschrieben: zunächst wegen seines großen körperlichen Wuchses, seiner Muskeln, seiner physischen Kraft (angeblich macht er sich einen Spaß daraus, einen schweren Schmiedehammer über den First eines Hauses zu werfen – ohne zu wissen, ob auf der anderen Seite jemand steht). Ein Zeitgenosse, der Ingenieur Davies Gilbert, berichtet: »Ich erinnere mich, es war um das Jahr 1796, als ich von Mister Jonathan Hornblower hörte, ein großer und starker Mann sei im Kreis der Ingenieure aufgetreten, und dass er bei mehr als einer Gelegenheit Leuten, die ihm widersprachen, gedroht habe, sie in das Rohr der Maschine zu werfen.«

Nicht eben feine englische Manieren, aber Trevithick hat ein Ziel vor Augen, und er duldet keinen Widerspruch. Das wird ihm etliche Feindschaften eintragen. Später wird er auch wegen seiner innovativen Ideen und Konstruktionen auf dem Gebiet der Dampfmaschinenforschung als »Riese« verehrt werden – bis ihn Unglück und Missgunst um die Früchte seiner Arbeit bringen.

Trevithick verfügt zwar über Ideen, benötigt aber die ausführenden Konstrukteure. Er schließt sich mit dem Ingenieur Edward Bull zusammen, der bis dahin bei Boulton & Watt gearbeitet hat. Es ist zu vermuten, dass hierbei auch ein wenig Industriespionage mitspielte. Trevithick war – ebenso wie sein Gegenspieler Watt – nicht unbedingt ein strahlender Held mit weißer Weste. Als Watt von dem Überläufer erfährt, schreibt er überheblich:»Wie es nun steht, so müssen seine [Bulls] Erfindungen sich selbst beweisen, und sofern er nicht mehr als bisher an Kenntnissen gewinnt, wird das Verdienst für uns entscheiden.«

DER DAMPFMASCHINENKRIEG ▮ Gemeinsam mit Bull, den Brüdern Jethro und Jonathan Hornblower und anderen entwickelt und baut Trevithick eine Dampfmaschine, die mit Hochdruck arbeitet (anders als Watts mit atmosphärischem Druck arbeitende Maschine) und daher leistungsstärker ist. Zudem ist Trevithicks Maschine kleiner und handlicher. Es bricht ein Krieg um das Patentrecht los, eine hässliche Schlammschlacht, die von Watt und seinen Anwälten gegen Trevithick geführt wird und vor Gerichten, aber auch in Zeitungen ausgefochten wird. Mehrmals versuchen Trevithick und Jonathan Hornblower in Eingaben an das Parlament Watts Patent zu kippen – vergebens. Die Vorzüge von Hornblowers Maschine werden 1792 von Watts Anwälten in Zweifel gezogen: »1781 erhielt Mr. Jonathan Hornblower ein Patent für eine Dampfmaschine, angeblich seine Erfindung. Wenn bei dieser Maschine Leistung und Neuheit erkennbar gewesen wären, hätten die Herren Boulton und Watt die Fakten vollständig anerkannt. – Sie waren gewillt, dass Mr. Hornblower seine Maschine bis zur gerechten Entwicklung brächte, weshalb sie ihn bis dahin nicht weiter belangten. Aber nun, nach einer Entwicklungsphase von elf Jahren, hat Mr. Hornblower nur zwei Maschinen gebaut, und die auf denselben Prinzipien wie die von Mr. Watt, in allen essenziellen Punkten; […] Deshalb lassen sie durch ein fachkundiges Zeugnis prüfen, ob Mr. Hornblowers Maschine ein direktes und offensichtliches Plagiat von Mr. Watts Erfindung darstellt.«

Ein ähnliches Verfahren strengen Boulton und Watt 1793 gegen Edward Bull an, sie überziehen ihn mit gerichtlichen Anordnungen, Pamphleten und anonymen Briefen, die seine Ehrenhaftigkeit beschmutzen wollen. Schließlich wird Bulls Bau der Maschine gerichtlich gestoppt, doch der vorsitzende Richter gibt gleichzeitig zu bedenken: »Ich gestehe, dass ich persönlich sehr große Zweifel hege, ob diese Spezifizierung [der Piraterie] ausreichend zutreffend ist.«

Auch Trevithick gerät ins Visier von Boulton & Watt, als er für die Ding-Dong-Mine eine verbesserte Dampfmaschine baut. Francis Trevithick, ein Sohn des Erfinders, gibt später die folgende Anekdote wieder: »Boulton und Watt kamen mit einer gedruckten einstweiligen Verfügung und hefteten sie an die Tür des Maschinenhauses und auf die Haufen des Minenmaterials, und keiner wagte sie zu berühren. Aber Captain [Richard] Trevithick kümmerte das nicht.«

Doch Watt lässt sich so leicht nicht abschütteln. Er geht weiter gerichtlich gegen Trevithick vor. Der muss 1796 einlenken. Es kursieren zu jener Zeit sogar Gerüchte, der »Riese« Trevithick krieche gebrochen zu Kreuze und bettle bei Watt darum, als Angestellter in dessen Firma arbeiten zu dürfen. Doch handfeste Belege gibt es dafür nicht.

Trevithicks Lokomotive in einer Zeichnung von 1802. Mit dieser Dampflok gewinnt der Eisenwerkbesitzer Homfray 1804 eine legendäre Wette.

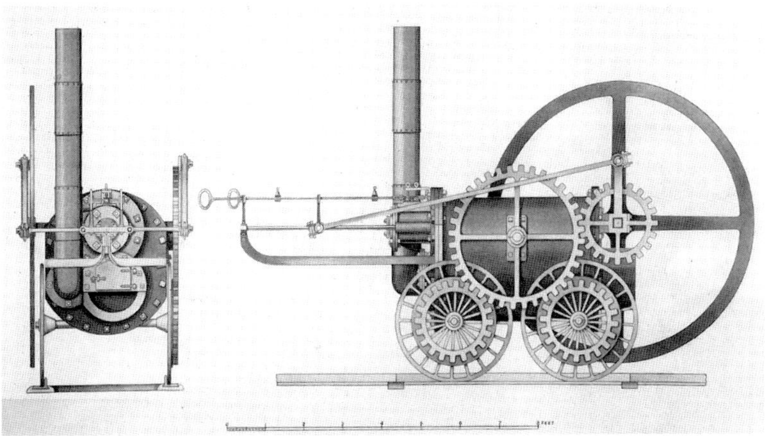

EIN »PUSTENDER TEUFEL« Trevithick denkt gar nicht daran, Watt das Feld zu überlassen. Nur noch wenige Jahre muss er warten, bis dessen Patent zum Ende des Jahrhunderts ausläuft. Vor allem will er seine Idee des verbesserten Hochdruckdampfkessels noch weiter vorantreiben und dafür auch neue Einsatzbereiche erproben; nicht nur zum Betrieb von Wasserpumpen in Bergwerken, sondern auch – das ist Trevithicks revolutionäre Idee jener Jahre – als Motor zur Beförderung eines Personenwagens.

Das Modell einer Kutsche ohne Pferde baut er im Jahre 1797. Am Weihnachtsabend des Jahres 1801 – Watts Patent ist inzwischen ausgelaufen – stellt Richard Trevithick seine Straßenlokomotive in Camborne erstmals öffentlich vor: Der »Puffing Devil«, der »pustende Teufel«, fährt mit einer Geschwindigkeit von rund acht Kilometern in der Stunde durch den Ort, und immerhin gibt es ein paar Wagemutige und Schaulustige, die die Dampfkutsche besteigen und das Ganze in einer Mischung aus Vergnügen und Schauder über sich ergehen lassen. Stephen Williams, ein Passagier der ersten Stunde, erinnert sich:

»Als wir sahen, dass Captain Dick [Richard Trevithick] den Dampf aufdrehte, sprangen sieben oder acht von uns auf. Es gab da einen steilen Hügel, von Weith hinauf nach Camborne Beacon, aber die Maschine jagte da hinauf wie ein kleiner Vogel. Nach einer Viertelmeile kam ein Stück rauer Straße, bedeckt mit losen Steinen. Die Maschine fuhr nicht mehr so schnell, und da es stark regnete und wir alle sehr eng gedrängt waren, sprang ich ab. Die Maschine fuhr jedoch schneller als ich gehen konnte, und sie fuhr noch eine Viertelmeile oder eine halbe Meile weiter den Hügel hinauf, bevor sie sie wendeten und wieder zurück zum Laden kamen.«

Eine weitere Vorführung des »Puffing Devil« wenige Tage später, am 28. Dezember, scheitert jedoch kläglich – aus Unachtsamkeit: Trevithick und sein Kompagnon Andrew Vivian unterbrechen die Fahrt und kehren in einem Gasthaus ein, ohne freilich das Feuer im Ofen gelöscht zu haben. Der Wasserkessel beginnt zu glühen und setzt die hölzerne Karosserie in Brand; der »Teufel« endet in einem Flammeninferno.

Das ist ärgerlich, hält Trevithick aber nicht von weiteren Experimenten ab. Zwar hat der »Puffing Devil« die schlechten Straßen um Camborne gemeistert, aber besser führe es sich – das weiß Trevithick aus seiner Arbeit im Bergwerk – auf Schienen, wie die Loren unter Tage. Zunächst aber baut er eine weitere, verbesserte Dampfkutsche. Er braucht Publicity, und zwar in der Hauptstadt. Im Frühjahr 1802 stellt er seine Dampfkutsche in London vor und erntet viel Aufmerksamkeit und Lob. Sogar eine Dame begeistert sich für die neue Technik; Lady Katherine Plymley schreibt:

»Ein Mann namens Trevithic [sic] hat kürzlich eine Maschine erfunden, die ohne Pferde fährt – sie wird mit Dampfkraft bewegt; und sie fährt äußerst schnell. Gefährlich scheint dabei zu sein, wenn das Wasser ausgeht und natürlich, dass die Maschine Feuer fängt – freilich kann das leicht überwacht werden. Die Maschine läuft den Hügel hinauf und hinunter genau so gut wie in der Ebene. Zuerst wurde sie zwischen Camborne und Truro ausprobiert. Es ist, wie man mir erzählte, ein sehr hässliches und großes Vehikel, vor dem ein Pferd leicht scheut.«

Bei aller Anerkennung: Trevithicks Dampfkutsche setzt sich nicht durch, denn die Befeuerung verschlingt mehr Geld, als ein Pferd an Unterhalt kostet. Um die ökonomische Effizienz zu erhöhen, müssten also mehrere Wagen an die Dampflokomotive gehängt werden. Trevithick ist immer mehr überzeugt, dass eine auf Schienen laufende Dampfeisenbahn die technische und ökonomische Lösung wäre.

Doch das darauffolgende Jahr bringt einen herben Rückschlag: In Greenwich bei London explodiert eine von Trevithick gebaute Dampfmaschine.

Vier Arbeiter kommen ums Leben. Bei seinen Nachforschungen eruiert Trevithick bald die Ursache: Ein Arbeiter hat die Dampfmaschine unbeaufsichtigt gelassen und ging Aale fangen; währenddessen überhitzte sich der Kessel und barst.

DIE ERSTE DAMPFLOKOMOTIVE AUF SCHIENEN ▌ Solche Erklärungen interessieren Trevithicks Gegner nicht. Das Unglück von Greenwich ist für sie willkommener Anlass, erneut gegen ihn und seine »verbesserten« Dampfmaschinen zu hetzen. Watt versucht sogar, im englischen Parlament ein Verbot von Trevithicks Maschinen zu erwirken, was freilich zurückgewiesen wird. Gleichviel: Trevithicks Ruf ist angeschlagen. Er benötigt, das weiß er, den entscheidenden Durchbruch.
Den kann er ein Jahr darauf verbuchen: Trevithick hat eine Dampflokomotive konstruiert, die auf Schienen fährt. Er verkauft sie an den Waliser Eisenwerkbesitzer Samuel Homfray, der davon so angetan ist, dass er mit anderen Eisenwerkbesitzern wettet, die Lokomotive sei in der Lage, zehn Tonnen Eisen auf einer knapp sechzehn Kilometer langen Gleisstrecke vom Eisenwerk Pen-y-Darren bis Abercynon zu ziehen.
Die Wette soll am 21. Februar 1804 eingelöst werden. Trevithick und Homfray sind gespannt und aufgeregt. Der Eisenwerkbesitzer ist aber von der Maschine so überzeugt, dass er sogar noch mehr auflädt: Fünf Waggons mit den versprochenen zehn Tonnen Eisen, dazu noch siebzig Männer. Fauchend und schnaubend setzt sich die Pen-y-Darren-Bahn in Bewegung; sie kommt in Fahrt, und die Puste geht ihr nicht aus. Zwar langsam, aber stetig bewältigt sie die Strecke in vier Stunden und fünf Minuten, was einer Durchschnittsgeschwindigkeit von 3,8 Stundenkilometern entspricht. Es ist für Trevithick ein Tag des Triumphs. Die erste auf Schienen laufende Dampflokomotive der Welt hat die Probe bestanden! Doch die Freude währt nicht lange. Die Bahn erweist sich auf Dauer als zu schwer für das Gleisbett. Nach fünf Monaten wird sie eingestellt. Trevithick liefert noch ein paar Dampflokomotiven an andere Bergwerke, doch insgesamt setzt sich die Dampfeisenbahn noch nicht durch, nicht im Werksbereich, geschweige denn im Personenverkehr. Für eine Nutzung zur Beförderung von Fahrgästen fehlt es an Investoren, vor allem

1803 konstruierte Trevithick diese dampfbetriebene Kutsche, die sich aber nicht durchsetzte: Das Heizmaterial kam teurer als das Futter für Pferde.

aber an einer Lobby in der Politik. Richard Trevithick ist mit seinen Ideen seiner Zeit schlicht zu weit voraus.

»CATCH ME WHO CAN« UND EIN TUNNEL UNTER DER THEMSE

Die folgenden Jahre sind von einer existenziellen Wegsuche geprägt. Trevithicks Familie wächst, und er ist gezwungen, lukrative Aufträge anzunehmen. 1805 ruft man ihn nach London: Dort, im Stadtteil Rotherhithe, soll ein Tunnel unter der Themse gebaut werden. Doch wiederholte Wassereinbrüche gefährden das Projekt. Von Trevithicks Hochdruckdampfmaschinen erhofft man sich Hilfe beim Auspumpen. Immerhin sind bereits fast dreihundert Meter des Tunnels gegraben. Trevithick setzt seine Dampfmaschinen mit Erfolg ein und überwacht die Bauarbeiten. Es wird weiter gegraben. Nur noch rund fünfzig Meter fehlen bis zum anderen Themse-Ufer, da ereignet sich am 23. Dezember 1807 ein großes Unglück. Auf breiter Front bricht das Wasser ein. Die Arbeiter können entkommen,

Trevithick verlässt als Letzter mit Müh und Not den Schacht. Der Tunnel ist überflutet. Die Baugesellschaft gibt auf. Das Projekt des ersten Unterwassertunnels der Welt ist gescheitert.
Trevithick startet einen letzten Versuch, das Londoner Publikum zu fesseln. Freilich ist die Darbietung eine reine Volksbelustigung, wenig geeignet, den Ruf eines ernstzunehmenden Erfinders und Ingenieurs zu festigen: 1808 eröffnet er im Londoner Stadtteil Euston eine Arena, in der er eine Dampflokomotive mit angehängtem Waggon im Kreis fahren lässt. Dem »Catch me who can«, so der marktschreierische Name des Spektakels, ist aber nur kurzzeitige Publikumsgunst beschieden. Bald verlieren die Schaulustigen das Interesse, und zu allem Unglück entgleist die Lok auch noch und stürzt um. Trevithick, entnervt und enttäuscht, verscherbelt wenig später die Lokomotive an einen Messerschmied.
Sein Ruf verblasst. Er macht Schulden, seine Familie leidet Not. In jenen Jahren notiert er: »Wenn ich Geld hätte, würde ich sofort eine Dampfmaschine in ein Schiff einbauen, auf eigene Kosten, viel lieber, als dass ich Hilfe von einer anderen Person annähme. Aber das Unglück, das mich in letzter Zeit traf, ließ mich ohne einen Shilling zurück. Deswegen bin ich gezwungen, nach anderen Geschäften Ausschau zu halten, nur um meine Familie zu unterhalten, statt auf Ziele zu setzen, die zwanzig Mal mehr wert wären.«
1810 erkrankt Richard Trevithick an Typhus. Im Jahr darauf muss seine Firma Insolvenz anmelden. Verarmt und mutlos kehrt er in seine Heimat Cornwall zurück, arbeitet an Kleinaufträgen und kann nach und nach seine Schulden abbezahlen.
Doch noch träumt der umtriebige Mann vom großen Glück. Er würde mit seinen Dampfmaschinen gern ins Minengeschäft einsteigen, aber hierzu fehlen ihm die Mittel. Er kann als Geschäftsmann keine Gelder vorstrecken, selbst wenn von Minenbesitzern Anfragen kommen. Geld leihen kann er auch nicht, denn er ist nicht kreditwürdig.

ABENTEUER IN SÜDAMERIKA ▮ In dieser verfahrenen Situation begegnet er einem Mann, der ihm vom Himmel gesandt zu sein scheint: In Cornwall taucht 1813 ein Fremder auf, der sich Francisco Uvillé nennt

und auf der Suche nach einem Ingenieur ist, der für die Silberminen von Cerro de Pasco in Peru Dampfmaschinen bauen kann. Sehr bald wird er an Richard Trevithick verwiesen.
Der sucht sein Glück im Abenteuer: 1816 macht er sich – endlich schuldenfrei – auf den langen und beschwerlichen Weg nach Peru. Im Auftrag des spanischen Vizekönigs baut Trevithick für die in den Kordilleren gelegenen Silberminen leichte, dampfmaschinenbetriebene Pumpen. Die Stadt Cerro de Pasco, 1578 gegründet, liegt auf über viertausenddreihundert Metern Höhe. Die Luft ist dünn, Neuankömmlinge leiden an der Höhenkrankheit, tagsüber brütet die Hitze, nachts ist es erbärmlich kalt. Unter unsäglichen Bedingungen schuften dort die Indios für den Reichtum der spanischen Kolonialmacht.
Über schmale Pfade, an Schluchten vorbei, müssen die Einzelteile auf Maultierrücken hinauf in die Berge geschleppt werden. Manches geht verloren. Es herrschen Korruption und Ignoranz. Aber allen Widrigkeiten zum Trotz gelingt es Trevithick, Dampfmaschinen in Betrieb zu nehmen. Er schont sich nicht. Und seine Arbeit geht manches Mal über die eines Ingenieurs hinaus. Einmal wird einem Arbeiter bei einem Betriebsunfall ein Arm zerquetscht. Es gibt keinen Arzt. Um dessen Leben zu retten, amputiert Trevithick höchstselbst den Arm.
Trevithick arbeitet in den peruanischen Anden zur Zufriedenheit der Auftraggeber. Er wird gut bezahlt und kann mit dem Geld eigene Schürfrechte erwerben. Er sieht sich schon als Besitzer einer profitablen Silbermine, sieht sich schon in wenigen Jahren nach England zurückkehren, sieht sich schon als Besitzer eines Landguts in Cornwall, eines Stadtpalais in London ... Da bricht in Peru der Bürgerkrieg gegen die spanische Kolonialmacht aus (1820 sagt sich Peru von Spanien los). In Cerro de Pasco herrschen Chaos, Anarchie und Gewalt. Trevithick flieht vor dem Bürgerkrieg und segelt nordwärts, nach Costa Rica. In den dortigen Gold- und Silberminen hofft er ebenfalls Reichtum zu gewinnen. Er knüpft Kontakte zur Regierung, sucht erneut seine Dampfmaschinen zum Einsatz zu bringen. Aber die örtlichen Seilschaften sind nicht an einer Einmischung von außen, noch dazu von einem Engländer, interessiert. Über ihn häufen sich Klagen. Trevithick gerät in ein Netz von Lügen und Intrigen, von Ka-

balen und Korruption. Entnervt verlässt er 1827 Costa Rica und wendet sich südwärts, nach Panama und Kolumbien. Dort, im Mündungsdelta des Magdalena-Flusses, verliert Trevithick um ein Haar sein Leben. Trevithicks Sohn Francis schreibt später den folgenden Bericht:
»Mr. Trevithick wurde an der Mündung des Magdalena-Flusses von einem Schwarzen ausgesetzt, den er irgendwie angegangen hatte, und der nun aus Rache das Boot kippte. Ein Offizier, der in Diensten Venezuelas und Perus stand, befand sich glücklicherweise in der Nähe des Flussufers, da er hier Wildschweine schoss. Er hörte Mr. Trevithick um Hilfe rufen, und als er sah, dass ein großer Alligator auf Trevithick zuschwamm, schoss der Offizier dem Tier ins Auge. Dann warf er Trevithick ein Lasso zu und zog den zu Tode Erschöpften an Land.«
Mit dem nackten Leben davongekommen, wird Trevithick von dem Offizier in die kolumbianische Hafenstadt Cartagena gebracht und dort in einem Gasthaus einquartiert. Er will nur noch zurück nach England. Doch für die Überfahrt fehlt ihm das Geld. Er hat auf seiner Flucht alles verloren und besitzt nicht mehr als die paar Kleider, die er auf dem Leibe trägt, und eine Uhr, die später bei seinem Begräbnis noch eine Rolle spielen wird. Da begegnet er ausgerechnet dem Mann, der unterdessen – ohne dass Trevithick das weiß – in England sein größter Gegner auf dem Gebiet des Dampflokomotivenbaus geworden ist: Robert Stephenson. Der damals dreiundzwanzigjährige Mann arbeitet in der Firma seines Vaters George Stephenson (1781–1848), der anderthalb Jahre zuvor die erste öffentliche Eisenbahnstrecke der Welt zwischen Stockton und Darlington gebaut und eingeweiht hat. 1829 wird die Firma Stephenson die Eisenbahnstrecke Liverpool-Manchester bauen und das berühmte Eisenbahnrennen von Rainhill mit ihrer Lokomotive »The Rocket« gewinnen. Und 1835 werden Vater und Sohn Stephenson die Lokomotive »Adler« für die erste deutsche Bahnstrecke Nürnberg-Fürth liefern.
Die Konkurrenten stehen sich am Rande der damals zivilisierten Welt gegenüber, der gescheiterte und abgerissene Richard Trevithick und der erfolgreiche Aufsteiger Robert Stephenson, dessen Vater die Erkenntnisse Trevithicks übernommen und lukrativ verwertet hat. Der Zeitgenosse James Fairbairn, der von der Geschichte hörte, hat sie so überliefert:

»Trevithick begegnete Mr. [Robert] Stephenson, der, wie die meisten Engländer, sich reserviert zeigte und keine Notiz von Mr. Trevithick nahm, bis der Offizier, als er Stephenson an der Tür begegnete, sagte: ›Ich vermute, das alte Sprichwort *Zwei aus einem Fach kommen nicht überein (two of a trade cannot agree)* ist wahr, wenn ich sehe, wie Sie sich von Ihrem Bruder fernhalten. Ihr Vater hätte diesen ehrenwerten Mann so nicht behandelt, und es ist für Ihres Vaters Sohn nicht glaubhaft, dass Sie und er hier Tag um Tag sein sollten, und sich benehmen wie zwei Katzen in einer Dachkammer. Zu Hause käme das gar nicht gut an.‹ ›Wer ist dieser Mann?‹, fragte Mr. Stephenson. ›Der Erfinder der Lokomotive, der Freund und Arbeitskollege Ihres Vaters. Sein Name ist Trevithick, Sie haben vielleicht von ihm gehört‹, sagte der Offizier. Daraufhin ging Stephenson hinauf zu Trevithick. Es ist verständlich, dass Trevithick die vorausgegangene Missachtung durchaus empfand.«
Doch Trevithick kann in dieser Situation nicht wählerisch sein: Robert Stephenson gibt ihm fünfzig Pfund für die Überfahrt, und der Gescheiterte muss das Geschenk wohl oder übel annehmen. Im November 1827 kehrt Richard Trevithick völlig mittellos nach England zurück.

»IMMER UNGLÜCKLICH UND GLÜCKLOS« Er hat nicht nur Hohn und Spott zu ertragen, sondern auch bösartige Gerüchte, er habe in Südamerika eine zweite Familie gegründet. Verzweifelt versucht Trevithick an Geld zu kommen, bittet die Minenbesitzer von Cornwall um Hilfe, erhofft insbesondere von einem, John Williams, Unterstützung, dem er einst ein Patent überlassen hat. Doch alle verschließen sich, verweigern dem Mann, dessen Hochdruckdampfmaschinen sie eine größere Fördereffizienz ihrer Betriebe verdanken, jegliche Hilfe. Trevithick muss zudem ohnmächtig zusehen, wie die Firma Stephenson sprichwörtlich »das Rennen« macht. Dem einst mit ihm befreundeten Ingenieur Davies Gilbert (1767–1839) schreibt er 1829 verbittert: »Ich bin enttäuscht, dass Sie mir keine Hilfe geben können, um mich weiterhin auf meiner Straße im Finsteren vorantasten zu können.« Er zeichnet an Plänen für ein Dampfschiff, wird jedoch von der Fachwelt ignoriert. Zuletzt skizziert er ein eisernes Monument zu Ehren der 1831 verabschiedeten »Reform Bill«, das – wäre es gebaut wor-

den – mehr als tausend Fuß (dreihundert Meter) hoch gewesen wäre. Im April 1833 zieht sich Richard Trevithick eine Lungenentzündung zu und stirbt völlig verarmt am 22. April. Er wird auf dem Friedhof von Dartford südöstlich von London in einem Armengrab bestattet. Die bescheidenen Kosten werden durch den Verkauf seiner Uhr beglichen, die er als einzigen Besitz aus Südamerika in die alte Heimat herübergerettet hat.
Im *Civil Engineers' and Architects' Journal* erschien kurz darauf ein sarkastischer Nachruf, der heute noch nachdenklich und mitleidig stimmt: »Trevithick begann besser als Stephenson. Er hatte Freunde in Cornwall und London, und er hätte Stephenson es nicht überlassen sollen, die Dampflokomotive und die Eisenbahn weiterzuentwickeln. Trevithick war immer unglücklich und glücklos. Immer begann er etwas Neues, und nie konnte er zu Ende bringen, woran er arbeitete. Die Welt tat ihm immer unrecht, sagte er. Aber in Wahrheit tat er der Welt immer unrecht. Die Welt hätte genug für ihn getan, wenn er sich entschieden hätte, von irgendetwas den richtigen Gebrauch zu machen. Er fand einen Geschäftspartner für seine Hochdruckdampfmaschine. Er baute eine Lokomotive. Er hatte Aufträge für weitere. Er sandte eine nach Wylam, die wie die meisten Dinge, an die er Hand angelegt hatte, so erbärmlich gefertigt war, dass sie nur zu etwas anderem genutzt werden konnte.«

KARL DRAIS

1785–1851

DAS FAHRRAD

Forstmeister Drais erfindet ein Laufrad.
Schaufahrten im Badischen. Der Vulkan Tambora bricht aus und bringt Missernten – eine Chance für das Fahrrad.
Abenteuer in Brasilien. Bürger Drais, ein Mordanschlag und die preußische Besatzung.

Seinem Namen begegnete man schon bei Vereinsfahrten oder Betriebsausflügen, auf denen als Höhepunkt gemeinschaftlichen Erlebens eine Draisinenfahrt auf einer stillgelegten Bahnstrecke auf dem Programm stand. Diese Art der Fortbewegung, bei der ein Schwengel gepumpt wird, verursacht jedoch Schweißausbrüche am ganzen Körper und anderntags Muskelkater in den Armen.

Dabei hat Karl Freiherr von Drais, der bei der Badischen Revolution im Mai 1849 freiwillig auf seinen Adelstitel verzichtete und sich schlicht Bürger nannte (weshalb er in diesem Kapitel stets ohne feudales Prädikat genannt wird), eine Maschine erfunden, mit der man sich weit angenehmer, effektiver und schneller fortbewegen kann, und das abseits stillgelegter Bahnschienen, überall, in der Stadt und auf dem Land, auf Pflaster- und auf Feldwegen, in der Ebene, inzwischen sogar im Hochgebirge. Doch gerade diese Erfindung trägt nicht den Namen ihres Entwicklers. Die Rede ist vom Fahrrad. Karl Drais freilich nannte seine Erfindung anders: die Laufmaschine. Noch gab es keine Pedal-Kurbel, die Vorder- oder Hinterrad – ohne oder mit Kettenübersetzung – antrieb. Aber das Prinzip des Fahrrads war erfunden, und Drais' Laufmaschine war ein bereits ausgefeiltes Fortbewegungsmittel, mit dem sich auch längere Strecken zurücklegen ließen. Spätere Restaurierungen von Drais'schen Laufmaschinen, die in Museen ausgestellt sind, sind oft unsachgemäß ausgeführt und lassen die Laufmaschine unbequem und unpraktikabel erscheinen (etwa durch einen zu niedrig angebrachten Sattel). Das Unwissen mancher Restauratoren und Historiker war auf eine lückenhafte Überlieferung zurückzuführen. Die wiederum war – wie der Technikhistoriker Hans-Erhard Lessing 2003 überzeugend darlegte – vielfach einer falschen und mutwillig gefälschten Rezeption von Drais' Wirken und Werken geschuldet. Drais wurde über einhundertfünfzig Jahre lang als »verrückter« Baron lächerlich gemacht und diskreditiert. Das geschah nicht aus banaler menschlicher Spottlust gegenüber einem Menschen, der unkonventionell dachte und lebte, sondern hauptsächlich aus politischem Kalkül: Nicht zuletzt sollte der republikanisch gesinnte Bürger Drais, der der alten Feudalherrschaft öffentlich abschwor, bestraft und in seinem Ruf nachhaltig geschädigt werden. Das preußische Militär, das die Revolution in Baden niedergeschlagen hatte, drängte als Besatzungsmacht auf eine psychische und physische Auslöschung des gefährlichen Querdenkers Drais. Es ist ihnen gründlich gelungen. Nicht gelungen ist jedoch die Niederhaltung seiner genialsten Erfindung – des Fahrrads. Technisch inzwischen mit vielen Raffinessen ausgestattet, aber im Prinzip immer gleich geblieben, rollt es heute milliardenfach auf allen Kontinenten. Rad fahren ist praktisch, umweltverträglich und gesund. Von welchem anderen Produkt menschlichen Erfindergeistes lässt sich das schon sagen?

EINE BEAMTENFAMILIE Am Vormittag des 29. April 1785 kommt in der badischen Residenzstadt Karlsruhe im Hause des Regierungsrats Karl Wilhelm Friedrich von Drais und seiner Frau Margaretha, geborene von Kaltenthal, ein Knabe zur Welt. Er wird auf den Namen Karl Friedrich Christian Ludwig getauft. Bei dem feierlichen Akt ist sogar die markgräfliche Familie anwesend. Vier weitere Kinder – alle Mädchen – kommen bis 1797 zur Welt.

Vater Drais ist ein umfassend gebildeter, aufgeklärter Mann mit einem Faible für die »Reformpädagogik« der damaligen Zeit. Vor allem auf das älteste Kind Karl wird als Stammhalter Mühe verwandt. Drais senior schreibt aus der Zeit des Aufenthalts in Durlach (1794): »Hier in meiner Ruhe kann ich einige Anlage zu Sokratischem Unterricht an meinen Kindern reichlich üben.«

Doch das idyllische, scheinbar abgesicherte Beamtendasein wird schwer erschüttert: Im Jahre 1799 sterben ein neugeborener Sohn, eine Tante und schließlich – an Scharlach – Drais' Frau Margaretha. Vater Drais selbst meidet in der Nacht ihres Todes ihr Zimmer und schickt am nächsten Morgen den vierzehnjährigen Karl hinein, um nachzusehen. Der Sohn entdeckt die Tote – es lässt sich erahnen, welches Schockerlebnis das für den Heranwachsenden gewesen sein muss.

Karl Drais besucht ein paar Jahre das Gymnasium, dann wird er an die Forstschule seines Onkels Friedrich von Drais nach Gernsbach geschickt. Der hat eben begonnen, den über Jahrhunderte verantwortungslos abgeholzten Schwarzwald (die Baumstämme wurden zu einem großen Teil rheinabwärts geschafft und in den niederländischen Werften im Schiffsbau verwendet) aufzuforsten. Das Oberforstamt samt Schule wird im Jahre 1800 nach Pforzheim verlegt, der Forststudent Karl Drais geht mit und absolviert die breitgefächerte Ausbildung im Forstwesen. 1803 zieht er nach Heidelberg, das mit der ganzen rechtsrheinischen, bayerischen Pfalz eben an das Herzogtum Baden gekommen ist. Die Universität nimmt einen ungestümen Neuanfang. Karl Drais studiert Landwirtschaft, Physik und Architektur, geht aber bereits im Jahr darauf als Jagdjunker nach Rastatt und besteht 1807 das Forstexamen.

ERSTE ERFINDUNGEN ▮ Doch die erhoffte Forstamtskarriere eröffnet sich für den frisch ernannten »Jagdjunker« nicht. Zwar geht Karl nach Schwetzingen, wo der Onkel das Oberforstamt leitet, doch nutzen ihm auch diese verwandtschaftlichen Beziehungen wenig. Es gibt in jenen Jahren weit mehr Bewerber als offene Stellen. Karl kann sich trotz bester Zeugnisse nicht aus dem Dunstkreis der Familie lösen.

1810 erhält der Vater das Amt des Präsidenten des Mannheimer Oberhofgerichts. Sohn Karl zieht – inzwischen fünfundzwanzig und in den Jahren, da man sich beruflich und familiär etablieren sollte – zum Vater zurück. Immerhin hat Karl vom alten Großherzog noch den Titel eines Forstmeisters zugesprochen bekommen und damit auch das Recht auf Besoldung und Naturalien. Er ist mit fünfundzwanzig Jahren eine Art Privatier.

Was zunächst nur als Intermezzo betrachtet wurde, dehnt sich zum dauernden Provisorium aus. 1811 stirbt nach dreiundsiebzig Jahren Regentschaft der alte Großherzog Carl Friedrich, der für die Belange seines Regierungsrates Drais immer offen war. Des Herzogs Sohn Carl ist als entscheidungsschwacher Phlegmatiker bekannt. Seine Regierungsjahre (er stirbt glücklicherweise bereits 1818) enden in totaler Verschuldung und bürokratischem Chaos.

Karl Drais indes weiß sich in seiner Warteposition zu beschäftigen: In Mannheim beginnt er mit seinen erfinderischen Tüfteleien und Studien, und er geht sein Hobby auch publizistisch recht geschickt an. 1811 gründet der Verleger Ferdinand Kaufmann das *Badische Magazin*, ein unpolitisches Blatt, das bei den mächtigen französischen Verbündeten keinen Anstoß erregt. Karl Drais findet in Kaufmann indes einen der Technik gegenüber aufgeschlossenen Mann und in der Zeitung ein Podium für seine Ideen. Eine seiner ersten Anzeigen ist die Darstellung der Lösung der kubischen Gleichung $\pm mx^3 \pm ox^2 qx = S$, die Drais auch gleich selbstbewusst als »Draisische Formel« benennt. Leider hat ein halbes Jahr zuvor ein Professor in Potsdam die gleiche Lösung gefunden und publiziert, was Drais offensichtlich entgangen war. Gleichwohl lässt er sich dadurch nicht entmutigen und setzt bereits im Juli 1812 mit einer technischen Erfindung nach: Im *Badischen Magazin* publiziert er die Beschreibung einer Notenschrift-Maschine, einer Art Rekorder: »Ich habe nämlich eine Maschine erfunden, wodurch Phantasien auf dem Klavier sich zugleich in Noten aufschreiben.« Der Apparat hat sich nicht erhalten. Doch hat bereits 1752 der Mechaniker Hohlfeld der Königlich Preußischen Akademie eine Maschine vorgestellt, bei der während des Klavierspiels die Töne mit Bleifedern auf ein vorrückendes Papier in Punkten und Strichen gezeichnet wurden.

Drais' Idee ist also streng genommen nicht neu, innovativ mag vielleicht die Ausführung gewesen sein. Jedenfalls haben erst um 1900 die Welte-Mignon-Klaviere nach diesem Prinzip gearbeitet. Die Welte-Klaviere waren insbesondere bei Starpianisten und Komponisten wie Sergej Rachmaninow oder Alexander Skrjabin beliebt, um ihre Interpretationen eigener Klaviermusik für die Nachwelt aufzuzeichnen.

Geschäftstüchtig zeigt sich Drais indes auch: In dem Artikel über seine Musikmaschine findet sich die Anregung: »[...] auf jeden Fall suche ich einen musikverständigen, bemittelten und unternehmenden Mann, der Lust hat, eine Fabrik von solchen Maschinen auf zu suchendes Monopol oder Subskription anzulegen.«

Karl Drais rührt hier an ein juristisches Defizit seiner Zeit: Es gab noch kein überregionales oder gar internationales Patentrecht für Erfinder und geistige Urheber. Einzig ein Monopol konnte auf Antrag erhalten (oder gekauft) werden, das aber nur für das jeweilige, meist sehr kleine Fürstentum galt und überdies nur besagte, dass kein anderer dieses Produkt *verkaufen* durfte. Wenn ein Erfinder Pech hatte, erwarb ein finanzkräftiger Händler das Monopol für seine Entwicklung, ohne dem geistigen Urheber Tantiemen zahlen zu müssen.

Drais' Biographie ist nicht nur eine Geschichte seiner Erfindungen, sondern auch des Kampfes um das geistige Eigentum. Immer wieder wird er Eingaben machen, nicht nur beim badischen Großherzog, sondern auch in anderen deutschen Ländern und Freien Städten – und oft genug wird man ihm seinen Antrag auf ein Monopol unter fadenscheinigen Begründungen ablehnen, während bereits in den Werkstätten findige Mechaniker und gerissene Plagiatoren Drais' Modelle nachbauen und erfolgreich auf den Markt bringen.
Im März 1813 erscheint im *Badischen Magazin* ein Artikel von Drais, worin er zwar keine mechanische Erfindung anpreist, aber eine ursprünglich auf Gottfried Wilhelm von Leibniz basierende Rechenidee neu zur Diskussion stellt und damit – ohne es freilich zu ahnen – die Grundidee des frei programmierbaren Rechners Konrad Zuses um einhundertzwanzig Jahre vorwegnimmt: das binäre Rechnen, oder, wie Karl Drais es nennt, die Dyadik. Dem Artikel folgt im Jahr darauf Drais' Büchlein *Dyadik. Einleitung zum Rechensystem*, das immerhin auf zwei Auflagen kommt. Drais verweist fairerweise auf seinen Ideengeber Leibniz. Ihm geht es aber darum, ein ganzes binäres System vorzustellen und dessen Vorzüge – auch angesichts neuer Maßeinheiten, die nach dem Vorbild des *Code Napoléon* 1810 in Baden eingeführt worden sind – darzulegen. »Zur Bildung aller Charakteristik«, so Karl Drais, »sowohl für allgemeine Schrift- und Rede-Sprache als auch für allgemeine Messung und Zählung, ist das dyadische System das beste, weil es sich auf die allgemeinsten Grundsätze reduziert.«

HUNGERJAHRE UND DIE IDEE ZUM WAGEN OHNE PFERDE ▮ Einer konkreten Nutzung des binären Systems kann Drais indessen nicht nachgehen – die Menschen jener Zeit haben andere Probleme, und Drais sieht sich nicht nur als genialen Erfinder, sondern als einen Philanthropen im besten Sinne des 18. Jahrhunderts, aus dessen aufgeklärter Schule er durch die väterliche Erziehung stammt. Er sieht die Nöte der Menschen: Die Napoleonischen Kriege haben Deutschland in Armut gestürzt, die Menschen stöhnen unter der Last von Krieg und Zwangseinquartierung, von Requirierung und Steuern. Zudem kommt es ab 1812 fünf Jahre in Folge zu Missernten. Eine »kleine Eiszeit«, wie sie im Laufe der Jahrhunderte immer wieder einmal im großen klimatischen Zyklus der Erde kurzzeitig auftritt, macht sich auch in jenen Jahren bemerkbar. Zudem bricht im April 1815 der Vulkan Tambora auf den indonesischen Sunda-Inseln aus, eine Super-Eruption, bei der geschätzte dreihundert Kubikkilometer Asche und Gestein ausgestoßen werden. Die Aschewolke bedeckt einen Großteil des indonesischen Archipels. Bereits im Sommer 1815 macht sich die Asche auch in der Atmosphäre über Europa bemerkbar: Die Sonne scheint fahl oder ist von einem schmutzigen Schleier verdeckt, die Temperaturen sinken erneut, die Missernten setzen sich fort. Die Preise für Naturalien, insbesondere für Getreide, schnellen nach oben, die vom Krieg ohnehin finanziell und materiell betroffenen Menschen hungern. Krankheiten breiten sich aus. Zahllose Menschen auf der ganzen Welt sterben. In jenen Notjahren verhökern viele ihren letzten Besitz, schlachten ihr Vieh, selbst die zum Ziehen von Fuhrwerken gehaltenen Ochsen, Esel und Pferde.

In dieser Situation kommt Karl Drais eine geniale Idee: Weshalb sollte man Pferde mit überteuertem Hafer noch weiter durchfüttern, wenn man stattdessen auch die menschliche Muskelkraft zur Beförderung von Fuhrwerken nutzen konnte? Drais konstruiert in den Jahren 1813 und 1814 zwei »Fahrmaschinen«, die über vier Räder verfügen und durch die Muskelkraft der Beine angetrieben werden. Der erste Wagen wird noch durch Abstoßen mit den Füßen fortbewegt, der zweite bereits mithilfe einer Tretkurbel, ähnlich wie bei den heutigen Gokarts für Kinder. Drais bittet im Oktober 1813 in einem Schreiben an den Großherzog um ein Monopol für seine »Fahrmaschine ohne Pferd« und um eine Geldunterstützung »zur schnellen Herstellung des ersten noch besseren und schönen Exemplars dieser Erfindung«, mit der man »ohne Pferd in einer Stunde Zeit zwei Stunden Weg fahren kann«.

Die Behörden leiten den Antrag zur Begutachtung an den Oberbaurat Friedrich Weinbrenner (er ist der Baumeister des Klassizismus in Karlsruhe) und den Major Johann Gottfried Tulla weiter. Drais bekommt aber ganz unerwartet von anderer, höchster Stelle Unterstützung: Zar Alexander hält sich im November 1813 in Frankfurt am Main auf. Dort be-

Der Ausbruch des Vulkans Tambora auf Sumbawa war der Auslöser für Drais, diese pferdelose »Fahrmaschine« zu konstruieren.

ratschlagen die Alliierten nach dem Sieg über Napoleon in der Völkerschlacht bei Leipzig über das weitere Vorgehen. Zar Alexander, mit Luise von Baden verheiratet, kommt in der dritten Dezemberwoche auf ein paar Tage nach Karlsruhe. Im Garten der Markgräfin Amalie darf Drais seine Fahrmaschine vorführen. Der Zar ist beeindruckt: »C'est bien ingénieux!«, ruft er aus und lässt dem Erfinder wenig später einen Brillantring zusenden »für das Vergnügen, welches Ihrer Kaiserlichen Majestät damit gemacht worden sey«, wie das *Badische Magazin* vom 22. Dezember zu berichten weiß. Zudem erhält Drais vom Zaren den Rat, den Wagen doch auf dem anberaumten großen Kongress in Wien vorzustellen.

Drais konstruiert einen verbesserten Typus der Fahrmaschine, mit einer Kurbelwelle als Hinterachse, die mit den Füßen angetrieben wird. Die Absage seines Antrags auf ein Privileg durch die großherzoglichen Gutachter erreicht ihn im März 1814, was Drais schmerzt, aber nicht in Verzweiflung stürzt. Immerhin hat er in Wien Aussicht auf internationalen Beifall. Im Juli fährt Drais donauabwärts bis nach Wien. Dort kündigt er seine Vorführungen groß mit Plakaten an und verlangt Eintrittsgelder. Er hat, könnte man aus heutiger Sicht urteilen, erkannt, wie wichtig Publicity ist. Doch die Vorführungen, über die auch in Zeitungen berichtet wird, kommen bei der badischen Regierung nicht gut an: Man hat erfahren,

dass Drais in seiner Dienstuniform auftritt, das gibt den Schaustellungen einen offiziellen Anstrich, den sie aber nicht besitzen. Zudem muss Drais enttäuscht erfahren, dass die in Wien weilenden Herrscher Europas kein Interesse an seiner Fahrmaschine haben. Sie müssen einen ganzen von Krieg und Kriegswirtschaft zerrütteten Kontinent neu organisieren und können sich nicht mit einer Fahrmaschine ohne Pferd abgeben, zumal sie selbst über genügend Pferde in ihrer Entourage verfügen. Immerhin weiß ein Korrespondent aus Wien im vielgelesenen *Morgenblatt für gebildete Stände* warnend über einen Spaziergang in den Grünanlagen der Bastei zu berichten: »Doch darf man den eignen Weg nicht über den Monarchen und schimmernden Damen vergessen, wenn man nicht in Gefahr seyn will, gerädert zu werden, denn mit Blitzesschnelle kommt ein Wagen ohne Pferde und Deichsel, von zwey Bedienten mit unglaublicher Leichtigkeit gelenkt, dahergefahren, und durchschneidet die Reihen der staunenden Menge.«
Die Bevölkerung ist also durch das Spektakel teils belustigt, teils ob seiner angeblichen Gefährlichkeit aufgeschreckt. Jedenfalls erkennt man nicht den Nutzen der Erfindung. Das wird auch aus dem abschlägigen Gutachten der Herren Weinbrenner und Tulla deutlich: »[...] so möchte die von Draisische Fahrmaschine wohl nicht von großer Erheblichkeit und Nutzen sein, indem sich die Menschen mit ihren Füßen eine weit bessere und vorteilhaftere Bewegung ohne dieselbe geben können.«

DAS »LODA« ODER DIE LAUFMASCHINE Karl Drais gibt nicht auf. Zu sehr ist er von der revolutionären Bedeutung seiner Fahrmaschine überzeugt. Und die Hungerjahre dauern an. Nach wie vor fehlt es an Zugtieren für die Fuhrwerke. Drais erkennt das physikalische Prinzip, wonach der Fahrwiderstand mit der Anzahl der Räder steigt. Man müsste also nur die Anzahl der Räder reduzieren, um das Fahren schneller und kräftesparender zu gestalten. Die Idee für das Zweirad ist geboren. Karl Drais nennt sie die »Fahrmaschine neuester Gattung«. Im Gegensatz zu der vierrädrigen Maschine besitzt dieses Zweirad aber keinen Kurbelantrieb, sondern wird allein durch Abstoßen mit den Füßen betrieben. Das ist das wesentliche Manko des Drais'schen Zweirads, zumindest wenn man den

Kritikern Gehör schenkt. Doch immerhin dauert es rund fünfzig Jahre, bis die ersten Zweiräder mit Pedalantrieb (zunächst noch über das Vorderrad) konstruiert werden. Die wesentliche Errungenschaft von Drais ist indes das zweirädrige Prinzip, die Reduzierung von Fahrwiderstand und Gewicht des Gefährts und die Entdeckung des Prinzips des Balancierens. Erst 1870 formuliert der Physiker William John Rankine seine Beobachtung, dass ein Fahrrad keine gerade Linie fährt, sondern eine langgezogene Sinuskurve (»Schlangenlinie«), die durch den Akt des Balancierens und Steuerns intuitiv ausgeglichen wird. Drais will, ohne von diesem physikalischen Gesetz zu wissen, die Brauchbarkeit seines Zweirads beweisen und demonstriert das am 12. Juni 1817 auf einer Schaufahrt vom Wohnhaus der Familie in Mannheim hinaus vor die Stadt, über Neckerau bis zum Relaishaus vor Schwetzingen und dieselbe Strecke zurück, immerhin eine Distanz von etwas über vierzehn Kilometern, die Drais in einer knappen Stunde schafft. Man kann also schätzen, dass er durchschnittlich rund sechzehn Kilometer pro Stunde erreichte, eine erstaunliche Geschwindigkeit angesichts der damaligen Straßenzustände.

Rund sechs Wochen später erscheint im *Badwochenblatt für die Großherzogliche Stadt Baden* der von Drais lancierte Artikel über seine Laufmaschine, die er in höchsten Tönen preist und ihr den hübschen Namen »LODA« gibt, was eine Zusammenziehung aus den französischen Wörtern »locomotion« (Fortbewegung) und »dada« (Steckenpferd) ist. Der Artikel lobt nicht nur die technischen Vorzüge, sondern macht auch darauf aufmerksam, dass Exemplare des »LODA« beim Erfinder bestellt werden können, »für höchstens 4 Carolin, mit Reise-Taschen und sonstiger Zugehör, dauerhaft und schön«.

Wieder versucht Karl Drais also, nicht nur als Erfinder, sondern auch als Promoter und Vertriebsagent seiner Erfindung aufzutreten. Von späteren Historikern wurde im Zuge einer allgemeinen Kampagne gegen den vermeintlich verrückten Baron behauptet, das Drais'sche Laufrad sei nur kurze Zeit eine Sensation gewesen, bis es wieder im Fundus der Geschichte verstaubte. Das ist Unsinn. Zahlreiche erhaltene Nachbauten von Konkurrenzunternehmern, aber auch einige erhaltene, immer wieder verbesserte Versionen des Originallaufrads aus Drais'scher Produkti-

on (etwa mit dosierbarer Klotzbremse, Ständer, höhenverstellbarem Sitz) belegen die damalige Beliebtheit des Zweirads. Innerhalb von nur vier Jahren wurden weltweit schätzungsweise tausend Laufräder gebaut und nachgebaut. Sogar erste Fahrradverleih-Unternehmen gab es. Freilich, das schnelle Geld mit der Laufmaschine machten andere. Und das oft mit verschlimmbesserten Versionen.
Drais kommt immerhin kurzzeitig zu Ruhm. 1817 wird er Ehrenmitglied diverser wissenschaftlicher Gesellschaften, und im Jahr darauf ernennt ihn Großherzog Carl zum Professor der Mechanik. Er erhält das badische Erfindungspatent auf zehn Jahre und auf fünf Jahre das französische Import-Brevet zugesprochen. Drais reist sogar selbst nach Nancy und Paris und führt sein Zweirad vor. Und im inzwischen großen badischen Territorium unternimmt er immer längere Schaufahrten: Einmal meistert er die zweiundfünfzig Kilometer von Karlsruhe nach Kehl in vier Stunden und ist damit wesentlich schneller als die Postkutsche. Ein andermal schafft er es in zwölf Stunden von Mannheim nach Rastatt, eine Etappe von achtundsiebzig Kilometern. Angeblich soll er die Strecke sogar noch zurückgefahren sein.

SIEG DER EWIGGESTRIGEN ▮ Doch dann kommt der Rückschlag, und wieder liegt es nicht an Drais, dass seine Erfindung »unter die Räder« der Pferdefuhrwerke gerät: 1817 wird zum ersten Mal seit fünf Jahren wieder eine reiche Getreideernte eingefahren, die Futtermittel- und Brotpreise fallen, die Hungersnot hat ein Ende. Erneut werden Pferde als Zugtiere angeschafft, der Fuhrverkehr nimmt zu. Die Radfahrer damals tun dasselbe wie heute bei hohem Verkehrsaufkommen: Sie weichen auf die Gehwege aus. Was als Wiederaufleben des Wirtschaftslebens zu begrüßen ist, bedeutet sehr bald das Aus für Drais' Laufrad: Ministerien und Stadtverordnetenversammlungen nehmen die Klagen einiger ewiggestriger Bürger ernst, zu ernst, und verbieten bei Strafe das Fahren auf Gehwegen. Selbst im sonst pragmatischen England werden Verbote gegen das Laufrad ausgesprochen. Auch den englischen Postboten, die sicherlich froh waren, längere Strecken auf dem Land schneller und weniger schweißtriefend zurücklegen zu können, werden die Laufräder abgenommen, da man im zuständigen Ministerium mit Sorge wahrgenommen hat, dass sich die Schuhsohlen rascher durchlaufen. Ein englischer Vortragsredner aus dem Jahre 1837 beklagt denn auch die Vorgänge, die damals schon beinahe zwanzig Jahre zurückliegen:

»Die Polizisten mit Unterstützung der dicken Männer, der Nachtwächter, der alten Damen, der großen Männer, des Pöbels, der Minister seiner Majestät und die Pferde verschworen sich, um die Velozipede kleinzukriegen.«

Was der englische Referent eher unbedacht gesagt hat, ist in Wahrheit ganz wörtlich zu nehmen: Es handelte sich tatsächlich um eine Verschwörung der einflussreichen Gegner von Karl Drais. Hans-Erhard Lessing hat die Geschichte von Drais' Verfolgung und Diskriminierung detailliert und stichhaltig beschrieben.

Nach außen ist Karl Drais noch immer ein respektierter Mann. Doch sein Abstieg erfolgt sehr bald, zunächst unmerklich. 1818 hat Großherzog Carl den Erfinder zum Professor der Mechanik ernannt, ihm aber gleichzeitig den erhofften Aufstieg im Forstwesen gekappt: Drais wird mit dreiunddreißig Jahren frühpensioniert. Was zunächst verlockend klingt, erweist sich als Danaergeschenk: Sein Gehalt wird um sechzehn Prozent gekürzt und auf diesen Stand eingefroren. Für ein standesgemäßes Auskommen oder gar eine Familiengründung reicht das nicht. Erst spät werden Karl Drais die finanziellen Folgen dieser Pensionierung klar. Er erhebt Einspruch beim Großherzog – ohne Erfolg. Karl Drais wohnt noch immer unter dem Dach des Vaters. Die Verhältnisse sind nicht die glücklichsten, zumal der alte Drais am grauen Star leidet und beinahe blind ist. Das allerdings ist für Karl erneut Auslöser zu einer bahnbrechenden Erfindung: die Schnellschreibmaschine.

Auch hier ist die Idee verwegen, ja revolutionär. Leider hat sich der Apparat in keinem Exemplar erhalten. Und die Beschreibungen lassen zwar erahnen, was die Maschine leisten konnte, nicht aber, wie ihre Mechanik funktionierte. Nach den erhaltenen Dokumenten muss Drais zwei Versionen gebaut haben, die erste Maschine mit fünfundzwanzig Tasten, die zweite mit nur noch sechzehn. Die Tasten wurden mit zwei Händen bedient, die Sprache bei der zweiten Maschinenversion (mit sechzehn Tasten) auf die wichtigsten Buchstaben reduziert. Im Innern der Maschine wurden die

Buchstaben auf ein fortlaufendes Stück Papier geschrieben. Wie dies geschah, und ob als Perforations- oder Druckschrift, ist nicht bekannt. Wichtig war Drais, eine *Schnell*-Schreibmaschine entwickelt zu haben. Sie stellt einen Vorgänger der in den Vereinigten Staaten bei Gerichtsverhandlungen eingesetzten Stenographiemaschinen dar. Eine Schreibmaschine mit buchstabengetreuer Wiedergabe scheint der Drais'sche Apparat hingegen nicht gewesen zu sein. Deswegen muss er als Vorläufer, nicht aber als Vorwegnahme von Peter Mitterhofers Schreibmaschine gewertet werden.

BRASILIANISCHES INTERMEZZO Zu Beginn der 1820er Jahre erfährt Karl Drais, der Naturwissenschaftler und kaiserlich russische Generalkonsul in Rio de Janeiro Georg Heinrich Freiherr von Langsdorf werbe Auswanderer für die Besiedelung Brasiliens an. Langsdorf besitzt dort selbst ein Gut. Er sucht für den riesigen Besitz mit rund vierzigtausend Kaffeebäumen einen Landvermesser. In Baden-Baden treffen Langsdorf und Drais aufeinander. Der Erfinder ist schnell Feuer und Flamme. Die geistigen Voraussetzungen in dem Land, das sich 1822 von Portugal loslösen wird, erscheinen ihm für Innovationen günstig zu sein. Günstiger jedenfalls als in Europa, das nach dem Wiener Kongress und den Karlsbader Beschlüssen in die Starre der Metternich'schen Restauration fällt.
Mit der Schnellschreibmaschine im Gepäck reist Karl Drais Ende 1821 nach Bremen. Dort liegt im Hafen das Schiff »Doris« vor Anker. An Bord sind rund neunzig Auswanderer. Nach zweimonatiger Überfahrt läuft die »Doris« am 3. März 1822 in den Hafen von Rio de Janeiro ein. Karl Drais tut sich zunächst in der aufstrebenden Stadt um, später reist er zu Langsdorfs Fazenda »Mandioka« und kommt durch die ländlichen Gegenden des jungen Kaiserreichs. Er schreibt darüber ausführliche Berichte an den Vater, der sich im fernen Baden bangend auf zwei Staroperationen vorbereitet. Der Vater übergibt die Briefe des Sohnes an Johann Paul Harl, den Herausgeber des *Neuen allgemeinen staats- und gewerbswissenschaftlichen Archivs für deutsche Bundesstaaten.*
Mit offenen Augen reist Karl Drais durch das große Land. Sein Blick ist unbestechlich. Er sieht nicht nur die großartige Natur und die schier unendlichen Ressourcen, sondern auch die Rückständigkeit der Zivilisation

und vor allem die Unterdrückung der schwarzen Sklaven, auf deren Arbeit eine ganze Gesellschaft beruht:
»Die Trägheit fasset hier zu Lande noch tiefere Wurzeln durch die Leichtigkeit, mit der man noch immer die bedauerliche Ware, die schwarzen Menschen, von den afrikanischen Küsten herüberschiffen lässt, und alle, auch nur mittelmäßige Lasten ihnen auflädt, ohne darauf zu denken, dass man sie, auch nur als Tiere betrachtet, erleichtern könnte.«
Es hält ihn dort nicht. Auch von einer Vermarktung seiner Schnellschreibmaschine ist nichts bekannt. Offensichtlich hat man sich auch in der Neuen Welt nicht für den Erfinder interessiert. Also kehrt er im Frühjahr 1827 nach Europa zurück, landet in Antwerpen und reist nach Mannheim, wo der Vater sein fünfzigjähriges Dienstjubiläum feiert.

DER ABSTIEG BAHNT SICH AN Vater Drais ist bereits 1823 an beiden Augen der Star gestochen worden. Nur bei einem Auge glückte die Operation, aber auch das ist beim damaligen Stand der Chirurgie keine Selbstverständlichkeit. Am 2. Februar 1830, drei Jahre nach der Rückkehr des Sohnes, stirbt der ehrenwerte Oberhofgerichtspräsident im Alter von vierundsiebzig Jahren, wenige Wochen später folgt ihm Großherzog Ludwig. Dessen Nachfolger wird Leopold. Offensichtlich erwartet sich Karl Drais einiges von dem neuen Regenten, denn im Jahr darauf veröffentlicht er – allerdings unter Namenskürzel – in Mannheim eine von den französischen Sozialutopisten inspirierte Streitschrift mit dem umständlichen Titel *Vorschlag von einem Badner für Emporhebung der Volkskraft und Bereicherung der Staatskasse mittelst grosser guter Erziehungs-Anstalten und hoher Belebung des Ehrgefühls.* Die darin geäußerten Vorschläge zeugen von gemeinnützigem Bürgersinn und republikanischem Geist. Das musste in der Zeit der Restauration Aufmerksamkeit erregen, vor allem in Baden, wo die Unzufriedenheit der Intellektuellen mit den bestehenden politischen Verhältnissen immer mehr zunimmt.
Drais selbst versucht aus der heimatlichen Enge auszubrechen. 1832 reist er nach England, um dort einer Kommission seine Schnellschreibmaschine vorzustellen. Das Gutachten ist jedoch ablehnend. Enttäuscht kehrt er nach Mannheim zurück. In der badischen Heimat rumort es. 1832 findet

auf Schloss Hambach gegenüber Mannheim ein Festzug von Studenten statt, die den deutschen Nationalstaat fordern. In den Augen der autokratisch regierenden größeren und kleineren Landesfürsten ein Aufruf zur Revolution. In Mannheim wird die Polizei eingesetzt: Republikanische Bürgerversammlungen werden gesprengt, einzelne Demokraten arretiert. Verantwortlich dafür sind die Regierungsbeamten Josef von Dahmen und Karl Hoffmann. Mit beiden wird Karl Drais wenige Jahre später noch Bekanntschaft machen.

Drais wendet sich erneut dem Erfinden zu. Vom großherzlichen Hof wird 1833 ein Wettbewerb zum Bau eines holzsparenden Zimmer- und Kochofens ausgeschrieben. Zweiundvierzig Bewerber nehmen daran teil, unter ihnen Karl Drais. Er erhält zwar nicht den Hauptpreis, aber eine silberne Medaille. Drais tüftelt weiter an seinem Ofentypus, macht Verbesserungen, ein Patent darauf erhält er allerdings nicht.

Der Misserfolg, die Enttäuschungen zehren an ihm. Offensichtlich hat er ein Alkoholproblem, einige Zeitgenossen jedenfalls berichten von seinen Wirtshausbesuchen und seiner Trunkenheit. Doch Karl Drais bleibt, auch das ist von Zeitgenossen überliefert, ein menschenfreundlicher, höflicher, zurückhaltender Mann. Das steht späteren, auch posthumen Darstellungen eines verwahrlosten und verrückten Misanthropen entgegen. Doch ein Zwischenfall im Oktober 1835 läutet seinen endgültigen gesellschaftlichen Sturz ein: Geheimrat Josef von Dahmen, der als Gegner republikanischer Bestrebungen bekannt ist, berichtet an die Regierung:

»Er [Drais] beging die Gemeinheit, in einem Wirtshaus der untersten Klasse sich in die Gesellschaft der Stallknechte der englischen Reiter [eine Kunstreitertruppe] zu mischen und nachdem alles betrunken war, sich zur Ehre zu rechnen, eine Weibsperson nach Hause zu begleiten. Einer aus der Gesellschaft musste den Eifersüchtigen spielen, und als Drais auf der Straße war, ward er angefallen und gröblich misshandelt, so dass er ganz blau, mit blutrünstigem Auge, ohne Hut und ohne Mantel auf die Polizeiwachstube kam und heute ganz erbärmlich herumläuft.«

Drais rechtfertigt sich in einer Verteidigungsschrift, doch scheint das Spiel von Dahmen und Hoffmann abgekartet: Sie wollen sich dafür rächen, dass Drais im Jahr zuvor es gewagt hatte, gegen eine Kürzung seiner Pen-

Karl Drais auf seiner »Laufmaschine«. Eine zeitgenössische Bildunterschrift rühmte ihn als »Schnell- und Scharfdenker«.

sion gerichtlich vorzugehen – und den Prozess gegen den badischen Staat sogar gewann. Eine Blamage der Regierung, die man in anderer Münze heimzahlen will.

Der Vorfall hat Folgen. Drais wird aus der »Harmoniegesellschaft«, einer bürgerlichen Vereinigung, verstoßen. Auch die Bibliothek der Gesellschaft ist ihm damit verschlossen. Zudem wird ihm der Kammerherrenstatus förmlich aberkannt: Er muss das Signet seiner Würde, den Kammerherrenschlüssel, zurückgeben. Damit ist Drais auch aus der Hofgesellschaft ausgeschlossen. Offensichtlich versucht Polizeikommissar Hoffmann sogar, Drais hinter Gitter zu bringen, wozu der »Tathergang« dann aber doch nicht reicht. Drei Jahre später, im Juli 1838, wird nachts ein Mordanschlag auf Drais verübt. Drais wehrt sich und kann den Angreifer in

die Flucht schlagen, die Tatwaffe, ein schweres Feuerspritzenrohr, bleibt am Tatort zurück. Darüber berichtet auch das *Mannheimer Abendblatt* vom 28. Juli.
Drais hat Freunde unter den republikanisch gesinnten Bürgern. Einer von ihnen, der Kaufmann Eduard Moll, regt sogar an, eine Aktiengesellschaft zu gründen, bei der man Anteile am Erfinderunternehmen Karl Drais erwerben kann, um dem Tüftler Geld für weitere Forschungen vorzustrecken und auch Patente, die inzwischen in manchen Ländern angemeldet werden können, zu kaufen. Doch Molls hochherziger Vorschlag stößt auf heftigen Widerstand aus feudalen und bürokratischen Kreisen. Verleumdungen, falsche Anschuldigungen und anonyme Anzeigen werden vorgebracht. Drais zieht sich verbittert zurück und lebt von 1839 bis 1845 in einem Bauernhaus in Waldkatzenbach im Odenwald. Dann kehrt er zurück, aber nicht mehr nach Mannheim, sondern in seine Geburtsstadt Karlsruhe, und nimmt eine kleine Wohnung in einem Haus in der Zähringerstraße.

BÜRGER DRAIS ▪ 1848 bricht die Revolution aus. Zunächst wird im Februar in Frankreich König Louis Philippe zur Abdankung gezwungen. Die bürgerlichen Demokraten in den deutschen Ländern fühlen sich ermutigt. In Preußen, Württemberg und Baden kommt es zu Barrikadenkämpfen und demokratischen Versammlungen. Friedrich Hecker ruft in Konstanz sogar die badische Republik aus. Doch die Aufständischen werden von badischen Truppen ins Schweizer Exil getrieben. Dennoch hoffen die Demokraten auf ein nationales Parlament, das im Mai in der Frankfurter Paulskirche zusammentritt. Auch Karl Drais ist ein Anhänger der Republik und der Ideen von Freiheit, Gleichheit, Brüderlichkeit. Am 18. August 1848 lanciert er eine Erklärung – unklar ist, ob sie auch in einer badischen Zeitung erschienen ist:
»Ich halte für Zufall, in welcher Religion und in welcher Nation, in welcher Standeshöhe und mit welchem Reichthum ein Mensch gebohren sey und bin daher der Meinung, dass man sich wegen den zufälligen Verschiedenheiten nicht hassen oder verachten soll, auch halte ich für billig zu bestimmen dass die Mehrzahl der Wähler jederzeit das Recht habe ihrem Gewählten in das Parlament in wichtigen Verhandlungen in ihrem Nah-

men statt in seinem so zu stimmen, wie sie es ihm vorschreiben, ähnlich wie die Regenten sich vorbehielten, ihrem Gesandten Aufträge zu geben […].«

Ein dreiviertel Jahr später erscheint Drais' persönliche Lossagung von Adel und Adelsprivilegien in der *Karlsruher Zeitung*:

»Ich Freiherr Karl Friedrich Ludwig Christian Drais von Sauerbronn erkläre hiermit feierlichst und Angesichts der deutschen souveränen Nation, dass ich auf den Altar des Vaterlandes, der Freiheit, Gleichheit und Volkssouveränität alle und jede aus dem Feudalrecht, dessen tausendjähriger Druck Deutschlands Freiheit in Fesseln schlug, entspringende Vorrechte für mich und meine ehelichen und außerehelichen Nachkommen verzichte. Dieses erklärt, Karlsruhe, den 11. Mai 1849, Drais, Professor, Bürger und Mitglied des souveränen deutschen Volkes.«

Das Datum ist kein gewöhnliches: In Baden kommt es zu Volksaufständen. Einzelne Gruppen fordern die Ausrufung der Republik. Auch die Soldaten in den badischen Garnisonsstädten revoltieren und schlagen sich am 11. Mai 1849 auf die Seite der Aufständischen.

Großherzog Leopold flieht nach Koblenz. In Karlsruhe gründet sich eine provisorische Regierung. Als eine verfassungsgebende Versammlung gewählt wird, erklärt der Großherzog aus dem Exil den Kriegszustand gegen sein Volk. Die noch an der Macht stehenden feudalen Regierungen Preußens, Hessens, Bayerns und Württembergs entsenden rund einhunderttausend Soldaten nach Baden, um die Republik niederzuschlagen. Die schlecht ausgerüsteten Bürgerwehren mit zusammen etwa fünfundvierzigtausend Mann haben keine militärische Chance. Am 25. Juni rücken preußische Truppen in Karlsruhe ein, am 23. Juli kapitulieren die geflohenen Revolutionäre, die sich in die Festung Rastatt zurückgezogen hatten. Die Badische Revolution ist niedergeschlagen.

VERSUCH DER AUSLÖSCHUNG ▮ Der Großherzog kehrt aus dem Exil zurück und nimmt am 18. August eine Loyalitätsparade ab, an der auch Vertreter des Bürgertums – darunter Karl Drais – teilnehmen müssen. In Baden stellen bis 1851 preußische Truppen die Besatzung. Es herrscht das preußische Kriegsrecht, das in jenen Wochen mit aller Härte gegen

die Revolutionäre angewandt wird, die sich nicht rechtzeitig ins Ausland absetzen konnten. Achtundzwanzig Revolutionäre werden erschossen, etliche kommen ins Zuchthaus, manche in die Irrenanstalt.
Auch gegen Bürger Drais wird vorgegangen. Zunächst mit primitiver physischer Gewalt, was bei den Karlsruher Bürgern für Aufsehen und Protest sorgt. Im Juli 1849 locken zwei badische Offiziere, Ludwig Wilhelm von Edelsheim und ein weiter nicht identifizierbarer Herr von G., Karl Drais in den Gasthof »Goldenes Kreuz« in Karlsruhe. Die Zeitung *Die Biene* berichtet am 25. Juli:
»[Sie] boten ihm [Drais] ein Glas Wein an, und forderten ihn auf, nachdem er dieß getrunken, ein großes Glas Schnaps auf die Gesundheit des Großherzogs zu leeren. Als er sich dessen geweigert, wurde ihm ein Tuch über das Gesicht geworfen und er mit Schlägen dermaßen traktirt, dass heute noch die Spuren dieser niederträchtigen Misshandlung zu sehen sind. Auf seinen Hülferuf wurde er zur Thüre hinausgeworfen; unser Polizeiamt ist indessen bereits hinter den Vorfall gekommen, und wir erwarten von seiner Gerechtigkeit, dass es unnachsichtlich und ohne Beachtung eines Ständeunterschiedes den frechen Uebermuth, der in jetziger gedrückter Zeit sich auf so gemeine Weise äußern konnte, mit aller Strenge des Gesetzes zügeln und ahnden werde.«
Diese von der Zeitung geäußerte Hoffnung zerschlägt sich: Die Aggressoren gehen straffrei aus. Hingegen werden die preußischen Besatzer auf den Erfinder angesetzt: Drais' Pension wird – wie auch die Besitzstände anderer Republikaner – eingezogen, um damit die Kosten der Niederschlagung der Revolution zu begleichen. Zudem wird seine Entmündigung beantragt. Ein beauftragter Amtsarzt erstellt ein Attest, das ein trauriges Bild von dem genialen Erfinder und aufrechten Republikaner malt:
»Freiherr von Drais, angeblich 65 Jahre alt, von untersetzter Figur und früher stets einer festen körperlichen Gesundheit sich erfreuend, nahm seit einem halben Jahre auffallend an Körperkraft ab, bekam ein verfallenes, abgelebtes Aussehen [...] In psychischer Hinsicht gehört von Drais seit vielen Jahren durchaus nicht zu den Gesunden [...], sondern seit langem in die Kategorie der Halbnarren; bei einer sehr beschränkten Fassungs- und Urteilskraft hält er sich für eine große Genialität und trägt

sich insbesondere fortwährend mit der fixen Idee, große wichtige oder gemeinnützige Erfindungen zu machen, herum und verschwendet Zeit und Geld an seine meist läppischen und unsinnigen Pläne.«

Der Amtsarzt diagnostiziert also das, was die Besatzer von ihm hören wollen. Karl Drais soll mundtot gemacht und weggesperrt werden. Seine Schwestern in Freiburg protestieren schriftlich. Der Tod kommt Drais' Einlieferung in eine Anstalt gnädig zuvor. Karl Drais stirbt am 10. Dezember 1851 in Karlsruhe und wird auf dem Alten Friedhof begraben.

Seine Erfindungen werden schnell vergessen, er selbst lebt in den nächsten Jahrzehnten in der Erinnerung der Menschen meist nur als der »Halbnarr« fort. Das Patentrecht entwickelt sich indes weiter: 1866 meldet der Mechaniker Pierre Lallement aus Paris ein Patent auf ein über Pedale am Vorderrad betriebenes Veloziped an. Doch auch Lallement hat kein Glück mit seinem Patent. Er verkauft es und stirbt 1891 in völliger Verarmung.

Gegen Ende des 19. Jahrhunderts erinnert man sich indes des Erfinders Karl Drais wieder. Es sind die Radfahrer, die inzwischen zu vielen Tausenden die Straßen bevölkern und sich in Vereinen zusammenschließen. 1891 werden Drais' sterbliche Überreste exhumiert und auf dem Neuen Friedhof in Karlsruhe feierlich und unter großer Anteilnahme von Radfahrern bestattet. Radfahrer aus ganz Deutschland stiften ein »nationales Drais-Denkmal«, das am 14. September 1893 an der Karlsruher Kriegsstraße, der heutigen Beiertheimer Allee, enthüllt wird. In der Festgabe wird der italienische Anthropologe Paolo Mantegazza zitiert:

»Der Radfahrersport ist der Triumph des menschlichen Gedankens über die Trägheit der Materie […] ein Wunder von Gleichgewicht und Leichtigkeit, von Einfachheit – ein Maximum von Kraft und ein Minimum von Reibung, ein Wunder von Schnelligkeit und Eleganz […]«

JOSEF RESSEL

1793–1857

DIE SCHIFFSSCHRAUBE

K. k. Waldmeister Ressel erfindet die Schiffsschraube.
Die archimedische Schraube. Ressel geht in die französische Falle.
Havarie der »Civetta«. Ein Plagiat im Triester Hafen.
In London verschwinden Dokumente.

Triest, im Jahre 1828: Der französische Reisende Louis Bauer landet in der zum Kaiserreich Österreich gehörenden Hafenstadt. Er sucht einen Mann, der nach außen das bescheidene und disziplinierte Leben eines Beamten führt, in Fachkreisen jedoch seit Jahren mit spektakulären Ideen und Konstruktionsplänen für Aufsehen sorgt: Josef Ressel, k. k. »Vize-Waldmeister«. Obgleich Forstbeamter, arbeitet der fünfunddreißigjährige Ressel seit einigen Jahren in der Hafenstadt und ist für die küstenländischen Staatswälder zuständig, in denen Holz zum Schiffsbau geschlagen wird.

Doch der Schiffsbau ist in jenen Jahren in rasantem Umbruch begriffen: Die alten Segelschiffe verlieren an Bedeutung. Nicht mehr der oft genug durch Flauten unterbrochene Wind ist die Antriebskraft der Zukunft, sondern die zuverlässigere Dampfkraft. Seit einigen Jahren nehmen überall in Europa Raddampfer die Fahrt auf, vor allem im Fracht- und Linienverkehr auf Flüssen, großen Seen und in ruhigen Binnenmeeren. Ob Louis Bauer in jenem Jahr 1828 ebenfalls mit dem Dampfschiff in Triest anlandet, ist nicht bekannt. Seit einigen Jahren betreibt ein Engländer namens William Morgan eine Dampfschifffahrtslinie zwischen Venedig (das damals ebenfalls unter österreichischer Herrschaft steht) und Triest. Doch Morgans Schiff ist bei den Passagieren wenig beliebt; es ist weder bequem noch schnell. Die Dampfmaschine an Bord ist nicht sehr leistungsfähig. Und die Technik des Schaufelradantriebs ist nicht effizient genug.

Ausgerechnet der Forstbeamte Ressel hat zwei Jahre zuvor ein österreichisches Patent auf einen neuen Schiffsantrieb angemeldet, der weit mehr Effizienz in der Umsetzung der Dampfkraft in die Antriebsleistung verspricht: die Schiffsschraube.

EINE FRANZÖSISCHE FALLE ▌ Louis Bauer ist ein leutseliger Mann. Er weiß sich Vertrauen zu verschaffen. Bereits am Hafen nennt man ihm die Adresse des Marine-Waldmeisters Ressel. Bauer sucht den Beamten auf, stellt sich als Industrieagent vor, der aus dem fernen Paris gekommen ist, weil er von Ressels Erfindungen, allen voran der Schiffsschraube, vernommen hat. Schnell gewinnt Louis Bauer das Vertrauen des Erfinders. Er wohnt sogar eine Zeitlang bei der Familie. Ressels zweite Ehefrau Theresia hat das später zu Protokoll gegeben. Trotz der beengten Umstände ist die Familie gastfreundlich. Josef Ressel spricht sehr gut Französisch. Überhaupt ist er ein zwar etwas einzelgängerischer, aber gewandter und intelligenter Mann, der neben seiner Vatersprache Deutsch und seiner Muttersprache Tschechisch auch italienisch und französisch, slowenisch und kroatisch spricht.

Rasch hat Louis Bauer den tatenhungrigen und nach Erfolg dürstenden Erfinder überzeugt: In der Weltstadt Paris wird man Ressels Schiffsschraube zu würdigen wissen, anders als in dem damals technologisch rückständigen Habsburger Reich! Und von Paris aus lässt sich – verspricht Bauer – auch der Industrie- und Technologiestandort England leichter erobern. Ressel werde innerhalb weniger Jahre ein reicher Mann sein, der von seinen Patenten leben und sich ganz dem Erfinderdasein widmen könne!

Josef Ressel ist rasch überzeugt. Zwar verlangt Bauer eine Provision, aber die hat er als Agent verdient. Ressel glaubt an die Redlichkeit Bauers und der Herren in Paris. Pflicht und Ehrbewusstsein sind für ihn keine Schlagworte, sondern durch Herkunft und Laufbahn verinnerlichte Lebensprinzipien.

Also macht sich Ressel im Frühjahr 1829 nach Paris auf. Die Reise ist langwierig, strapaziös und kostspielig. Bauer ist dem Österreicher vorweggereist und hat Vorbereitungen zur Präsentation der Ressel'schen Schraube getroffen. Er hat bei den Unternehmern Piccart, Malar und Rivierre Interesse für die Erfindung geweckt. An einem Tag im April 1829 präsentiert Ressel in Paris »auf dem großen Canal beim Elephanten« seine (noch von Hand betriebene) Propellerschraube, die ein kleines Boot zuverlässig und rasch voranbringt.

Ressel ist ein Ehrenmann, dessen Ehrlichkeit an Naivität grenzt. Er händigt Bauer seine Berechnungen und Zeichnungen aus, im Glauben, der Agent würde für ihn in Paris und London tätig werden. Alles ohne Vertrag. Doch nach der erfolgreichen Präsentation weigern sich Bauer und die französischen Unternehmer, mit Ressel einen Kontrakt zu schließen. Malar meldet selbst ein französisches Patent auf ein Schraubenschiff (»bateau à spiral«) an. Ressel muss dem hilf- und rechtlos zusehen. Da er nicht einmal über die Geldmittel zur Heimfahrt verfügt und Bauer ihn im

Stich lässt, sieht er sich sogar gezwungen, eines seiner anderen Patente zu verkaufen. Gleich zweimal geprellt, tritt er enttäuscht die Heimreise nach Triest an. Er ahnt nicht, dass seine Erfindung von Paris aus bald nach London weiterverkauft werden wird.
Aber noch hofft Ressel auf einen Erfolg in Österreich. Das dortige Patent scheint ihm sicher. Und er hat Großes vor: Der Unternehmer Carlo Ottavio Fontana will nach Ressels Konstruktionsplänen ein Schiff mit Dampfmaschine und Schraube ausrüsten. Die Probefahrt ist für den Sommer 1829 im Hafen von Triest vorgesehen. Das, glaubt Ressel, wird seine Gegner verstummen lassen.

KAISERLICHE PROTEKTION Josef Ressel wird am 29. Juni 1793 im ostböhmischen Städtchen Chrudim geboren. Der Vater Anton Hermann Ressel ist ein aus dem nordböhmischen Heinersdorf stammender Steuereinnehmer, die Mutter Maria Anna Konviczki eine tschechische Näherin und Strickerin. Josef ist das dritte von fünf Kindern. Die Umgangssprache in Chrudim ist das Tschechische, doch lernt Josef bereits als Kind die deutsche Sprache, damals unabdingbare Voraussetzung für einen gesellschaftlichen Aufstieg in der Donaumonarchie.
Der Knabe besucht in seiner Heimatstadt die Pfarrschule, 1806 wechselt er auf das Gymnasium im oberösterreichischen Linz, 1809 tritt er als Zögling in die Schule des Bombardier-Corps im südböhmischen Budweis ein. Dort lernt er Algebra, Geometrie und Trigonometrie, außerdem Lineal- und Situationszeichnung. Von der Wehrpflicht ist Josef Ressel als Sohn eines Staatsbeamten befreit. Mit glänzendem Zeugnis geht er von der Schule in Budweis ab und wechselt nach Wien, an die Universität, wo er Vorlesungen in Landwirtschaft, Staatsrechnungswissenschaft, Chemie, Naturgeschichte und Technologie hört. Schon in der Wahl der Studienfächer äußert sich Josef Ressels breitgefächertes Interesse. Später wird sich das in einer Vielzahl von Erfindungen und Patenten diverser Forschungsgebiete niederschlagen.
In jenen Jahren verarmt der im Ruhestand lebende Vater Ressel – über die Gründe ist nichts bekannt. Jedenfalls ist Josef Ressels Studium gefährdet. Er will auf die Forstakademie in Mariabrunn bei Wien wechseln, bewirbt

sich um einen Freiplatz. Das Gesuch wird mit der Begründung abgelehnt, Ressel sei »zu schwach auf der Brust«.
Schon damals wird der kleine, schmächtige, unscheinbare Mann – wie auch später noch – in seiner Willenskraft unterschätzt. Josef Ressel lernt den Kammerdiener des Kaisers kennen, einen gewissen Jellinek. Der vermittelt ihm eine Audienz bei seinem hohen Herrn. Franz I. ist von Ressel angetan, zumal der – ein geschickter Zeichner – dem Monarchen eine selbstgefertigte, detailgetreue Darstellung der Völkerschlacht bei Leipzig schenkt. Der Kaiser erklärt sich bereit, das Studium des jungen Mannes aus seiner Privatschatulle zu finanzieren.
Der kaiserliche Förderer dürfte mit seinem Protegé zufrieden gewesen sein: Mit besten Noten geht Josef Ressel 1816 von der Forstakademie ab. In Wien erteilt er ein knappes Jahr lang Privatstunden in Kalligraphie und Zeichnen und hält sich so über Wasser.
Dann wird für ihn eine Stelle als Förster frei, in einer Gegend allerdings, die damals für einen Waidmann nicht eben ein Traumterrain gewesen sein dürfte: Zum März 1817 tritt Josef Ressel seine Stelle als Distriktförster in Pleterjach in Krain an (heute Pleterje in Slowenien). Das ist zur damaligen Zeit tiefste Provinz. Zudem sind Teile von Krain und Istrien von ödem Karst geprägt – Folge eines jahrhundertelangen Raubbaus durch die seefahrenden Völker, allen voran die Venezianer. Ein ökologischer und ökonomischer Missstand, dem sich Josef Ressel noch stellen wird.

»UNRUHIGER KOPF, PROJECTENMACHER« Ressel steigt in den nächsten vierzig Dienstjahren im Rang immer höher, vom Distriktförster zum Vize-Waldmeister (1820), zum »k. k. Waldmeister« (1833) und »provisorischen Oberförster« (1835) und schließlich zum »wirklichen Marine-Unter-Intendanten« (1849) und »Marine-Forst-Intendanten« (1852). Das klingt beeindruckend, ist es aber nicht. Laut einer ministerialen Notiz erfolgt zumindest die letzte Beförderung nur, um den braven und treuen Staatsdiener Ressel ruhigzustellen, wirkliche Verbesserungen sind an die einzelnen Dienstgrade nicht geknüpft. Fünfunddreißig Jahre lang bezieht Josef Ressel ein Jahresgehalt von achthundert Gulden, was angesichts auch damals steigender Lebenshaltungskosten finanziell eine

Verschlechterung darstellt. Zudem hat Ressel eine Familie zu ernähren, im Laufe der Jahre kommen aus zwei Ehen zehn Kinder zur Welt, die gleichwohl nicht alle das Erwachsenenalter erreichen.

Josef Ressel ist fleißig, penibel, dienstbeflissen. Er lernt binnen kurzem Slowenisch, Kroatisch und Italienisch – die Volkssprachen in Ressels Einsatzgebiet. Bei der Bevölkerung von Pleterjach und Laibach (Ljubljana) steht er bald in hohem Ansehen. Einer Anekdote zufolge ließen einmal drei Wegelagerer von Ressel ab, als sie begriffen, wen sie vor sich hatten. In seiner Personalakte stehen fast nur beste Noten, allerdings auch eine etwas zweideutige, süffisante Bemerkung: »unruhiger Kopf, Projectenmacher«. Damit sind Josef Ressels Tüfteleien gemeint, Erfindungen, deren Genialität und ökonomischen Nutzen man in Österreich lange Jahre nicht anerkennen will. Dazu gehören im Laufe der Jahrzehnte österreichische Patente auf eine Zylindermühle (mit senkrechter Walze), Flüssigkeitspressen, ein Apparat zur Extraktion der Farbstoffe, Rollen- und Kugellager, eine Sudhaus-Anlage, ein neuartiger Pflug, eine Methode zur Konservierung von Schiffsholz und von Lederwerk, ein optischer Telegraph, ein Holzgraduator zur Qualitätsbestimmung von Hölzern, eine hydraulische Dampfmaschine, eine vereinfachte Form der Dampfmaschine, ein Dampffuhrwerk (also ein Vorläufer des benzinbetriebenen Automobils), ein Mechanismus zur Fahrt stromaufwärts und eine pneumatische Rohrpost.

Alles Erfindungen von mehr oder weniger ökonomischer Bedeutung, die – wie etwa die Rohrpost – von den Zeitgenossen verlacht oder verkannt wurden und sich erst später durchsetzten, unter den Namen anderer Konstrukteure. Die bedeutendste Konstruktion Ressels jedoch – und zugleich seine große Lebensenttäuschung – ist die Entwicklung der Schraube zum Antrieb von Dampfschiffen.

Ressels Erfindertätigkeit darf man sich nicht als beschauliche Tüftelei im Hinterzimmer vorstellen. Sein Leben verläuft nach außen zwar regelmäßig und ungebrochen, doch engen ihn die beruflichen und familiären Verhältnisse stark ein. 1821 heiratet er die aus Montona in Istrien stammende Jakobine de Orebich. Mit ihr hat er drei Kinder, von denen zwei das Kindesalter überleben. Jakobine stirbt im Dezember 1826 mit nur

vierundzwanzig Jahren. Josef Ressel heiratet im Jahre 1830 ein zweites Mal, die aus Weixelburg in Krain stammende Theresia Kastellitz. Mit ihr hat er sieben Kinder, von denen wiederum zwei Söhne und eine Tochter das Erwachsenenalter erreichen.
Die Ressels ziehen in jenen Jahren mehrmals um: von Pleterjach nach Laibach, 1825 nach Triest, von dort 1832 nach Montona, 1843 nach Venedig, 1848 wieder nach Triest. Josef Ressel ist als Waldmeister und späterer Marine-Forstintendant für Waldgebiete (und vor allem deren Wiederaufforstung im Karst) zuständig, die von der Grafschaft Görz über das Küstenland von Triest bis nach Illyrien reichen und Istrien und Krain umschließen. Urlaub kennt Ressel in all den Jahren nicht. Nur einmal ist ein Urlaubsgesuch nachgewiesen: 1827 gibt er der drängenden Bitte seines alten Vaters nach, zu ihm nach Matzen in Niederösterreich zu kommen, um Familienangelegenheiten zu klären.

DIE VERSUCHSFAHRT DER »CIVETTA« Josef Ressel macht sich im Frühjahr 1827 auf und reist wahrscheinlich auch zum Vater, ist aber nachweislich von Ende April bis Anfang Juni in Wien und in der Steiermark, um dort den Bau seiner jüngsten Erfindung zu überwachen: eine Antriebsschraube für ein Schiff. Angeblich – das jedenfalls behaupteten Nachfahren – hatte Ressel die Idee dazu bereits 1812, also während seiner Studienzeit in Wien. Eine Skizze, die allerdings nicht von ihm selbst datiert ist, wurde wiederholt angeführt, kann aber nicht als Beweis dienen. Sicher ist jedoch, dass Ressel 1826 ein österreichisches Privileg für eine »Schraube ohne Ende zur Fortbewegung der Schiffe« anmeldet und am 11. Februar 1827 erhält. Ressel hat zum damaligen Zeitpunkt bereits schlechte Erfahrungen mit der Öffentlichkeit gemacht. Mitte der Zwanzigerjahre unternimmt er auf dem slowenischen Fluss Krka einen Versuch mit einem Boot, das sich durch eine von Hand betriebene Schraube fortbewegt. Das Experiment verläuft erfolgreich, wird jedoch nach wenigen hundert Metern von der von Fischern alarmierten Gendarmerie unterbunden. Die Begründung für diese polizeiliche Maßnahme: Der Apparat verursache Lärm, und die von der Schraube hervorgerufenen Wellen würden die Fische aufstören!

Ressel geht es nun, 1827, vorsichtiger an. Er braucht Gönner, aber auch Finanziers, denn er will ein richtiges Schiff mit Dampfmaschine und Schraube ausstatten, um auch die Fahrtüchtigkeit auf See zu demonstrieren. Zunächst kann er die Triester Kaufleute Julian und Tositti, die ein Geschäft wittern, dazu bewegen, sechzig Gulden zur Herstellung einer kleinen Schraube von achtzehn Zoll (fünfundvierzig Zentimeter) Durchmesser zu spendieren. Ein Versuch auf einer ebenfalls von den Kaufleuten zur Verfügung gestellten Barke verläuft im Hafen von Triest zufriedenstellend, wobei die Schraube immer noch von Hand betrieben wird.
Doch jetzt, im Frühjahr 1827, geht es um mehr: Josef Ressel spricht in Wien vor, gerät an den Kanzler, den Grafen Franz Joseph von Saurau, der ihm Unterstützung verspricht, doch unter der Bedingung, »es müsse die Sache ganz und gar inländisch sein«. Das passt Ressel zwar nicht, aber er muss sich fügen. Einen zuverlässigen Hersteller für die große Schraube von dreiundsechzig Zoll (hundertachtundfünfzig Zentimeter) hat er in dem Mechaniker Franz Hermann in Triest. Ein neues Schiff, die fünfundvierzig venezianische Fuß lange und elf Fuß breite »Civetta« mit einem Fassungsvermögen von dreiunddreißig Tonnen will ihm der Triester Unternehmer Carlo Ottavio Fontana zur Verfügung stellen, der davon träumt, auf der Linie Triest-Venedig ein Konkurrenzschiff zu Morgans Raddampfer fahren zu lassen. Aber die Dampfmaschine gedachte Ressel in England fertigen zu lassen, dem damals in technischen Angelegenheiten führenden Land der Welt. Durch Graf Sauraus Weisung jedoch ist der Erfinder an das steirische Hüttenwerk St. Stephan gebunden, das dem Fürsten Schwarzenberg gehört. Ein Fall von Vetternwirtschaft – Ressel kann nicht dagegen an. Also stimmt er zähneknirschend zu, um sein Projekt nicht zu gefährden. Er reist nach St. Stephan, um die Arbeiten zu überwachen.
Das alles bleibt nicht geheim, zumal das Patent seit Februar 1827 in Österreich angemeldet ist. Im Jahr darauf kommt der als Agent sich ausgebende Franzose Louis Bauer in Triest an und überredet Ressel, nach Paris zu fahren und seine Schiffsschraube dort vorzuführen, ihm winkten Geld und Ruhm.
Als Ressel im Frühjahr 1829, von Bauer und den französischen Unter-

nehmern um sein Patent geprellt, schwer enttäuscht nach Triest zurückkommt, macht er sich sogleich wieder an die Arbeit. Er weiß, er darf keine Zeit verlieren, denn seine Gegner in Paris und London arbeiten ihrerseits am Bau der Schraube anhand der von ihm gutgläubig überlassenen Konstruktionspläne. Endlich, am 1. Juli 1829, ist es so weit: Im Hafen von Triest legt die »Civetta« vor den Augen geladener Gäste aus Wirtschaft, Politik und Marine ab.

An Bord sind rund vierzig Personen. Doch die Fahrt endet nach wenigen hundert Metern. Der Konstrukteur des Schiffs Vinzenz Zanon erinnert sich knapp dreißig Jahre später:

»Nachdem die Taue am besagten Dampfer gelöst wurden, der auf der nunmehr demolirten Hafen-Werfte gegenüber dem Regierungs-Gebäude landete, nachdem die Dampfmaschine mit den beiden Cylindern verschiedener Durchmesser in Bewegung gesetzt wurde und nachdem in diesem Augenblicke übereinstimmend die Uhr in die Hand genommen und gezeigt wurde, fuhr man gute 100 venetianische Schritt [...]. Der Lauf wurde aber nach 5 Minuten unterbrochen, weil in einem der Theile der Rohre, die den Dampf von dem Kessel zu den Maschinen-Cylindern führten, ein solcher Bruch eintrat, dass die Dampfmaschine sofort zum Stillstand gebracht werden musste. Die Ursache dieses Bruches lag in der Unvollkommenheit oder Gebrechlichkeit des Metalles, womit besagte Röhre gelöthet war, wie dies deutlich aus dem beschädigten Theile ersehen werden konnte. Dieses Metall war Zinn.«

Ressel selbst schreibt zu seiner Entlastung: »Dieser dem Fichtner privilegirte Röhrendampfapparat leistet schon seit mehreren Jahren gute Dienste in Atzgersdorf bei Wien. Die Röhren in Atzgersdorf sind beim Graf Salm in Blansko in Mähren, wahrscheinlich aus gutem Eisen und regelmäßig gegossen. Die Röhren im Schiffe hingegen sind in St. Stephan in Ober-Steiermark gegossen und in der Dicke unregelmäßig und das Eisen ist porös; sie litten keine Spannung des Dampfes.« Und einem Freund aus Wiener Tagen, Franz Skola, klagt Ressel im März 1830:

»Die Dampfmaschine wurde in Steiermark gemacht und ist so unbrauchbar, dass nicht einmal ¼ Stunde damit gefahren werden konnte, denn sie ging aus dem Leim. [...] In Österreich aber geht Alles schwer, wenn man ohne Vermögen Neuerungen aufstellt. In Frankreich setzte ich Vieles durch, und muss denen Franzosen nachsagen, dass sie leicht unternehmen; aber mich auch schön betrogen haben, wie es sich um's Geld handelte.«

BREITE FRONT DER GEGNER ▪ Obgleich das Scheitern der Präsentation auf eine mangelhafte Ausführung der Dampfmaschine zurückzuführen ist und nichts mit dem Prinzip der Schiffsschraube zu tun hat, stößt Ressels Erfindung auf breite Ablehnung. Seine Gegner, darunter auch der Schiffseigner Morgan, intervenieren beim Triester Polizeichef und erwirken ein Verbot der Fortsetzung der Versuche.

Nachdem die Kaufleute Julian und Tositti sich ängstlich aus Ressels Unternehmung zurückgezogen haben, hat dieser die Idee, seine kostspieligen Experimente durch die Gründung einer Aktiengesellschaft zu finanzieren, die später die Anteilseigner an den Gewinnen aus dem Schiffsschraubenpatent beteiligen soll. Doch dem Erfinder wird von der Polizei eine Annoncierung der beabsichtigten Gesellschaftsgründung verweigert. Ein Investor zumindest, ein Herr Budmani, wittert in Ressels Erfindung Rendite und will dem Waldmeister helfen. Budmani war längere Zeit in Ägypten tätig und hat gute Geschäftsbeziehungen zu Vizekönig Mehmed-Ali geknüpft. Der Monarch am Nil interessiert sich für technische Neuerungen. Ressel liefert auf Veranlassung Budmanis ein kleines, von Hand zu treibendes Schraubenboot nach Ägypten. Der Vizekönig ist davon sehr angetan und erkennt die Einsatzmöglichkeiten von schraubenbetriebenen Dampfschiffen auf dem Nil. Er bestellt vier Schraubendampfer von je dreißig Pferdestärken bei dem im fernen Triest tätigen k. k. Waldmeister. Doch der kann dem Auftrag nur nachkommen, wenn er Geldgeber findet. Der Vizekönig in Ägypten jedoch lehnt einen Vorschuss ab, und auch Budmani zieht sich aus unbekannten Gründen zurück. Ressel hofft noch auf den Unternehmer Carlo Ottavio Fontana, der die »Civetta« ausgerüstet hat. Doch der Konkurrent William Morgan setzt alle juristischen Hebel in Bewegung: Er pocht auf ein ihm vor Jahren erteiltes Privileg auf die »regelmäßige« Dampfschifffahrt zwischen Triest und Venedig und reicht deswegen sogar eine Klage bei der Kaiserlichen Hofkammer in

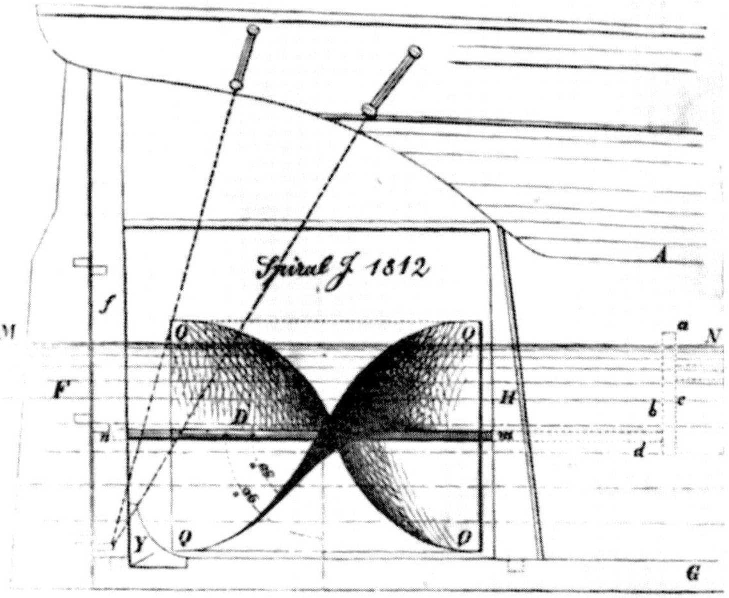

Wien ein. Ressel argumentiert hingegen, dass sein Schraubenantrieb eine andere und neue Form der Dampfschifffahrt darstelle. Das hilft ihm vor Gericht jedoch nicht. Morgans Privileg der »regelmäßigen« Linienfahrt wird bekräftigt. Das ist Anlass für Fontana, sich aus dem Unternehmen zurückzuziehen, denn eine »unregelmäßige« Linienfahrt würde sich nicht rentieren. Ressel wird immer mehr in die Enge getrieben, zumal sein österreichisches Patent von 1827 zu verfallen droht. Zwar wurde es 1829 auf dreizehn Jahre verlängert, aber nur, wenn er die anstehenden Patentsteuern bis spätestens 1831 zahlt. Diese Taxe aber, so die Vereinbarung, sollte der Konzessionär Carlo Ottavio Fontana zahlen.

Ressel, sonst ein gelassener und selbstbewusster Mann, verliert die Nerven – und verliert immer mehr. Er strengt einen Prozess gegen Fontana an. Das Verfahren zieht sich über Jahre hin. In erster Instanz verliert Ressel, in zweiter gewinnt er. Fontana geht in die dritte Instanz, stirbt aber vor Abschluss des Verfahrens. Die Prozesskosten wachsen Ressel über den Kopf, unterdessen verfällt sein österreichisches Patent, da die Taxe nicht

Frühe Skizze von Ressels Schiffsschraube, Seiten- und Frontalansicht. Die Datierung »1812« stammt allerdings nicht von Ressels Hand, ist also fraglich.

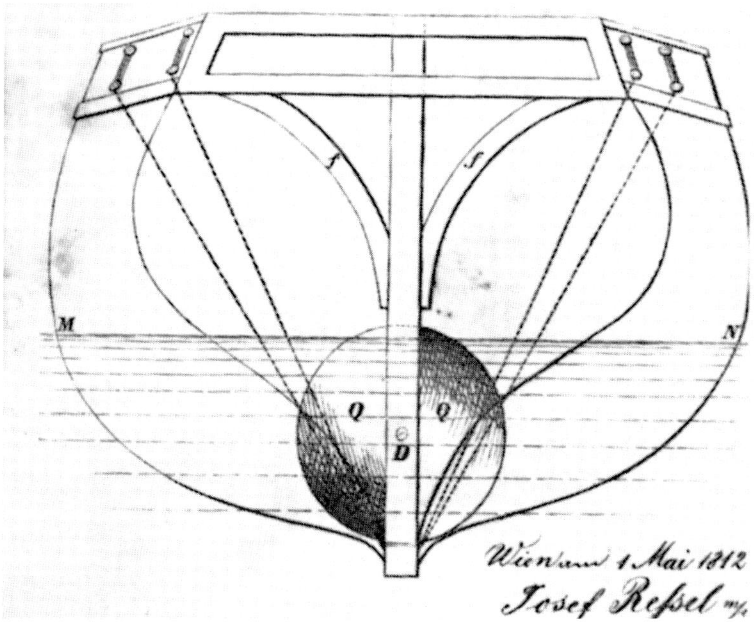

beglichen worden ist. Ressels Gläubiger bedrängen ihn immer mehr, so dass er 1834 mit Fontanas Erben einen Vergleich abschließen muss, der zwar ungünstig ist, ihn, Ressel, jedoch vor dem Ruin bewahrt.
Ressel zieht sich nach diesen enttäuschenden Erlebnissen zurück: in seine vielfältigen Amtsgeschäfte und in sein Familienleben. Er ist enttäuscht von den Gerichten und verbittert über die Ignoranz der Politik und die Intrigenwirtschaft der Geschäftsleute. Seine forstwirtschaftlichen Aufgaben nehmen ihn in den folgenden Jahren und Jahrzehnten immer mehr in Beschlag – und er bewährt sich. Seine Beförderungen sind in gewisser Weise eine Anerkennung – wenngleich nur den Titeln nach, nicht aber hinsichtlich der Bezahlung. Als »Marine-Waldagent für Istrien und Veglia« ist er hauptverantwortlich für ein breites Wiederaufforstungsprogramm der Karstgebiete – beiläufig auch ein Beschäftigungsprogramm für die armen Tagelöhner der Region. Die dort wachsenden Eichenwälder zeugen noch heute von Ressels Innovationsgeist.

VORLÄUFER UND EINE BEGEGNUNG IM HAFEN Was er wahrscheinlich nicht weiß: In England, Frankreich und Amerika tüfteln andere Konstrukteure an Schraubenschiffen – nach Ressels Plänen, die er 1829 in Paris auf Treu und Glauben offenbart hat. Dabei – das muss gerechterweise gesagt werden – ist Ressels Idee des Schraubenantriebs nicht neu. Bereits im Jahre 287 vor Christus erfindet in Griechenland der Mathematiker und Physiker Archimedes die nach ihm benannte Schraube zur Bewässerung von Feldern. Dass Wasser auf diese Weise nicht nur transportiert werden kann, sondern dass ein Körper im Wasser fortbewegt werden kann, erkennt im Jahre 1681 der Engländer Robert Hooke. Ein Experiment mit einem Boot gelingt, doch gerät die Erfindung nach Hookes Tod wieder in Vergessenheit. Im 18. Jahrhundert unternehmen diverse Tüftler in Frankreich Versuche mit einer Propellerschraube, doch werden diese Experimente nicht weiter beachtet. Das ändert sich, als der bekannte Schweizer Mathematiker und Physiker Daniel Bernoulli 1752 einen Plan für einen Schraubenantrieb für Schiffe vorstellt, basierend auf dem nach Bernoulli benannten Prinzip, wonach in einem strömenden Fluid (Gas oder Flüssigkeit) der Druck umso mehr abnimmt, je schneller die Strömung wird. Beim Drehen einer Schraube oder eines Propellers entsteht eine Druckdifferenz zwischen Vorder- und Rückseite, wodurch der daran befestigte Körper (etwa ein Boot oder ein Flugzeug) angetrieben wird. Für diese Entdeckung erhält der Schweizer Mathematiker sogar den Preis der Pariser Akademie der Wissenschaften – doch seltsamerweise werden die Anwendungsmöglichkeiten von den zeitgenössischen Konstrukteuren nicht erkannt. Vereinzelt gibt es im ausgehenden 18. Jahrhundert in Frankreich, Amerika und England zwar Versuche mit der Propellerschraube, aber die Zeit ist dafür noch nicht reif, weil die Technik der Antriebskraft noch nicht ausgereift ist. Erst die flächendeckende Nutzung des Dampfantriebs in Maschinen, auf Schiffen und in der Eisenbahn macht die Nutzung der Schraube in der ersten Hälfte des 19. Jahrhunderts so interessant. Klar ist, dass Josef Ressel nicht der Erste war, der mit einer Schraube als Antrieb experimentierte, aber er ist doch der Erste in einer Zeit, die davon zu profitieren wusste. Und sein Patent datiert *vor* den Patenten in England und Frankreich, die letztlich nur Plagiate seiner Pläne waren.

Josef Ressel gilt in seinen letzten zwanzig Lebensjahren als Sonderling und »Philister«, wie man damals die Spießbürger nennt. Jahrein, jahraus sieht man ihn in ein und demselben schwarzen Rock – in der Kanzlei, bei öffentlichen Veranstaltungen, auf Reisen und im Wald. Bei sich hat er stets einen großen roten Schirm. Er selbst sagt einmal: »Wenn der Mensch eine Kleidung zum Herumgehen, ein Bett zum Schlafen, einen Sessel zum Sitzen und einen Tisch, um darauf arbeiten zu können, und so viel hat, dass er sich satt essen kann, hat er genug.« Er selbst weiß aber um seine Bedeutung und bewahrt sich allen äußeren Widrigkeiten zum Trotz seinen Stolz auf seine Erfindungen und Leistungen. Als ein Vorgesetzter in Triest einmal abfällig über den schmächtigen Forstbeamten fallen lässt: »Das ist ein sehr kleiner Waldmeister«, antwortet Ressel überlegen: »Tut gar nichts. Sie werden bald erfahren, dass dieser kleine Waldmeister groß genug schreiben kann.«
Schwer trifft es ihn, als 1840 der erste Schraubendampfer unter englischer Flagge im Hafen von Triest einläuft und alle das neuartige Gefährt bestaunen. Ressel besichtigt das Schiff ebenfalls – wie ihm dabei zumute gewesen ist, kann man nur erahnen.

EINGABEN UM ANERKENNUNG ▮ Einmal scheint das Schicksal ihm doch Gerechtigkeit widerfahren zu lassen: 1852 liest er zufällig im amtlichen *Osservatore Triestino* die Notiz:
»Seit einigen Jahren setzte die englische Admiralität eine Prämie von 20.000 Pfund Sterling für Denjenigen aus, welcher nachweisen könne, den größten Anspruch auf die Erfindung des Schraubendampfers, nämlich auf die erste Anwendung der archimedischen Schraube zum Betriebe der Dampfschiffe anstatt der Schaufelräder zu haben. Nun sucht Mr. Carpenter, Capitän der königlichen Marine im *Morning Herald* nachzuweisen, dass er den größten Anspruch auf diese Prämie habe.«
Ressel zögert nicht. Er schickt Unterlagen nach London, aus denen eindeutig seine geistige Urheberschaft hervorgeht. Doch als er längere Zeit nichts aus England hört und brieflich anfragt, erhält er umgehend zur Antwort, von einem Eingang seiner Unterlagen habe man keine Kenntnis. Auf die Annonce melden sich vierundvierzig Bewerber, die alle Urheber

der Schiffsschraube sein wollen. Da die Kommission sich nicht eindeutig entscheiden kann oder will, wird die Prämie nach langer Beratung 1855 unter fünf Engländern geteilt. Aber auch hier geht es nicht im Mindesten gerecht zu, wird doch Francis Petit Smith, der immerhin 1836 (neun Jahre nach Ressel) ein Patent angemeldet hat, übergangen. Mehrere englische Zeitungen protestieren daraufhin gegen die Entscheidung der Kommission und sammeln in einer »Nationalsubskription« eintausend Pfund Sterling, die sie Smith überreichen. Von Josef Ressel ist in all diesen Ränken nie die Rede.

Der ist unterdessen nicht untätig und forscht weiter. 1851 beantragt er ein Patent auf einen neuen Schraubentypus, für den er Fischflossen zum Vorbild genommen hat – auch das eine zukunftsweisende Idee. Und drei Jahre später konstruiert er eine dritte Schraube, die im Kern hohl ist.

Doch Ressels Verbitterung nimmt in all den Jahren zu. Das Bewusstsein, Großes geleistet zu haben und verkannt, ja missachtet und übervorteilt worden zu sein, erfüllt ihn immer mehr. Das wird auch aus einem Brief deutlich, den er am 16. Juni 1857, wenige Monate vor seinem Tod, an seinen designierten Nachfolger im Amt, Peter Bogner, schreibt. Ressel, damals kurz vor seinem vierundsechzigsten Geburtstag, wird die Pensionierung nahegelegt. Doch der pflichtbewusste Beamte klammert sich an seinen Dienst – vielleicht, weil ihm vor der Leere danach graut – und denkt gar nicht daran aufzuhören:

»Vom Vorrücken habe ich keine andere Erfahrung, als dass Menschen, welche nur lesen und schreiben können, vorwärts kommen, während wissenschaftliche Männer von der Ignoranz verdrängt werden. Ich z. B. diene schon bei 20 Jahre in der Marine, Gott gab mir viel Talent in jeder Hinsicht, und die Marine verdankt mir werthvolle Leistungen; dennoch habe ich nicht mehr als 800 G[ulden] Besoldung, dafür aber den leeren Titel: k. k. Marine-Forstintendant. Man sieht uns Forstbeamte für Professionisten an, und hat keine Achtung für's Fach. [...] Man geht mit dem Gedanken um, mich zu pensioniren, allein ich will durch meinen Eintritt bei der Marine nicht umsonst an Gehalt, Rang und Aussicht verloren haben, die Passion zu meinem Berufe zu befriedigen; ich verlasse das Feld nicht, bis ich endlich die Marine mit Wälder dotirt sehe, dann trete ich gerne ab,

Ressels Schiffsschraube war nicht nur effizient, sie faszinierte auch durch ihre elegante Form.

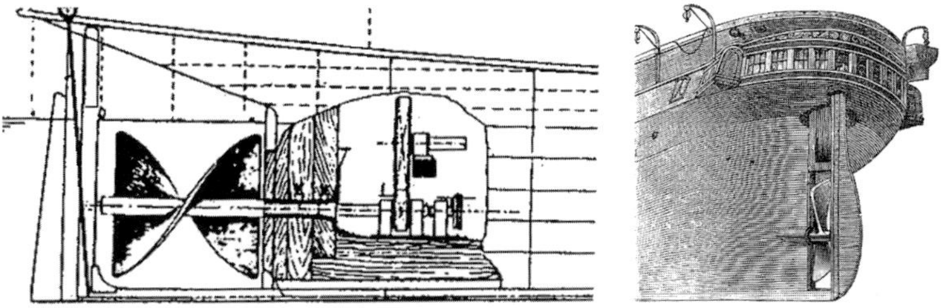

dann können Sie Forstintendant werden. […] Damit Sie meiner Worte Sinn recht verstehen, sage ich Ihnen in meinem 64. Jahre, dass ich noch nie gelogen habe, dass ich meinen Dienst stets eifrig und redlich betrieb, dass ich keine Feinde außer denjenigen habe, welchen ich mit meiner Unbeugsamkeit ein Hindernis bin, und die ich mit mathematischen Beweisen zurückschlage.«

Noch einmal hofft Ressel auf höhere Gerechtigkeit und wendet sich in jenen Wochen an Erzherzog Maximilian – ebenjener, der wenige Jahre später als Kaiser von Mexiko unglücklich enden wird. Am 20. Mai 1857 schickt der Waldmeister der technikbegeisterten Hoheit seine Denkschrift *Geschichte des ersten Schraubenschiffes* zu. In einem beigelegten Brief stellt Ressel klar:

»Es hat mich weder materieller Eigennutz noch Eitelkeit zur Bewerbung des Prämiums bewogen: sondern lediglich folgende Ursachen:

1. Gehört die Anwendung der Schraube zu den wichtigsten vier Erfindungen, deren sich die zivilisierten Regierungen gegenwärtig im hohen Grade bedienen, nehmlich des Dampfmaschinenwesens, der Eisenbahnen, der elektrischen Telegraphen und der Schraube für die große Schifffahrt.

Der Propeller ist ein Östreicher, und soll als solcher in der Weltgeschichte auch erscheinen. Das Beispiel dieser Eifersucht geben alle ausgezeichneten Nazionen.

2. Ich habe mehrere ebenso wichtige Erfindungen für die Welt bereitet, die ich ihr schenken werde; – damit ich aber das Ankommen der ersteren erlebe, benöthige ich einen Ruf, welchen ich, auch ohne Geld, durch die Anerkennung der Priorität als Erfinder des Schraubendampfschiffes zu erlangen hoffe.«

Eine Anerkennung zu Lebzeiten erfährt Ressel nicht mehr. Auf einer Dienstreise Anfang Oktober 1857 erkrankt er an Typhus. Krank reitet er nach Laibach und stirbt dort in der Nacht vom 9. auf den 10. Oktober im Gasthaus »Bayerischer Hof«. Auf der Rückseite eines Rezeptes, das der herbeigerufene Arzt ausgestellt hatte, kritzelte Ressel noch eine Ermahnung an seine Söhne, sein Prioritätsrecht auf die Schiffsschraube zu verteidigen.
Josef Ressel wird in Laibach beerdigt, auf dem Grabstein werden später die Worte »Erfinder der Schraubendampfschifffahrt« eingemeißelt. Das Grab existiert heute nicht mehr, der Friedhof musste im 20. Jahrhundert Straßen weichen.

NATIONALER WETTSTREIT UM DEN »ZWEITEN LEONARDO« Wenige Tage nach Josef Ressels Tod übersendet der älteste Sohn Heinrich, der im Dienst der österreichischen Marine steht, Erzherzog Maximilian ein Gesuch um Bewilligung einer Gnadenpension an die Witwe Theresia Ressel, um deren dürftige Pension von zweidhundertvierzig Gulden jährlich aufzubessern. Das Resultat: Heinrich Ressel wird wegen ungebührlichen Übergehens der zuständigen Oberbehörde zu einem Monat Arrest verurteilt. Der Erzherzog jedoch interveniert bei Kaiser Franz Joseph und erreicht, dass, wie die *Wiener Zeitung* am 15. Juli 1858 vermeldet, der Monarch »der Witwe des am 10. Oktober 1857 zu Laibach auf einer Dienstreise verstorbenen k. k. Marine-Forst-Intendanten, Josef Ressel, ersten Erfinders der Schrauben-Dampfschifffahrt und Urhebers vieler anderer wichtigen Erfindungen im Gebiete der Technik, dessen ganzen jährlichen Gehalt von 800 fl. [Gulden] in Anerkennung der außergewöhnlichen Verdienste des Verstorbenen als Pension allergnädigst zu verleihen geruht.«
Nach und nach erinnert man sich des verkannten Pioniers. 1863 wird vor dem Polytechnikum (der heutigen Technischen Universität) in Wien eine Statue Josef Ressels aufgestellt. Das Denkmal sollte in Triest seinen Platz finden, doch widersetzte sich die dortige Bürgerschaft einem Monument für den lange Jahre ihrer Stadt dienenden Beamten und Erfinder. Die Stadt Chrudim ehrte Ressel bereits 1861 mit einer Gedenktafel am Geburtshaus. Und 1893 enthüllte man eine Büste im Park der Forstakade-

mie in Mariabrunn. 1924 schließlich errichtete man in Chrudim vor dem Heimatmuseum eine überlebensgroße Bronzestatue. Und auch in Sloweniens Hauptstadt Ljubljana (Laibach) erinnert eine Stele an den Erfinder. Das »Museo del Mare« im heute italienischen Triest stellt in einem eigenen Raum Leben und Leistung Ressels vor. Und der tschechische Schriftsteller Zdeněk Pluhař beschrieb in seinem Roman *Die Bronzespirale* aus dem Jahr 1957 das abenteuerliche Leben Ressels und gab dem Buch den pathetischen Untertitel *Eine Schicksalssymphonie.* Eine italienische Publikation aus dem Jahre 2007 feiert Ressel pathetisch gar als »Leonardo di casa nostra«.

Heute wetteifert man in Tschechien, Slowenien, Österreich und Italien um einen Mann, der zu Lebzeiten verkannt war und geschnitten und übervorteilt wurde, und der doch in seiner bescheidenen Lebenshaltung, seinen universalen Anschauungen, seinen polyglotten Sprachkenntnissen ein Mann von Welt war. Die Entwicklung des Schraubenpropellers zum Antrieb von Schiffen (und später auch von Flugzeugen) lag im Zug der Zeit, doch Ressel war nachweislich der Erste, der dieses wegweisende und weltbedeutende Patent erfolgreich präsentiert und weiterentwickelt hat.

WILHELM BAUER

1822–1875

DAS U-BOOT · DER BRANDTAUCHER

Der Schwabe Bauer zieht in den Krieg.
Ein »Eiserner Seehund«.
Bauer zerstört sein Modell. Überlebenskampf in der Tiefe.
Intrigen, Spionage, Drohungen, Flucht.
Bauer am Zarenhof und die Wunderwaffe des Krimkriegs.
Der Märchenkönig und ein gesunkener Bodenseedampfer.
Bauer setzt nochmals auf den Krieg.

Als 1981 Wolfgang Petersens Film *Das Boot* in die Kinos kam, wurde die Geschichte einer deutschen U-Boot-Besatzung im Zweiten Weltkrieg ein Kassenschlager. Das Schicksal der Figuren rührte die Betrachter. Doch die wenigsten kennen die dramatischen Anfänge des U-Boot-Baus.
Ein 1822 in Dillingen an der Donau – fern den Meeren – geborener bayerischer Schwabe gilt als Erfinder des ersten seetüchtigen U-Bootes: Die Rede ist von Wilhelm Bauer, einem genialen, doch zu Lebzeiten verkannten Konstrukteur, der sein Glück – da das Binnenland Bayern verständlicherweise wenig Interesse an seinen Unterwasserplänen zeigte – in den Küstenstädten der seefahrenden Nationen suchen musste.
Aufgewachsen in Dillingen und München, macht der junge Wilhelm Bauer eine Lehre als Drechsler. Wanderjahre führen ihn bis an die Nord- und Ostsee, wo ihn Schiffswerften und Dampfmaschinen beeindrucken. Seinen Militärdienst leistet er in der bayerischen Kavallerie in Augsburg, Ingolstadt und München ab. Als Unteroffizier eines bayerischen Hilfskorps kommt er im Deutsch-Dänischen Krieg im Jahr 1849 in das Schleswiger Kampfgebiet. Während des Gefechts um Düppel am 13. April hat er die Idee zu einem unter Wasser tauchenden Kampfboot. In seinen Erinnerungen schreibt er:
»Ich erfasste daher zunächst den Fisch und später den Seehund als Modell, studierte ihre Ausrüstung und Konstruktion; diese beiden waren mir durch technische Mittel in Eisen nachahmbar erschienen. Nachdem die Zeichnungen hierzu gefertigt waren und wir inzwischen von Jütland weg wieder in unsere Heimat zogen, fand ich in Ingolstadt und München, welche meine damaligen Garnisonsorte waren, Gelegenheit, diese Submarineapparate mit den einfachsten Hilfsmitteln, z. B. Eischale belastet mit Siegellack und Schrot und dergl[eichen]., meinen praktischen Versuchen zu unterwerfen. Als ich sah, dass es wirklich möglich ist, einen Körper so auszurüsten, dass er unterm Wasser verharre, sinke und steige, so war in mir der Entschluss fest, einen solchen Körper im großen auszuführen, und denselben praktisch persönlich zu befahren.«
Da man in Bayern mit seinen Ideen nichts anzufangen weiß, quittiert der siebenundzwanzigjährige Unteroffizier im Januar 1850 den Dienst und begibt sich nach Holstein, wo er sich in der Artillerie verpflichtet.

EIN STÜCK BLECH Es waren von Anbeginn militärische Ziele, die der Offizier Wilhelm Bauer mit seinem »Brandtaucher« oder »Eisernen Seehund« verfolgte, nicht, wie spätere Autoren zu beschönigen suchten, wissenschaftliche Zwecke. Das verrät schon der Name des U-Bootes: Unterseeisch sollten mit dessen Hilfe Brand- oder Explosivkörper an feindlichen Schiffen befestigt werden, um diese zu versenken.

Beim Generalkommando Holsteins reicht Bauer im Jahre 1850 das Gesuch ein, seine Pläne für Submarineapparate vorstellen zu dürfen. Er hat die Sachlage richtig kalkuliert, liegt doch Preußen als Vormacht in Norddeutschland daran, den Krieg gegen Dänemark mit allen Mitteln siegreich zu beenden.

Die Kommission steht den Plänen wohlwollend gegenüber und stellt Wilhelm Bauer Geld zum Bau eines Modells zur Verfügung. Wenig später lässt er das etwa siebzig Zentimeter lange Modell mit einem Uhrwerk als Motor im Kieler Hafenbecken vor der Marinekommission tauchen. Der Versuch glückt, das Boot fährt, taucht und steigt dadurch, dass Wasser in das Innere eingelassen und wieder herausgepumpt wird. Die Kommission zeigt sich beeindruckt.

Doch scheitert die Ausführung des Projektes zunächst an der Kostenfrage. Trotz des günstigen Urteils sieht sich die Kommission nicht zur Bereitstellung entsprechender Geldmittel in der Lage. Schlimmer noch: Der Kommandant der Marine erteilt dem Unteroffizier Bauer den Befehl, sein Modell der vorgesetzten Behörde zu übergeben. Das U-Boot sei Eigentum des Staates. Bauer, der sich nicht auf so plumpe Weise um sein Patent bringen lassen will, weigert sich: Man müsse schließlich den Erfinder vom Offizier trennen. Als Offizier werde er jeden Befehl befolgen, als Erfinder jedoch verteidige er sein geistiges Eigentum. Als der Kommandant mit Arrest droht, eilt Bauer erregt nach Hause, packt sein U-Boot-Modell und schlägt es mit dem stumpfen Ende eines Beils platt. Der Bürodiener des Kommandanten kommt, um das Modell zu konfiszieren. Bauer reicht ihm das Stück Blech mit den Worten, er stehe zur Verfügung und übergebe als Unteroffizier das Material, das er für die bereitgestellten dreißig preußischen Taler gekauft habe, sein geistiges Eigentum jedoch wahre er. Fassungslos meint der Kommandant später gegenüber Bauer: »Sie wissen

Vorführmodell eines Tauchbootes (»Hyponautischer Apparat«) von Wilhelm Bauer, 1852/53, das sich heute im Deutschen Museum in München befindet.

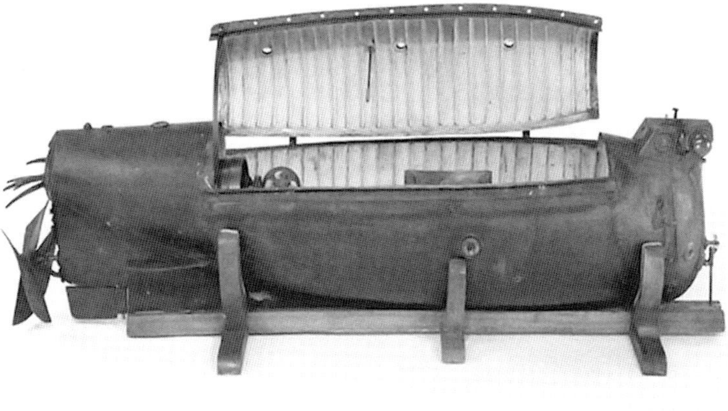

nicht, was Sie hier vernichtet haben, es ist das interessanteste Modell irgendwelcher nautischer Instrumente, die wir in der Submarine haben; Sie sind ein Narr, sonst hätten Sie es nicht vernichtet.«

EIN EISERNER SARG Wohlwollende Zeitgenossen rufen zu einer Spendenaktion auf. Bald ist der erforderliche Betrag zum Bau eines eisernen »Brandtauchers« beisammen. In der Eisengießerei von Karl Holler in Rendsburg beginnt Bauer mit der Montage. Doch dänenfreundliche Arbeiter sabotieren den Fortgang. Bauer lässt die bereits fertigen Teile nach Kiel karren und führt in der Maschinenfabrik Schweffel und Howaldt den Bau fort. Am 18. Dezember 1850 ist es so weit: Der gut acht Meter lange, zwei Meter breite und knapp vier Meter hohe Brandtaucher wird im Kieler Hafen zu Wasser gelassen, und Bauer unternimmt eine noch nicht öffentliche Probefahrt zu dem in der Nähe vor Anker liegenden Dampfer »Bonin«.

Sechs Wochen später, am 1. Februar 1851, will Bauer die erste Probefahrt vor militärischem Publikum wagen. Doch das Experiment steht unter keinem guten Stern. Die Kommission hat in Bauers Konstruktionspläne gepfuscht und Sparmaßnahmen aufgezwungen: Das Schiff erhielt eine dünnere Außenhaut von nur sechs Millimetern, das dadurch verringerte

Innenansicht des Modells. Es erinnert an einen Sarg, und ein solcher wäre das U-Boot bei der Demonstration im Kieler Hafen beinahe geworden.

Gewicht suchte man im Innern durch ein fünfhundert Kilogramm schweres verschiebbares Eisen wettzumachen; der Abstand der tragenden Spanten wurde vergrößert; die Fluttanks an Bug und Heck wurden gestrichen, stattdessen sollte das zum Tauchgang nötige Wasser gleichmäßig in einen Tank am Boden des Schiffes laufen; und schließlich wurde ein von Bauer geforderter Neigungsmesser mit der Begründung verweigert, man merke auch so, ob das Boot sich neige.

Die Probefahrt beginnt. An Bord befinden sich Wilhelm Bauer und die Matrosen Thomsen und Witt. Bauer lässt Wasser in den Bodentank einlaufen, der Brandtaucher sinkt, neigt sich aber durch die Bewegung des Wassers aus der horizontalen Lage langsam in die vertikale. Ein Ausgleich ist nicht möglich, da anstatt der ursprünglich geplanten zwei Wasserkammern nur eine eingebaut worden ist. Das verschiebbare Eisengewicht, das man zur Sicherheit und Stabilisierung der Lage eingesetzt hat, kommt ins Rutschen, kracht an die Wand und zerquetscht um ein Haar die drei Männer. Durch den Tiefendruck werden die schwachen Außenwände nach innen gedrückt, die Nähte drohen zu platzen. Die Treträder, mit denen das Boot fortbewegt werden soll, werden in Stücke gesprengt, das Boot sinkt bis auf den Boden des Hafenbeckens. Dort liegt der Brandtaucher, der für eine maximale Tiefe von dreißig Fuß konstruiert ist, auf zweiundfünfzig Fuß (etwa sechzehn Meter), lenk- und manövrierunfähig. Immer mehr Wasser flutet in das Innere des Bootes, ohne dass man die Pumpe noch betätigen könnte. Bauer und die Matrosen stehen bald bis zu den Hüften im eiskalten Wasser. In dieser Situation verliert der Seemann Thomsen die Nerven, er zückt ein Messer, ruft seinem Kameraden Witt zu: »Friedrich, ich sterbe nicht allein, es muss auch der fallen, der uns da heruntergeführt hat«, und geht auf Wilhelm Bauer los. Der erinnert sich: »Ich befand mich zur Zeit auf einem der zerbrochenen Treträder, war in meinen Militärmantel eingehüllt und beobachtete durch das Fenster die Oberfläche des Wassers, wo ich entfernte Dampfschiffe, Boote und einige andere Objekte sah. Als ich die Worte des Thomsen hörte und wohl begriff, dass ihn die geistige Abspannung selbst bis zur Meuterei treiben könnte, so ergriff ich mein kleines Terzerol [eine italienische Pistole], welches allerdings schon bereits seit einer Stunde unter Wasser hing, – ich schlug sofort auf Thomsen an mit dem Zuruf: ›Thomsen, noch ein Wort und Sie sind der erste, der unter dem Wasser erschossen ist.‹ Thomsen kannte mich, und nicht bedenkend, dass mein Terzerol nicht allein nicht geladen, sondern faktisch von Wasser triefte, ergab sich dem Geschick und zeigte hierauf die äußerste Abspannung.«

Die Männer wollen durch die Ausstiegsluke klettern, doch durch den Tiefendruck des Wassers lässt sie sich nicht aufstemmen. Bauer sieht die einzige Chance, dem eisernen Sarg zu entkommen, darin, zu warten, bis weiter eindringendes Wasser die Luft im Boot so sehr komprimiert hat, dass der Luftdruck von unten größer wird als der Wasserdruck von oben. Er fordert die Matrosen auf, nach oben ins Trockene zu klettern und sich auszuruhen. Die Stunden verstreichen, der Sauerstoffgehalt im Brandtaucher nimmt immer mehr ab. Schlimmer noch erscheinen die Rettungsversuche, die man von der Wasseroberfläche unternimmt. Die herabgelassenen Anker, Haken und Taue drohen die Fenster einzuschlagen und die Ausstiegsluke zu blockieren. Bauer erinnert sich:

»Hingegen, da es nicht denkbar war, dass der Apparat so schnell nach oben gebracht werden könne, dass noch genießbare Luft uns erhalte, so verursachte das bald darauf erfolgende Herunterlassen und Umstricken mit Tauen und Ketten bei mir nur Sorge, wir möchten von den oben Beschäftigten unbewusst eingeschlossen werden. Dieses um 11 Uhr. Um

½ 2 Uhr kam ein kleiner Anker herunter, hing sich an die untere Fensterrahme und drohte, das Fenster einzudrücken, wodurch die Luft entweichen und Wasser eindringen könnte. Als dieser Anker zum drittenmal abgeglitten war und nicht mehr kam, waren wir froh, doch bald drauf kam eine starke Kette, legte sich um den Hals des Apparats und verhinderte, bei der bereits stark comprimirten Luft, das Öffnen der Klappe. Dieses war mir sehr unangenehm. Doch glücklicherweise glitt der Haken von der Kette ab, und die Klappe war frei.«

Nachdem das eindringende Wasser die Restluft weiter komprimiert hat, versuchen die Männer nochmals, die Klappe aufzudrücken. Es gelingt ihnen unter äußerster Anstrengung. Zuerst taucht Witt in der aufsteigenden Luftblase nach oben, nach ihm Bauer, der den bereits schwachen Thomsen an den Haaren packend mit sich reißen will. Doch sind seine Finger durch die Kälte so steif, dass ihm der Kamerad entgleitet. Aber auch Thomsen gelingt es wie durch ein Wunder, nach oben an die Wasseroberfläche zu tauchen. Nach über sechs Stunden des Ausharrens am Grunde des Hafenbeckens sind die Männer gerettet. Doch die Auftauchenden erwartet ein groteskes Szenarium, hat man sie, wie Bauer sich erinnert, doch bereits aufgegeben:

»Während diesem Akt der Selbstrettung hielt Herr Professor Christiansen ein Leichenceremonie im Kreise der Boote über dem Apparat, und in dem Augenblick, als wir rasch nacheinander hinaufkamen, sahen wir, dass die Zuhörer von der Rede des Herrn Prof. wie auch von dem ganzen Vorgange mehr ergriffen waren als wie wir, die wir aus dem Eisensarge erstanden waren. Selbstverständlich erschallte bei unserem Aufschwingen und glücklichen Rettung ein fast endloses Hurrah und Beglückwünschen.«

In den sechseinhalb Stunden des Eingeschlossenseins ist die Weltgeschichte nicht stehen geblieben: Ironischerweise haben in dieser Zeit die Kommissäre Preußens und Österreichs sich auf eine Abtretung Schleswig-Holsteins an Dänemark geeinigt und damit dem Krieg, dem Bauer mit seinem Brandtaucher eine entscheidende Wende geben wollte, vorerst ein Ende bereitet.

Das Wrack des U-Bootes blieb indes im Schlick auf dem Grund des Kieler Hafens liegen und wurde erst 1887 geborgen. Der Brandtaucher wurde restauriert und befindet sich heute im Militärhistorischen Museum in Dresden.

AUDIENZEN IN MÜNCHEN UND TRIEST Wilhelm Bauer zieht sich nach München zurück. In einer Privataudienz darf er sogar König Maximilian II. von Bayern und dessen Vater Ludwig in einem Bassin sein U-Boot-Modell vorführen. Die Majestäten sind beeindruckt. Maximilian lässt Bauer eine Unterstützung von zweihundert Gulden ausbezahlen. Mehr ist im Binnenland Bayern für den U-Boot-Erfinder zunächst nicht zu erwarten.

Im Februar 1852 folgt Wilhelm Bauer einer Einladung des österreichischen Ministers Buck nach Triest. Österreich-Ungarn ist zu jener Zeit nicht nur eine der größten Landmächte Europas, sondern verfügt auch über die achtgrößte Flotte der Welt. Es verwundert nicht, dass man im österreichischen Marineministerium immer an technischen Neuerungen interessiert ist, denn die Nachricht von Bauers Tauchmanöver im Kieler Hafen hat sich rasch in ganz Europa verbreitet. Doch Bauer gerät in die Kabalen und Intrigen bei Hofe. Zwar hat Kaiser Franz Joseph persönlich der Vorführung eines U-Boot-Modells in Triest beigewohnt und geäußert, sofern eine Kommission, die einzuberufen sei, dieselbe Ansicht wie er äußere, wünsche er eine sofortige Ausführung des Baus. Doch verhallt der kaiserliche Wunsch in den persönlichen Fehden zwischen Handels- und Finanzminister. Bauer schreibt Eingaben an den Kaiser, die den Monarchen wahrscheinlich nie erreicht haben. Das bürokratische Geflecht ist undurchdringlich. Der Sekretär des kaiserlichen Adjutanten erklärt dem lästigen Erfinder: »Seine Excellenz stehen der Sache zu entfernt, als dass Sie Seiner Majestät dem Kaiser einen speciellen Vortrag darüber erstatten könnten, sie bedauere die eigenthümliche Wendung der Sachlage.«

Bauer ist ratlos. Seine einzige Hoffnung ist das Königreich Preußen, der andere deutsche Staat, der über eine Seeflotte verfügt. Doch erhält er, als er nach Hamburg reist, vom dortigen preußischen Konsulat die entmutigende Antwort, der Marine-Etat sei nicht mit Summen bedacht, um den Apparat zur Ausführung zu bringen. Bauer aber hat Glück im Unglück:

Hamburger Kaufleute, denen er sein Modell in der Alster vorführt, spendieren ihm eine Überfahrt nach England.

PRINZ ALBERT SCHALTET SICH EIN Bauer reist zur Insel Wight vor der Südküste Englands, wo sich auf Schloss Osborne der Königshof aufhält. Durch Protektion gelingt es ihm, Königin Victoria und ihrem deutschen Prinzgemahl Albert sein Modell vorzuführen. Zunächst läuft alles wie geplant. Als jedoch Prinz Albert wünscht, das Modell solle quer unter dem Schiff der Königin hindurchtauchen, reißt die Verbindungsschnur, das U-Boot-Modell sackt ab. Die Vorführung vor dem königlichen Paar scheint gescheitert. Doch wider Erwarten lässt der Prinz dem Erfinder die Nachricht zukommen: »Der heutige Unfall hat in keiner Weise die guten Eindrücke Ihrer Vorstellung des Modelles benachtheiliget, kommen Sie morgen um 10 Uhr ins Osbornhaus.«

Tags darauf überreicht die königliche Hoheit dem Erfinder fünfzig Pfund Sterling für den Bau eines zweiten Modells und weitere fünfzig Pfund für Experimente mit einer Gasmaschine, die dem Konstrukteur als motorisierter Antrieb vorschwebt. Bauer eilt zurück nach München, um an dem Gasmotor zu arbeiten. Doch bei einer Explosion wird die Maschine zerstört. Bauer wird an den Augen verletzt. Monatelang fürchtet er zu erblinden, doch kann sein Augenlicht durch Heilwasserkuren gerettet werden.

Im Frühjahr 1853 reist Wilhelm Bauer ein zweites Mal nach England. Wieder empfiehlt ihn Prinz Albert, diesmal an den ersten Lord der Admiralität. Monate vergehen, ohne dass Bauer eine bindende Zusage zur Unterstützung erhält. Offensichtlich ist man in Kreisen der Admiralität verärgert über die Einmischung des deutschen Prinzen in Angelegenheiten der britischen Marine. Selbst der angesehene Physiker Michael Faraday schaltet sich ein und versucht zu beweisen, dass Fahrten unter Wasser physikalisch gesehen unmöglich seien.

Entnervt geht Bauer im Jahre 1854 auf das Angebot eines französischen Grafen ein, im Pariser Marineministerium sein Modell vorzuführen. Dort zeigt man sich angetan, doch versucht die Kommission, Bauer technische Details zu entlocken. Der wehrt ab, er werde nichts preisgeben, solange er nicht beim Ministerium unter Vertrag stehe. Die gewieften Unterhändler

Die Barrieren vor der russischen Festung Kronstadt galten als uneinnehmbar. Bis Bauer den Russen mit seinem »Seeteufel« das Gegenteil bewies.

verschleppen die Unterredung unter dem Vorwand von Übersetzungsschwierigkeiten bis in den Abend, so dass ein zweites Gespräch am kommenden Tag vonnöten wird. Der Präsident der Kommission überredet Bauer, sein Modell über Nacht im Ministerium zu lassen und bürgt persönlich dafür. Als Bauer am nächsten Morgen zurückkehrt, muss er feststellen, dass man nachts am Modell manipuliert und es geöffnet hat, um den Antrieb zu erkunden. Empört bricht er die Verhandlungen ab und setzt sich in den Zug Richtung München. Nach zwei Stunden bemerkt er, dass er bei der überstürzten Abreise wichtige Konstruktionspläne im Hotel vergessen hat. Umgehend fährt er zurück und findet bei seiner Rückkunft im Hotel einen Brief mit königlichem Wappen vor: Prinz Albert bittet ihn, er möge nach England zurückkehren.
Ein Wink des Schicksals, so scheint es. Wilhelm Bauer reist ein drittes Mal nach England. Auf Anraten des Prinzen schließt er sich mit dem Privatunternehmer John Scott Russel zusammen, der in seiner Schiffswerft ebenfalls an submarinen Apparaten tüftelt. Bauer zeichnet mit ihm einen

Kontrakt: Innerhalb von drei Monaten soll er einen Brandtaucher bauen und dafür zu einem Drittel an den Gewinnen beteiligt werden. Doch die Arbeiten werden auf unerklärliche Weise verzögert. Materiallieferungen bleiben aus.

Erst der Ausbruch des Krimkrieges scheint eine Wendung herbeizuführen. Admiral Charles Napier, der 1854 Order erhält, mit der Kriegsflotte St. Petersburg anzugreifen, erklärt, die im Finnischen Meerbusen liegende Festung Kronstadt sei zu stark besetzt, mit gewöhnlichen Schiffen sei dagegen nicht anzukommen. Erst jetzt erkennt die Admiralität den Wert von Bauers Erfindung und verspricht zehntausend Pfund Sterling zum Bau des Brandtauchers, um damit die russischen Sperrlinien zu durchbrechen. Als Bauer jedoch erfährt, dass in der Weisung an Russel sein Name kein einziges Mal erwähnt wurde, lässt er beleidigt ausrichten, er lasse sich seine Erfindung nicht stehlen, und droht, nach Russland zu gehen und einen »Contreapparat« zu bauen. In seiner Erregung verfasst er sogar einen Artikel über das Vorgefallene und schickt ihn an die Redaktion der *Times*. Der Redakteur verweigert jedoch die Veröffentlichung mit dem Hinweis auf das Militärgeheimnis. Unterdessen erklärt der Werftbesitzer Russel, er sei in der Lage, allein ein submarines Fahrzeug zu bauen. Und zu allem Unglück unterrichtet ein Anwalt Wilhelm Bauer, der Vertrag mit Russel sei juristisch unzureichend, wichtige Klauseln fehlten, die den Werftbesitzer vertraglich binden könnten. In seiner Verzweiflung wendet sich Bauer nochmals an die Admiralität. Dort sieht man sich aber nicht an seine Konstruktionspläne gebunden und untersagt ihm sogar den Bau eines submarinen Apparats für industrielle oder wissenschaftliche Zwecke mit dem Hinweis auf die Kriegssituation und die Gefahr, das Boot könnte in die Hände von Spionen fallen. Wilhelm Bauer entgegnet in seiner hitzigen Art: »Es ist gut, ich gehe jetzt nach Russland und baue einen Contreapparat, und dann wollen wir sehen, wer es besser versteht.«

Admiral James Graham springt auf und schreit, wenn Bauer nach Russland gehe und dort ein U-Boot baue, und wenn ihn das Kampfschiff »Wellington« erwische, sehe er das Tageslicht nicht mehr; der höchste Punkt am Mast sei der niederste seines Lebens! Bauer kontert erregt,

wenn er mit seinem Brandtaucher die »Wellington« erwische, versenke er sie so tief, wie ihn der Admiral aufhängen wolle! Erzürnt verlässt der Erfinder die Admiralität. Der Eklat verschärft sich: Die Königin erklärt, sie sehe sich außerstande, für Bauer noch etwas zu unternehmen. Kurz darauf erfährt der Erfinder durch einen befreundeten Zollbeamten, es sei beabsichtigt, seine Pläne und Zeichnungen zu beschlagnahmen. Bauer reagiert schnell: Er rafft seine Unterlagen zusammen, verlässt nachts um zwei Uhr Greenwich in einem Fischerboot und lässt sich heimlich über den Ärmelkanal bringen.
Russel baut in der Folgezeit tatsächlich ein U-Boot und nutzt dabei die Kenntnisse, die er von Bauer erhalten hat. Doch bei der ersten Fahrt sinkt das Boot und reißt die gesamte Besatzung in den Tod. Bauer enthielt Russel einige entscheidende Pläne – etwa für eine Taucherkammer – vor, was den Engländern zum Verhängnis wurde.

AM ZARENHOF Bauer flüchtet über Hamburg nach Berlin. Auf den Bahnhöfen versuchen englische Agenten ihn abzufangen. Er ignoriert deren Versprechungen und Drohungen und nimmt in Berlin Kontakt mit dem russischen Gesandten auf. Der lässt ihn heimlich mit dem Zug nach Warschau in Russisch-Polen schaffen, von dort in fünftägiger ununterbrochener Fahrt mit einer Troika nach St. Petersburg. In einem großzügigen Vertrag – unterdessen blockiert die englische Flotte die Ostsee und bedroht St. Petersburg – verpflichtet sich die russische Regierung zur Bereitstellung von Geld, Material und Arbeitern.
In den folgenden Monaten hat der »kaiserliche Submarine-Ingenieur« Bauer mit dem Schlendrian und der Korruption auf der russischen Werft zu kämpfen, doch genießt er die Protektion des Großfürsten Konstantin, eines Mitglieds der Zarenfamilie. In jener Zeit lernt er die in St. Petersburg lebende Schweizer Familie Hösli kennen. 1856 heiratet er deren einundzwanzigjährige Tochter Sophie Anna.
Als der neue Brandtaucher – er trägt den Namen »Seeteufel« und besitzt entscheidende technische Verbesserungen gegenüber dem Prototyp von 1851 – fertiggestellt ist, besteht Bauer als Kapitän mit zwölf Mann Besatzung am 26. Mai 1856 die Probe: Er beweist, dass man mit dem U-

Boot feindliche Sperren durchbrechen kann, indem er unter den Barrieren des Kriegshafens Kronstadt hindurchtaucht. In den kommenden Monaten folgen mehr als einhundertdreißig Versuchsfahrten, auf denen Bauer die ersten unterseeischen Fotografien anfertigt. Bei einer U-Boot-Demonstration am 6. September, dem Krönungstag des Zaren Alexander II., nimmt er vier Marinetrompeter mit an Bord. Es ist das erste unterseeische Konzert. Das Trompetengeschmetter ist sogar über Wasser deutlich zu hören. Bauer lässt nach der russischen Nationalhymne ohne böse Absicht den »Kossuth-Marsch« spielen, der an den ungarischen Freiheitskämpfer Lajos Kossuth erinnert. Das stößt der Admiralität auf: Sie sieht darin eine persönliche Beleidigung des Zaren. Das Verhältnis zu Bauer kühlt ab, Sabotage und Intrigen machen dem Erfinder das Leben schwer. Doch unbeirrt führt er seine Tauchfahrten fort. Bei der einhundertvierunddreißigsten Fahrt – er will dabei versuchen, ein abgetakeltes Schiff durch die unterseeische Anbringung von Minen zu sprengen – dringt durch unvorsichtiges Verhalten des russischen Leutnants Fedorowitsch Wasser ein: Der Brandtaucher sinkt auf den Grund. Die Mannschaft kann sich retten. Obwohl Großfürst Konstantin den Befehl zur Hebung gibt, dauert es vier Wochen, bis das schwer beschädigte Boot geborgen wird. In der Fabrik, wo Bauer einen neu entwickelten Motor bauen will, werden die Arbeiten verzögert und sabotiert. Schließlich gibt Bauer auf und bittet den Großfürsten um seine Entlassung aus Rang und Vertrag. Doch Konstantin lehnt ab. In den folgenden Monaten konstruiert Bauer für die russische Flotte noch Telegraphen-Tauchapparate und eine Eisbrechmaschine, die aber nicht zum Einsatz kommen.

Im Frühjahr 1858 erhält Wilhelm Bauer endlich das ersehnte Entlassungsschreiben. Mit seiner Familie reist er nach München. Mit sich führt der Erfinder das Modell des »Seeteufels« und seine Konstruktionspläne. Unterdessen ist der Krimkrieg zu Ende, Russland ist besiegt, der Brandtaucher ist nicht mehr vonnöten. An der Isar erreicht Bauer ein höhnisches Schreiben des russischen Marineministeriums:

»Die Entgegennahme einer alljährlichen Vergütung von 4773 Silberrubeln im Laufe von sechs Jahren ist ihm verweigert worden, da von ihm keine einzige Bedingung des Kontraktes erfüllt worden ist. Zum Beweise

dessen, dass die Regierung es nicht für nötig hält, von seiner Erfindung Gebrauch zu machen, ist das Boot mit allen auf ihm befindlichen Einrichtungen Herrn Bauer als Eigentum übergeben worden, als wertloser Gegenstand [...]«
Schriftliche Eingaben Bauers an Zar Alexander II. mit der Bitte um Wiederherstellung seiner Ehrenhaftigkeit und um Ausbezahlung der Honorare verhallen ungehört. Wahrscheinlich haben die Briefe den Zaren nie erreicht.

DIE HEBUNG DES DAMPFERS »LUDWIG« Schließlich gewährt das Schicksal Bauer doch noch einen Erfolg. Der Ruf kommt aus seiner Heimat Bayern. Am 11. März 1861 ist auf dem Bodensee in einem Sturm der bayerische Postdampfer »Ludwig« mit einem Schweizer Dampfer zusammengestoßen und samt Passagieren und Besatzung gesunken. Die Zeitschrift *Gartenlaube* und König Maximilian II. rufen zu einer Spendensammlung auf. Man beauftragt Wilhelm Bauer mit der Bergung der »Ludwig«. Der will sein neues Schiffshebeverfahren in der Praxis demonstrieren. Eine Welle der Begeisterung geht durch Deutschland, und der Schweizer Kapellmeister Merk steuert der Aktion einen »Ludwig-Hebungs-Marsch« bei. Mithilfe sogenannter unterseeischer »Kamele« – wassergefüllte Fässer, die man an dem Wrack anbringt, dann Luft hineinpumpt, bis das Schiff nach oben getragen wird – gelingt die Hebung bis zum 15. August 1863. Verhandlungen mit einer Bremer Aktiengesellschaft zur Nutzung von Bauers Schiffshebungspatent zerschlagen sich jedoch beim Ausbruch des Deutsch-Dänischen Krieges von 1864. Auch bleiben Gespräche mit dem preußischen Marineministerium über den Einsatz eines verbesserten Brandtauchers und eines von Bauer konstruierten Unterwassergeschützes im Krieg gegen Dänemark erfolglos, teils wegen der Halsstarrigkeit Bauers, teils wegen der Arroganz der Beamten. Ein Referent des Ministeriums, behauptet Bauer, habe ihm ins Gesicht geschleudert: »Sie werden zugeben, dass wir in Preußen Genies und Intelligenz zur Genüge besitzen, um zu machen, was wir brauchen, wir sind nicht darauf angewiesen, zu warten, bis Sie von den Bergen herunterkommen und uns nautische Apparate bringen.«

KRIEG UND FRIEDEN 1869 bricht bei Wilhelm Bauer ein Rückenmarksleiden aus, das ihn an Rollstuhl und Bett fesselt. Trotz weiterer Arbeit an Konstruktionsplänen mithilfe eines Schreibers und trotz Anbiederung bei unterschiedlichen Ministerien verarmt er und ist auf Almosen von Freunden und eine kleine Gnadenpension König Ludwigs II. angewiesen. Als 1870 der Deutsch-Französische Krieg ausbricht, zeichnet Bauer fieberhaft an Plänen für ein Luftfahrzeug – den »deutschen Adler« –, der es ermöglichen soll, Paris aus der Luft zu bombardieren. Als er der bayerischen Armee seine Pläne vorstellen will, erhält er zur Antwort, er solle sich an König Ludwig II. persönlich wenden. Bauer unterlässt das. Über den bereits damals geheimnisumwitterten Monarchen schreibt er: »Unser friedlicher König Ludwig II. liebt aber keine Kriegsmaschinen und so kann ich bezüglichen Antrag nicht wagen, da er schon so viel für mich tut.«
Wilhelm Bauer stirbt am 20. Juni 1875 in München, nachdem er allen seinen vier Kindern noch ins Grab hat schauen müssen. Er liegt auf dem alten Münchner Nordfriedhof in einem Ehrengrab.
In seinen handschriftlichen Erinnerungen charakterisierte Wilhelm Bauer seine Lebenserfahrungen nicht ohne Bitterkeit:
»In Bayern war ich als Submarine Ingenieur auf der Liste der unverwendbaren, in Österreich auf der Liste der Unüberredbaren, in England auf der Liste der Nurausbeutungswürdigen, in Frankreich der Beraubtwerdensollenden, in Russland auf der Liste der Mohren [die sprichwörtlich ihre Schuldigkeit getan haben], in Preußen auf der Liste der Unbändigen, in Gesamtdeutschland auf der Liste der Sternschnuppen [wenn man sie sieht, darf man sich etwas wünschen], und in mir selbst lese ich eine Liste voll meiner eigenen Schwächen. Wie und wo kann ich es noch wagen wollen, mittels eigener Produkte und Lösungen mir Namen und Stellung zu erwerben – und doch kann ich nicht anders, muss wie die Pflanze neue Blüten treiben unbekümmert um den Genuss der Früchte.«
Eine Gedenktafel am Sterbehaus in der Theresienstraße 69 erinnert heute an Wilhelm Bauer. Die Geburtsstadt Dillingen an der Donau hat im Stadtmuseum eine Dauerausstellung zu Ehren ihres großen Sohnes eingerichtet. Das dortige Stadtarchiv bewahrt den größten Teil des handschriftlichen Nachlasses auf.

Im 20. Jahrhundert befassten sich mehrere Romane (etwa *Der Eiserne Seehund*, 1940, von Hans Arthur Thies) und Spielfilme (etwa *Geheimakte W.B.1*, 1942) mit dem Leben Wilhelm Bauers, die nicht frei von nationalistischen Tendenzen waren. Wenngleich es Unrecht wäre, in ihm nur einen Vollstrecker im Dienste militärischer Gewalt zu sehen, darf man auch nicht leugnen, dass er sich des kriegerischen Potenzials seiner Erfindungen bewusst war und das zur Realisierung seiner Konstruktionspläne billigend in Kauf nahm. Er war ein Sohn seiner Zeit, einer positivistischen, technik- und fortschrittsgläubigen Epoche, wenn er selber in einem Motto schrieb: »Die Natur schleudert den Vogel in die Lüfte,/den Fisch in die Tiefen des Meeres./Doch des Menschen göttlicher Geist/erforscht und benützt deren Kräfte.«

Die moralisch-ethische Kraft, die vier Jahrhunderte zuvor Leonardo da Vinci bewiesen hatte, besaß Wilhelm Bauer nicht. Leonardo hatte im Dienst der Republik Venedig Konstruktionspläne für Taucherkugeln und -anzüge gezeichnet, mit denen man die feindliche türkische Flotte unter Wasser hätte angreifen können. Doch vernichtete er seine Zeichnungen – nur wenige Skizzen sind erhalten – und begründete das vor der Nachwelt:

»Wie und warum ich meine Weise, unter Wasser zu bleiben, nicht beschreibe […] Ich veröffentliche und verbreite sie wegen der bösen Natur der Menschen nicht, denn jene würden die Möglichkeit zum Mord auf dem Meeresgrund benutzen, um die Schiffe von unten zu zerstören und sie mit den darin befindlichen Menschen zu versenken.«

SIEGFRIED MARCUS

1831–1898

DAS AUTOMOBIL UND DIE »LEGENDE MARCUS«

Der Jude Marcus zieht von Mecklenburg über Berlin nach Wien. Er montiert einen Verbrennungsmotor auf einem Karren. Wie definiert man ein Automobil? Benz oder Marcus? Das fatale Wirken der Marcus-Anhänger.

Im Jahre 1950 wurde im Technischen Museum in Wien ein Automobil-»Oldtimer« der frühesten Zeit gereinigt. Dann zündete man den Motor, einen Benzin-Viertakter. Die Zuschauer staunten nicht schlecht: Der Motor lief, das Automobil fuhr. Der Beweis schien erbracht, dass das frühest erhaltene Automobil funktionstüchtig war. Immerhin wurde auf einer alten Plakette das Gefährt recht vollmundig vorgestellt: »Benzin Automobil Siegfried Marcus construirt 1877 in Wien (10 Jahre vor den ersten Französischen & Deutschen Benzin Automobilen)«.
Der Nachweis der Fahrtüchtigkeit war erbracht. Die Richtigkeit der Angaben auf der Plakette von 1898 wurde stillschweigend vorausgesetzt. Zudem wurden immer wieder diverse Zeitgenossen und Augenzeugen zitiert, die in ihren Erinnerungen angaben, mit dem Konstrukteur Siegfried Marcus höchstpersönlich in dessen Automobil durch Wiens Straßen gefahren zu sein. Wenngleich die Erinnerungen dieser Herren stark auseinandergingen, was den Zeitpunkt anbelangt – mal war von den 1880er Jahren, mal von den 1870ern oder gar den 1860ern die Rede –, zweifelte doch kaum einer an der Richtigkeit dieser Behauptungen. Es entstand die »Legende Marcus«, verfochten vor allem von zwei Autoren: Ludwig Czischek-Christen (um 1900 Professor an der Staatsgewerbeschule) und in jüngerer Zeit Alfred Buberl. Noch 1994 suchte Buberl alle Einwände und Beweise gegen Siegfried Marcus in seiner Biographie des Erfinders zu zerstreuen. Im Jahre 2000 schließlich erschien die umfassende und erschöpfende Forschungsarbeit *Siegfried Marcus* von Horst Hardenberg. Die nicht immer von Polemik freie Publikation des kurz vor Erscheinen verstorbenen Technikhistorikers geht stichhaltig den Argumenten für und wider nach und zitiert auch aus bislang ungedruckten Quellen. Fazit der Forschungsarbeit Hardenbergs: Siegfried Marcus war *nicht* der Konstrukteur des ersten serienreifen Automobils mit Viertaktmotor. Der heute im Technischen Museum in Wien gezeigte sogenannte »zweite Wagen« von Siegfried Marcus kann frühestens aus dem Jahr 1888 stammen.

EIN HOCHSTAPLER? War Siegfried Marcus also ein Fälscher oder Hochstapler? Mitnichten. Vielmehr war er ein genialer Erfinder und Tüftler, der mit seinen Ideen seiner Zeit zum Teil weit voraus war. Aber

er war kein gewiefter Geschäftsmann. Zwar meldete er eine Reihe von Patenten und Privilegien in Ländern Europas und Amerikas an, verfolgte deren ökonomische Ausbeute jedoch nur zum Teil. Zu seiner Verteidigung muss gesagt werden, dass er nicht selbst an seiner Legende »strickte«, sondern andere. Das geschah zum einen, weil sie – einmal den Stein ins Rollen gebracht – die publizistische Lawine nicht mehr aufhalten konnten, ohne sich selbst zu desavouieren. Zum anderen passte die »Legende Marcus« gut in das politische Vakuum Österreichs nach 1918: Eine Großmacht war zusammengebrochen, ein Kaiserreich zur Alpenrepublik geschrumpft, aus einer Wirtschaftsmacht war ein Land geworden, das mit Inflation und Arbeitslosigkeit zu kämpfen hatte. Vor diesem Hintergrund diente der Mythos des »verkannten Pioniers« Marcus zur Kompensation.
Ist Siegfried Marcus also *kein* verkannter Pionier? Kam er mit seiner Konstruktion zu spät? Gebührt ihm nicht die Ehre, auf seinem Gebiet der Erste gewesen zu sein?
Die Frage ist weder mit Ja noch mit Nein zu beantworten. Wenngleich Marcus' Anhänger bestimmte Fakten schlicht nicht wahrnehmen wollten und Behauptungen ungeprüft stehen ließen, kann man den Ideen und Konstruktionen des Erfinders einen Pioniercharakter nicht absprechen.
Die Lebensgeschichte von Siegfried Marcus ist – nach dem wenigen, was man darüber weiß – nach außen eher unspektakulär verlaufen. Das Leben eines fleißigen, teils genialen Tüftlers, der jedoch – anders als Edison oder Daimler – kein großer Geschäftsmann war. Doch die Geschichte der Marcus-Rezeption geriet zum Kriminalfall der Technikgeschichte, dessen Aufdeckung wiederum die Bedeutung des Erfinders zu verdunkeln drohte. Die Wahrheit liegt in der Mitte. Und Siegfried Marcus eine Bedeutung als Pionier der Automobilgeschichte abzusprechen, hieße, ihm Unrecht zu tun, wie es auch Unrecht war, ihn ideologisch zu vereinnahmen.
Siegfried Marcus' Lebensschicksal ist nicht nur hinsichtlich der mangelhaften Vermarktung seiner Erfindungen tragisch. In seiner Biographie spiegelt sich auch das Schicksal von Juden wider, die im 19. Jahrhundert sich zu assimilieren versuchten, denen aber rechtliche Gleichstellung und gesellschaftliche Anerkennung nur beschränkt zugestanden wurden.

EIN JUDE AUS MECKLENBURG Siegfried Samuel Liepmann Marcus wird am 18. September 1831 als dritter Sohn der Eheleute Liepmann und Rosa Marcus in dem Landstädtchen Malchin im Großherzogtum Mecklenburg-Schwerin geboren. Vater Marcus betreibt einen Kaufmannsladen am Marktplatz, gegenüber dem Rathaus. Die Familie ist zu bescheidenem Wohlstand gekommen. Im Geburtsregister der jüdischen Gemeinde wurde der Vorname »Siegfried« über dem Namen »Samuel« eingefügt, offensichtlich später und von anderer Hand. Das verweist auf den dringenden Assimilierungswunsch der Familie. Erzogen wird Siegfried jedoch im mosaischen Glauben, zumal die Familie im jüdischen Leben Mecklenburgs eine führende Rolle einnimmt. Es ist anzunehmen, dass Siegfried die städtische Schule besucht hat. Auch hierüber fehlen Unterlagen, da das Stadtarchiv 1925 ausgebrannt ist. Im April 1846, mit fast fünfzehn Jahren, feiert Siegfried in der Malchiner Synagoge die »Bar Mizwa« und wird damit vollberechtigtes Mitglied der jüdischen Gemeinde. Es gibt Vermutungen, dass er bereits 1845 zu Verwandten nach Hamburg reiste, um eine Kaufmannslehre zu beginnen und damit in die Fußstapfen des Vaters zu treten – doch sichere Hinweise fehlen auch hier. Nach der Feier der Bar Mizwa jedenfalls geht Siegfried Marcus nach Berlin, der damals noch geltende Zunftzwang in Mecklenburg mag seine Entscheidung erleichtert haben. In nicht näher bezeichneten »Berliner Werkstätten« wird der junge Mann zum Mechaniker ausgebildet. Spätere Behauptungen, Marcus habe bei Werner von Siemens gearbeitet und sei zu dessen »erstem Assistenten und Berater« aufgestiegen, sind nicht belegbar.

NEUBEGINN IN WIEN Gesicherter werden die Lebenszeugnisse erst in den 1850er Jahren. 1852 lässt sich Siegfried Marcus in Wien nieder. Ungewöhnlich für einen Juden, der irgendwann in jenen Jahren zum protestantischen Glauben konvertierte – die christliche Taufe galt damals als Eintrittsbillett in die Gesellschaft. Ein Grund für den Weggang ins katholisch geprägte Kaiserreich Österreich mag gewesen sein, dass Siegfried Marcus der drohenden Einberufung zum Militärdienst entgehen wollte. Aber auch das ist nur eine Vermutung.

Siegfried Marcus' Viertaktmotoren wurden zu seiner Zeit geschätzt. Hier werden sie in einem Verkaufsprospekt aus dem Jahre 1888 dargestellt.

In Wien arbeitet der junge Mann zunächst in einem mechanischen Betrieb, seit 1854 am Physikalischen Institut der Universität unter dem Ordinarius Andreas von Ettingshausen. Aus jener Zeit stammt auch das erste Zeugnis über eine Erfindung von Marcus, einen Regulator für die Gaslampen chemischer Laboratorien. Bereits 1855 wechselt Marcus erneut den Arbeitgeber, er wird mechanischer Gehilfe am »Josephinischen Institut« der medizinisch-chirurgischen Militärakademie. Die Arbeitsbedingungen dort sind für den begabten Mann unerquicklich, weshalb er sich 1856 mit einem »Atelier mechanischer und physikalischer Instrumente und Apparate« selbständig macht.

Siegfried Marcus führt in den folgenden Jahren und Jahrzehnten ein bürgerliches, gesellschaftlich respektables Leben. In das Klischee des in einer Baracke versponnen tüftelnden Erfinders passt er nicht. Nach Erinnerungen von Freunden soll er ein zwar nicht eben geselliger, aber auch kein zurückgezogener Mensch gewesen sein, der die Frauen liebte (mit seiner Lebensgefährtin, die er nicht ehelichte, hatte er zwei Kinder) und gerne das Kaffeehaus besuchte. Freiheit und Unabhängigkeit sind ihm wichtig, beruflich und privat. Das mag erklären, weshalb er zwar mit Hingabe an seinen technischen Konstruktionen tüftelte, sich aber nie mit ganzer Seele dem ökonomischen Vertrieb seiner Erfindungen verschrieb. Die Idee zu

einer neuen Entwicklung und deren gewissenhafte Konstruktion scheinen Siegfried Marcus am Herzen gelegen zu haben, nicht die Verausgabung in den Kämpfen des Geschäftslebens.
Das Register von Siegfried Marcus' Patenten und Privilegien nennt aus den Jahren 1854 bis 1897 rund einhundertdreißig Erfindungen, angemeldet in Österreich, in mehreren Ländern des Deutschen Reichs, aber auch in Belgien, Finnland, Frankreich, Großbritannien, Italien, Norwegen, Russland, Ungarn und in den Vereinigten Staaten von Amerika. Somit deckte Marcus einen Großteil der Länder ab, in denen Patentmeldungen zur damaligen Zeit überhaupt möglich waren. Zu seinen Entwicklungen gehören Thermogeneratoren, Morseapparate, Zeigertelegraphen, Minenzünder (»Wiener Zünder«) und anderes aus dem Gebiet der Elektromechanik.

DER »ERSTE WAGEN« Seit Mitte der 1860er Jahre konzentriert er sich auf die Entwicklung verbesserter Motoren und deren Anwendung beim Antrieb von Handwagen und anderen einfachen Fahrzeugen. Von einem Automobil zur Beförderung von Personen ist damals offensichtlich noch nicht die Rede, das haben erst wohlwollende, zu wohlwollende posthume »Freunde« in Marcus' Karren sehen wollen. Die wesentliche Neuerung ist die Entwicklung eines Verbrennungsmotors, der über eine magnetelektrische Zündung verfügt und Benzin als Kraftstoff verwendet. Eine frühe Fotografie von 1870 zeigt solch einen Benzinmotor auf einem hölzernen Gestell. Marcus selbst hat diese Fotografie beschriftet: »Petroleum [Benzin] Motor zum Betriebe eines Straßenwagens mit Federvorrichtung zur Neutralisierung der Explosionsstöße – konstruiert von Siegfried Marcus 1870.« Eine andere Fotografie, ungefähr aus derselben Zeit, zeigt diesen Motor auf einem Handkarren aufmontiert. Die Schwungräder des Motors dienen dabei zugleich als Treibräder des Wagens. Diese Fotografie inspirierte einige zu waghalsigen Erinnerungen. So schreibt Albert H. Curjel 1904 in der *Allgemeinen Automobil-Zeitung*:
»Im Jahre 1866 lud mich Marcus ein, sein erstes Automobil zu probieren. Ich folgte dieser Einladung mit dem größten Vergnügen. […] Schließlich begann der Motor fauchend seine Arbeit und Marcus lud mich ein, auf dem Handwagen Platz zu nehmen. Er selbst betätigte die Lenkung. Es

gelang tatsächlich, das Fahrzeug in Betrieb zu setzen, und wir fuhren eine Strecke von gut 200 Meter. Dann aber versagte die Maschine, und unsere Probefahrt war endgültig zu Ende.«

Man kann darüber streiten, ob eine Fahrt von nur wenigen hundert Metern auf einer motorisierten Handkarre bereits als Fahrt mit einem Automobil definiert werden kann. Unpraktisch war das Gefährt immerhin dadurch, dass es keine Sitzgelegenheit und keine Bremse aufwies. Zum Lenken musste das vordere Gestell von Hand geführt werden. Zudem musste beim Anlassen des Motors der Wagen hinten hochgebockt werden, um die von den Kolben betriebenen Schwungräder in Gang zu bringen. Auf jeden Fall irrt Curjel in der frühen Datierung auf 1866.

Noch abenteuerlicher nimmt sich der »Bericht« des Schriftstellers Emil Ertl in seinen Memoiren *Geschichten aus meiner Kindheit* (1927) aus. Mit dem Abstand von über einem halben Jahrhundert »erinnert« sich der Autor an eine Fahrt mit dem zweiten, stark verbesserten Marcus-Wagen, angeblich im Jahre 1871:

»Wir fuhren! Fuhren ohne Pferde dahin! Fuhren wie durch geheime Zauberkraft getrieben auf einem schäbigen Benzinwagen mitten auf der Mariahilfer Straße spazieren! Und es war ein königliches Gefühl [...]. Wir waren auf unserer im Schneckentempo einherratternden Benzinkutsche kaum ein paar hundert Ellen weit gekommen, als sich auch schon eine geschlossene Kette von Polizisten unserem weiteren Vordringen mannhaft entgegenstellte und den schuldigen Wagenlenker von seinem Sitz herunterholte. [...] Als ich mich aus dem Staub machte und noch einmal zurückblickte, konnte ich gerade noch wahrnehmen, wie der erste Benzinkraftwagen, den die Welt gesehen, der ehrwürdige Ahne aller heutigen Benzinautomobile, durch einen mageren Droschkenklepper, den man von einer Einspännerkutsche ausgeborgt hatte, unter dem tollen Jubel der Menge fortgezogen wurde.«

Eine schöne Anekdote, nur leider erfunden, um nicht zu sagen: erlogen. Ertl selbst hat das später in einem Brief eingestanden: »Die kleine Erzählung ist selbstverständlich nicht als Geschichtsquelle zu werten.« Die Pointe, selbst bei der angeblich ersten Automobilfahrt dabei gewesen zu sein, wog ihm mehr als die historische Wahrheit. Weder saß Ertl auf

Karren oder Automobil? Eine Frage der Definition. Immerhin soll dieses Vehikel von 1870 mehrere hundert Meter weit durch Wiens Straßen gerattert sein.

einem Automobil von Siegfried Marcus, noch kann die Fahrt des zweiten Marcus-Wagens, der heute im Technischen Museum in Wien steht, bereits 1871 stattgefunden haben, sondern frühestens 1888.

DIE AUSSTELLUNGEN VON 1898 UND 1900 ▮ Womit auch der entscheidende Streitpunkt berührt wäre, um den sich seit über hundert Jahren in der Automobilgeschichte alles dreht: Wer hat den heute noch üblichen Viertaktmotor als Erster auf einem Wagen montiert, um damit Personen zu befördern? Die Verteidiger von Siegfried Marcus datierten im Laufe der Jahrzehnte dessen Pionierleistung mehrfach zurück: Zunächst auf 1877, dann auf 1875, schließlich sogar in die frühen 1860er Jahre. Ziel war immer: dem Otto-Motor von 1876 und dessen Verwendung durch Carl Friedrich Benz im Jahre 1886 zeitlich zuvorzukommen. Doch nach heutigen kritischen Untersuchungen kann Marcus' zweiter Wagen nicht vor 1888 einsatzbereit gewesen sein. Immerhin konnte Marcus 1882/83 für seine magnetelektrische Zündung und diverse verbesserte Vergaser Privilegien in Österreich und Patente in Deutschland erwerben. Der von ihm 1884 unabhängig von Nicolaus August Otto entwickelte Viertaktmotor wurde seit 1887 in Adamsthal bei Brünn von der Firma Märky, Bromovsky & Schulz produziert. Diese Firma baute 1888 nach Zeichnungen von Marcus den verbesserten Wagen mit Viertaktmotor, den »zweiten« Marcus-Wagen.

War Marcus also ein Fälscher? Keineswegs. Er war ein Opfer der Leute, die ihn bezeichnenderweise erst posthum in Beschlag nahmen, als sich der genialische Tüftler nicht mehr wehren konnte. Wenn man den überlieferten Zeugnissen glauben darf, muss man sich Marcus als bodenständigen, ehrlichen und bescheidenen Mann vorstellen, der heftig gegen Aufschneiderei und Faktenfälschung protestiert hätte.

Die Geschichte dieser Fälschung setzt im Jahr von Marcus' Tod ein. In den letzten Lebensjahren leidet der Konstrukteur unter einer halbseitigen Gesichtslähmung, er unterzieht sich mehreren Operationen und büßt dabei sogar ein Augenlid ein. Über die Ursache der Nervenkrankheit lässt sich nur spekulieren: vielleicht eine Gesichtsrose, vielleicht aber auch die Folge einer Zahnfüllung, die Marcus entwickelt und an sich selbst ausprobiert hatte und die giftige Substanzen absonderte.

Jedenfalls ist der erst Sechsundsechzigjährige, damals in ganz Europa geachtete Erfinder und Konstrukteur im Frühjahr 1898 todkrank. In jenem Jahr veranstalten die österreichischen Automobilbauer im Wiener Prater eine Gemeinschaftsausstellung. In den *Mittheilungen des Österreichischen Automobil-Clubs* vom 15. Mai ist zu lesen:

»Als Erstlingserzeugnis der österreichischen Automobilindustrie sind anlässlich der Jubiläumsausstellung zwei Benzinwagen (Nordportal rechts) ausgestellt worden. Der eine ist vom Mechaniker Siegfried Marcus in Wien konstruiert und datiert aus dem Ende der siebziger Jahre, also lange vor den ersten deutschen Motorwagen und den ersten französischen Automobilen.«

Es folgen Ankündigungen weiterer Automobile aus Österreich und Deutschland, die in den kommenden Wochen noch ausgestellt würden. Merkwürdig ist, dass Siegfried Marcus' Verdienste um das Automobil bereits (zu Recht) erkannt werden, zugleich aber schon eine österreichisch-nationale Heroisierung des Konstrukteurs beginnt. Drahtzieher dieser Vereinnahmung ist Ludwig Czischek-Christen (1855–1951). Czischek,

selbst Ingenieur und Konstrukteur eines Motordreirads mit Dampfbetrieb, ist zum damaligen Zeitpunkt Professor für Maschinenbau und Mechanik an der Staatsgewerbeschule in Wien-Favoriten. Zu Siegfried Marcus hat er erst seit März 1897 Kontakt. Seit Februar 1898 ist Czischek Vorstandsmitglied des Österreichischen Automobil-Clubs. Am 10. April wird er vom Handels- und Strafgericht zum gerichtlich beeidigten Sachverständigen und Schätzmeister für das Automobilwesen bestellt. Damit ist Czischek zu jener Zeit die unangefochtene, und vor allem: unanfechtbare Koryphäe auf dem Gebiet der Automobiltechnik in Österreich. Eine Position, die er in den nächsten Jahren zu nutzen weiß – wie er glaubt, zugunsten von Siegfried Marcus. Welche Beweggründe Czischek dazu trieben, bleibt im Dunkeln. Czischek, der hochbetagt erst 1951 starb, hat bis zuletzt an seiner Version der Pionierleistung von Marcus festgehalten, allen Gegenargumenten anderer Automobilhistoriker zum Trotz – man möchte sagen: gegen alle Vernunft und aus purem Starrsinn.
Offensichtlich ist der von der Firma Märky 1888 nach Plänen von Marcus gebaute »zweite« Wagen zur Ausstellung nach Wien überführt worden und damals oder kurz nach der Ausstellung vom Österreichischen Automobil-Club gekauft worden. Es gibt Vermutungen, Marcus habe dieses Modell auf der Wiener Ausstellung im Prater zum ersten (und letzten) Male gesehen. Äußerungen des Erfinders über die Präsentation sind nicht überliefert. Siegfried Marcus stirbt am 1. Juli 1898. Czischek behauptet in einem Nachruf in den *Mittheilungen des Österreichischen Automobil-Clubs* vom 1. Januar 1899:
»Als uns kurz vor seinem Tode noch das Vergnügen beschieden war, ihn in der Rotunde [des Praters] zur Collectiv-Ausstellung der österreichischen Automobilbauer führen zu können, welche Freude empfand da der Mann über alle die Vervollkommnungen und das schöne Aussehen der ausgestellten neuen Vehikel! Das erging ihm wie jedem genialen Menschen, welchem der Kopf von Ideen übersprudelt; er hatte nie Zeit, eine Idee bis zur vollkommenen Fruktuierung [Ernte] zu verfolgen, weil ihm bereits eine neue durch den Kopf schoss. Daher mag es wohl gekommen sein, dass er, wenn auch nicht ganz ohne finanzielle Erfolge, doch nicht den Lohn gefunden hat, den seine geistige Arbeit verdient hätte.«

Czischek schließt mit der Aufforderung: »Was ihm die Mitwelt versagte, kann nur die Nachwelt gut machen durch ein ehrendes Andenken.«
Diesem Appell kommt Czischek selbst am eifrigsten nach: Während auf der Ausstellung von 1898 noch – zu Unrecht – behauptet wird, das Modell des zweiten Marcus-Wagens stamme aus dem Jahre 1877, wird die Datierung zwei Jahre später auf der Pariser Weltausstellung nochmals vorverlegt: auf 1875. Damit – das weiß Czischek – ist Marcus' Viertaktmotor um ein Jahr früher angesetzt als der von Nicolaus August Otto. Czischek weiß im Katalog der österreichischen Abteilung der Weltausstellung Folgendes zu »berichten«:
»In den sechziger Jahren […] hatte der Wiener Mechaniker Siegfried Marcus bereits an der Konstruktion von Benzin-Motoren mit Zwei- und Viertakt gearbeitet. Im Jahre 1870 machte Marcus die ersten Versuche, einen Straßenwagen mit einem atmosphärischen Benzinmotor, stehender Anordnung, zu betreiben. […] War dieser erste Wagen auch nicht für den dauernden Straßenbetrieb geeignet, so war doch damit zum erstenmal die Idee zur Ausführung gebracht, Straßenwagen mittels Benzin zu betreiben. Diese Tatsache steht fest. Auf der Wiener Weltausstellung 1873 war auch schon der liegende Benzinmotor von Marcus mit Viertakt und magnetelektrischer Zündung, den der Erfinder alsbald zum Betrieb eines neuen Straßenwagens heranzog, ausgestellt, so dass Marcus bereits 1875 mit einem Benzinautomobil in den Straßen Wiens gelungene Fahrten machen konnte.«
Czischek irrt hierin – wahrscheinlich vorsätzlich. Weder wurde auf der Weltausstellung von 1873 ein Motor von Marcus ausgestellt, noch war der »erste« Wagen (der Handwagen mit Motor) straßentauglich.
Czischeks Behauptungen bleiben nicht unwidersprochen. Im *Neuen Wiener Abendblatt* vom 20. November 1898 werden die frühen Datierungen eines straßentüchtigen Marcus-Wagens mit guten Gründen angezweifelt. Dazu wird auch aus dem in Paris erscheinenden Fachblatt *Le Chauffeur* zitiert. Das französische Blatt wirft die berechtigte Frage auf: »Da diese achtenswerte Corporation [der Österreichische Automobil-Club] nicht nöthig hätte, leichtfertig das Datum zu verschieben, wäre es sehr interessant, die Gründe zu erfahren, welche für die Festsetzung des Datums bestimmend

Ein »Locomobil«, das schon raffinierter als der Karren von 1870 aussah und Neugierige und Bewunderer anzog. Ganz rechts Siegfried Marcus.

waren. Es wird schließlich das Mittel sein, einen Punkt in der Geschichte des Automobilismus aufzuklären, der aus mehr als einem Grunde von Interesse ist. Das Wort hat jetzt der Österreichische Automobil-Club.«

DRUCK AUS AMERIKA Die Frage von *Le Chauffeur* bleibt in der österreichischen Fachwelt offensichtlich unbeantwortet. Doch gerät Czischek von anderer Seite unter Druck: Aus Amerika erreichen ihn unliebsame Fragen. Die damalige amerikanische Automobilproduktion wird durch das Patentrecht in ihrer industriellen Entwicklung stark behindert. Im Jahre 1879 meldete der Anwalt George B. Selden aus Syracuse im Staat New York ein Patent auf eine »road locomotive« mit einer »liquid hydrocarbon gas engine of the compression type« an. Die Erteilung des Patents wurde von Selden bewusst durch etliche Verbesserungen verzögert. Als das Patent endlich 1895 erteilt wurde, hatte es eine Geltungsdauer von siebzehn Jahren. Die heimische Automobilindustrie des frühen 20. Jahrhunderts und der Import aus Europa waren damit blockiert. Der Chefingenieur der »Daimler Manufacturing Company« von Long Island City im Staate New York, Charles W. Moffet, macht sich daraufhin im Januar 1901 auf den Weg in die Alte Welt, nach Österreich. In Wien sucht er Ludwig

Czischek auf und bittet ihn, nach möglichen Patenten eines Marcus-Automobils aus der Zeit *vor* 1879 zu forschen. Wenn Czischeks vollmundige Behauptungen, Siegfried Marcus habe 1877 oder auch 1875 ein straßentaugliches Automobil mit Viertaktmotor konstruiert, zutreffen, wäre es ein Leichtes, Seldens Patent zu kippen.

Czischek gibt der Bitte nach und stellt Nachforschungen an. Anscheinend ist er von der von ihm mitinitiierten »Legende Marcus« inzwischen selbst so überzeugt, dass er an deren Realität nicht zweifelt.

Doch Czischeks Nachforschungen bei der Firma Märky und deren jetzigen und ehemaligen Mitarbeitern und wiederum deren Nachkommen, ja sogar bei einem der literarischen Verbrämer der Marcus-Legende, Friedrich Albert Bacciocco, bleiben unbefriedigend: Entweder sind die angeschriebenen Zeitzeugen nur Phantasten (wie Bacciocco, der kleinlaut zugibt, er könne sich an die Fahrt in Marcus' Automobil nicht mehr genau erinnern), oder sie sagen klipp und klar aus, der Marcus-Wagen mit Viertaktmotor sei keinesfalls vor 1879 gefahren, sondern eher 1884 oder noch später. Die Maschinenfabrik Märky schickt Czischek sogar noch vorhandene Zeichnungen des Konstrukteurs zu und gibt eindeutig an, den Viertaktmotor nach den Konstruktionsplänen erst 1888 gebaut und geliefert zu haben. Zudem, so die Firma am 17. Januar 1901, »war der Motor zu schwach, um den Wagen mit einer Geschwindigkeit von 3,45 m per Sekunde treiben zu können. [...] Es hätte also der Wagen einer bedeutenden Reconstruction bedurft. Auf unsere Mittheilung hierüber versprach Herr Markus dies alles in Augenschein zu nehmen, sobald nur seine Gesundheitsverhältnisse dies erlauben würden; leider konnte sich aber Herr Markus in der letzten Zeit hiezu nicht entschließen, und so blieb der Wagen unvollendet«.

In einem zweiten Schreiben vom 1. Februar 1901 bekräftigt die Firma Märky ihre Aussagen: »In Beantwortung Ihrer geschätzten Anfrage [...] theilen Ihnen höflichst mit, dass der im Jahre 1888 an Markus gelieferte 1 HP Motor, welcher zum Betrieb eines Straßenwagens bestimmt war, der erste gewesen ist, der für diesen Zweck hier angefertigt wurde. Nach Mittheilungen von Markus hätte er schon in den siebziger Jahren einen Benzin-Motor auf einen Wagen montiert und mit demselben auf der Mariahilferstraße gefahren, was damals ein großes Aufsehen erregte.«

Märky meinte mit dem Wagen aus den 1870er Jahren eindeutig den Handkarren mit aufgesetztem Motor, nicht den ausgereifteren Wagentypus, der 1898 auf der Wiener Ausstellung gezeigt wurde, denn weiter heißt es in dem Brief: »Der in der Rotunde [im Prater] ausgestellt gewesene Wagen ist nach den von Markus zugesandten und bereits in Ihren Händen befindlichen Zeichnungen hier ausgeführt und ist nicht mit dem identisch, mit welchem Markus bereits in den 70er Jahren Fahrversuche gemacht haben soll.«

Die Ergebnisse seiner Nachforschungen müssen für Czischek niederschmetternd gewesen sein. Dennoch versuchte er die eindeutigen Aussagen in seinem Sinne zu interpretieren, ja sogar zu verfälschen. In seinem Brief vom 7. Mai 1901 an Charles Moffet von der »Daimler Manufacturing Company« schreibt er: »Aus den Mitteilungen von noch lebenden Freunden und Bekannten des verstorbenen Mechanikers Siegfried Marcus in Wien ist mit Bestimmtheit zu entnehmen, dass sein erstes Benzin-Automobil schon im Jahre 1870 fertig und betriebsfähig war und dass es in den Jahren 1866 und 1875–77 in Wien Fahrten unternommen hat, nicht nur im Bezirke Mariahilf, wo er seine Werkstätte hatte, sondern auch in der Umgebung, z. B. nach Klosterneuburg [...]«

Czischek beharrte nicht nur auf seiner »Interpretation« der Geschichte, er erfand auch frei hinzu, indem er etwa von einer Fahrt bis nach Klosterneuburg berichtete, angeblich im Beisein eines Redakteurs namens Winter vom *Neuen Wiener Tagblatt*, der darüber geschrieben haben soll, ohne dass Czischek diese Publikation nachweisen konnte (weil es sie nicht gibt). Immerhin räumt er in seinem Bericht nach Amerika ein, dass das erste Patent von Marcus auf seinen Viertaktmotor von 1883 stammt – der Handwagen aus den 1870er Jahren fuhr hingegen mit einem atmosphärischen Zweitakt-Motor. Damit freilich war Charles Moffet nicht geholfen.

FORTSCHREIBUNG DER LEGENDE ▮ Ludwig Czischek blieb bei seinen Darstellungen – bis zu seinem Tod im Jahre 1951. Auch andere selbsternannte Freunde des Erfinders stimmten in das Konzert ein, etwa Albert Hermann Curjel (geb. 1843), Vertreter der Automobilfabrik Laurin und Klement, der 1904 in seinen Erinnerungen von einer Fahrt im Marcus-

Wagen durchs nächtliche Wien des Jahres 1866 wissen wollte. Und Erich Kurzel-Runtscheiner (1883–1957) veröffentlichte 1928 eine Biographie über Marcus, worin er Vorgaben Czischeks ungeprüft übernahm und viele ungedruckte Quellen gar nicht auswertete. Dieses Buch wurde 1956 vom Österreichischen Automobil- und Touringclub neu aufgelegt, der Mythos also nach dem Zweiten Weltkrieg zunächst fortgeschrieben.

Der Untergang des Kaiserreichs Österreich im Jahre 1918 gab der »Legende Marcus« weiter Auftrieb. Siegfried Marcus wurde ein nationaler Mythos in einer wirtschaftlich und politisch kleiner gewordenen Alpenrepublik. Diese Mythologisierung setzte sich noch bis in die 1990er Jahre in den Arbeiten Alfred Buberls fort und wurde endgültig durch Horst Hardenbergs umfassende und erschöpfende Studie beendet.

Der nationale Mythos strahlte auch in die Denkmalskultur aus: Am 15. Oktober 1932 wurde im Resselpark vor der Wiener Technischen Hochschule ein Denkmal für Marcus feierlich und unter großer Anteilnahme enthüllt. Unter der Büste des Erfinders, gestaltet von dem Bildhauer Franz Seifert, sind die Worte zu lesen: »Dem Wiener Mechaniker Siegfried Marcus 1831–1898 – Erfinder des Benzinautomobils 1864.« Nochmals wurde die Erfindung also vordatiert, um auch jeglichen außerösterreichischen Zweifel an der Pioniertat zu zerstreuen. Das Denkmal wurde 1938, nach der Einverleibung Österreichs durch Hitlerdeutschland, entfernt, da man die öffentliche Ehrung eines Juden nicht duldete. Die Büste blieb jedoch unversehrt, das Denkmal wurde 1948 an derselben Stelle wiedererrichtet. Das Grab von Siegfried Marcus auf dem Wiener Zentralfriedhof wurde nach dem Zweiten Weltkrieg würdiger gestaltet und mit einer Kopfplastik des Erfinders geschmückt.

Versuche, eine Plakette an dessen Geburtshaus »Am Markt 12« in Malchin anbringen zu lassen, scheiterten jedoch: zunächst am Einspruch des damaligen Hausbesitzers, in der NS-Zeit an der judenfeindlichen Doktrin. Nach 1945 wurde eine Gedenktafel irrtümlich am Nachbarhaus »Am Markt 13« angebracht. Dieses Haus wurde in den 1950er Jahren trotz Protesten aus der Bevölkerung abgerissen. Das Geburtshaus »Am Markt 12«, das den Krieg unbeschadet überstanden hatte, wurde 1985 durch Erbverzicht »Volkseigentum« und kurz darauf ebenfalls abgerissen.

Erst in den 1960er Jahren entkleideten Technikhistoriker wie Gustav Goldbeck und Hans Seper diesen Mythos, zur Jahrtausendwende schließlich noch Horst Hardenberg. Sie entlarvten weniger Siegfried Marcus als seine selbsternannten Anwälte Czischek und Curjel.

DER PIONIER MARCUS War Siegfried Marcus ein Hochstapler, ein Phantast, ein Betrüger gar? Keineswegs. Im Gegenteil. Die Qualität und auch die Quantität seiner Patente und Privilegien zeigen ihn als genialen und äußerst fleißigen Erfinder und Konstrukteur. Er hatte nur das Pech, zu früh zu sterben. Der Nachruhm, der ihm gebührt, setzte 1898 und 1900 mit den beiden Ausstellungen in Wien und Paris ein. Hätte Marcus länger gelebt, hätte er – so viel ist zu vermuten – entsprechend seinem von Zeitgenossen bezeugten bescheidenen Wesen Versuche einer Instrumentalisierung seiner Person und seiner Arbeiten von sich gewiesen, zumal seine Erfindungen gegen die von Kollegen ausgespielt wurden. Tatsache ist, dass zur damaligen Zeit unabhängig voneinander, zum Teil sogar ohne Wissen voneinander, findige Tüftler in Österreich, Deutschland, Frankreich, England und Amerika an verbesserten Motoren zum Einsatz in Straßenfahrzeugen arbeiteten.
War Marcus ein Pionier? Das ist eine Frage der Definition des Automobils. Immerhin hat Marcus unabhängig von Otto einen funktionstüchtigen Viertaktmotor gebaut. Und er gehört zu den Ersten, die in den 1870er Jahren Fahrten mit einem vierrädrigen, motorisierten Vehikel unternahmen, ja er ist der Erste, der – bereits 1870 – ein Fahrzeug mit einem Benzinmotor angetrieben hat und dabei die magnetelektrische Zündung verwendete. Ob man den Karren von 1870 bereits als Automobil bezeichnen will, bleibt umstritten. Er fuhr zumindest wenige hundert Meter weit. Wie immer man diese Definitionsfrage entscheiden will, fest steht: Siegfried Marcus war in der Geschichte des Automobils ein Pionier von etlichen, vielleicht nicht der erste, aber doch einer der ersten. Die österreichische Mythologie wollte ihn zum verkannten Pionier stilisieren und dadurch überhöhen. Dieser Mythos ist heute demaskiert. Das heißt aber umgekehrt nicht, dass man die Erfindungen des mecklenburgisch-österreichischen Konstrukteurs kleinreden darf. Auch das wäre ein Akt der Verkennung.

GUSTAV WEISSKOPF

1874–1927

DAS MOTORISIERTE FLUGZEUG UND DIE »AFFÄRE WRIGHT«

»Leichter als Luft« und »schwerer als Luft«.
Der Franke Weißkopf wandert nach Amerika aus. Versuche mit Flugmaschinen. Die legendäre »Nr. 21«.
Besuch der Brüder Wright. Whitehead geht bankrott.
Orville Wright gängelt die Geschichtsschreibung.
Wiederentdeckung in Leutershausen.

Um die Wende vom 19. zum 20. Jahrhundert stellen etliche Erfinder, Tüftler und Abenteurer Experimente mit Flugapparaten an: Teils waghalsige Konstruktionen und Gerüste, aufgehängt an Ballons oder zigarrenförmigen Körpern, gefüllt mit Heißluft oder Gasen. »Leichter als Luft« lautet das Prinzip dieser Flugmaschinen, die, ausgerüstet mit Motoren, sogar erstaunliche Flugleistungen vollbringen, allen voran die Luftschiffe des Grafen Zeppelin.

Andere Flugpioniere kaprizieren sich auf den Gleitflieger, etwa Otto Lilienthal, der bei Berlin von einem Hügel herab Hunderte Versuche unternimmt, die gleichwohl nicht mehr als kurze Gleitflüge darstellen und von günstigen Windverhältnissen abhängen, ohne dass der Flieger aus sich selbst heraus an Höhe oder Geschwindigkeit gewänne. Lilienthal wird die schlechte Manövrierbarkeit seines Gleiters schließlich zum Verhängnis: Am 10. August 1896 verunglückt er tödlich.

Schwieriger verhält es sich anfänglich mit dem Prinzip »schwerer als Luft«, das von vielen Tüftlern damals als unlösbar eingestuft wird. Ein Apparat aus Eisen, Blech und Holz, der sich mit Motorenkraft in die Lüfte erheben soll? Unmöglich! So jedenfalls ist noch nach 1900 die Meinung der meisten Flugpioniere. Doch an der amerikanischen Ostküste gibt es ein paar Tüftler, die anderer Ansicht sind. Ein Vogel – schwerer als Luft – kann schließlich auch fliegen. Diverse Pioniere bauen große, flügelähnliche Schwingen aus Rohr und Holz, bespannt mit Papier oder Seide, schnallen sie sich an die Arme und springen wild flatternd von Hügeln oder Brücken, um nach wenigen Dutzend Metern zu Boden zu stürzen.

Also muss man Antrieb und Auftrieb durch Motorenkraft erzeugen. Von der großen Öffentlichkeit unbemerkt ist in jenen Jahren um 1900 vor allem *ein* Mann mit der Lösung dieses Problems beschäftigt: Gustave Whitehead. Ein Deutscher, der 1895 in die Vereinigten Staaten eingewandert ist, ursprünglich Gustav Weißkopf heißt, und seit 1900 in Bridgeport in Connecticut mit Frau und Kindern lebt. In seiner Werkstatt hinter dem Haus bastelt er an seinen Flugapparaten und sogar an eigenen Motoren. Seine Flugexperimente wagt er meist frühmorgens, auf den Feldern hinter dem Haus. Er scheut das große Aufsehen, vielleicht, weil er Hohn und Spott fürchtet. Schnell sind Tüftler wie Weißkopf als realitätsferne Spinner abgetan.

EIN FALL VON WERKSPIONAGE? Doch in der örtlichen Presse und in Fachblättern zur Luftfahrt wurde man bereits auf Weißkopf aufmerksam. Zu denen, die hellhörig wurden, zählen die Brüder Orville und Wilbur Wright. Sie beschäftigen sich selbst mit Flugapparaten. Zwischen 1900 und 1903 besuchen die Brüder den deutschen Tüftler mehrmals in dessen Werkstatt. Das haben Nachbarn und Bekannte Weißkopfs später eidesstattlich bezeugt. Weißkopf hält sich mit Auftragsarbeiten über Wasser. Aber die Entwicklung neuer, verbesserter Flugapparate und Motoren verschlingt viel Geld. Deshalb ist er auf Investoren angewiesen. Von den Wrights erhofft er sich offensichtlich finanzielle Unterstützung. Der Zeuge Cecil A. Steeves, der um die Jahrhundertwende ein Schuljunge war, gab 1936 eidesstattlich zu Protokoll: »Ich war mit ihm [Weißkopf] bei der Werkstatt, als sie [die Brüder Wright] ankamen, und wartete draußen, während sie sich drinnen unterhielten. Nachdem sie weggegangen waren, wandte er sich mir zu und sagte: ›Nun, nachdem ich ihnen das Geheimnis meiner Erfindung gegeben habe, werden sie vermutlich niemals etwas tun, um mich zu finanzieren.‹«

Was immer Weißkopf damals den Wrights verraten haben mag – auffällig ist, dass sie kurze Zeit später ihren erfolgreichen Flug mit einem motorisierten Doppeldecker unternahmen: Am 17. Dezember 1903 flog Orville Wright (sein Bruder Wilbur hatte drei Tage zuvor einen missglückten Versuch unternommen) mit dem sogenannten »Flyer I« sechsunddreißig Meter weit über die Sanddünen von Kitty Hawk in North Carolina. Angeblich der erste geglückte Motorflug der Welt. Noch drei weitere Flüge unternehmen die Brüder an jenem denkwürdigen Tag. Beim vierten drückt eine Böe das Flugzeug zu Boden, es bricht auseinander. Die unverletzten Brüder lassen die Trümmer im Sand liegen und verlassen euphorisiert das Versuchsfeld. 1912 stirbt Wilbur Wright an Typhus.

Ende der 1920er Jahre taucht der »Flyer I« der Wrights plötzlich wieder auf, in einer Ausstellung des Londoner »Museum of Science«. Dabei war doch das Wrack an jenem 17. Dezember 1903 unbeachtet im Sand zurückgelassen worden. Es beginnt Orville Wrights Kampf um Anerkennung – als Flugpionier der ersten Stunde, als der Mann, der den ersten motorisierten Flug unternommen hat. Und es folgt eine beispiellose Schlammschlacht, die weder vor Rufmord an Weißkopf – dessen Konstruktion, so Orville Wright, sei flugunfähig gewesen – noch vor Gängelung und Nötigung der Wissenschaft zurückschreckt. Ein Kriminalfall, der erst sehr viel später aufgedeckt wurde und heute Weißkopf und die Wrights in ganz anderem Licht sehen lässt.

EIN FRÄNKISCHER BUB UND DER TRAUM VOM FLIEGEN Gustav Albin Weißkopf stammt aus Franken. Er wird am Neujahrstag 1874 in dem Städtchen Leutershausen an der oberen Altmühl geboren. Der Vater Karl Ernst Weißkopf ist Zimmermann, die Mutter Maria Sybilla, geborene Wittmann, bringt eine uneheliche Tochter in die Beziehung mit. Beim Bau des Eisenbahndamms bei Leutershausen findet Vater Weißkopf Arbeit. Über die Kindheit Gustav Weißkopfs ist nur wenig bekannt. Es kommen noch weitere Kinder zur Welt. Die Familie zieht bald nach Höchst am Main, wo der Vater Arbeit findet. 1886 stirbt die Mutter bei der Geburt des sechsten Kindes, gut vier Monate später stirbt auch Vater Weißkopf. Die fünf Vollwaisen werden bei Verwandten untergebracht. Gustav kommt zunächst zu einer Tante nach Fürth, später zu den Großeltern nach Ansbach. Bereits damals interessiert er sich für das Fliegen und unternimmt mit selbstgebastelten Schwingen einen Flugversuch vom Dach des großelterlichen Hauses, der an der Dachrinne glimpflich endet.
Nach der Schule beginnt Gustav Weißkopf in Ansbach eine Lehre als Schlosser, wo er sich vermutlich auch Kenntnisse im Motorenbau aneignet. Mit vierzehn Jahren bricht er die Lehre ab, um nach Hamburg auszubüxen – auf der Suche nach Abenteuer und Glück. Als Schiffsjunge heuert er auf einem australischen Segler an und fährt ein paar Monate zur See, lernt viel über Wetter- und Windverhältnisse und auch die englische Sprache. Beides kann er wenige Jahre später gut gebrauchen.
Gustav Weißkopf kehrt 1889 nach Deutschland zurück, schließt sich aber bald einer Familie an, die nach Recife in Brasilien auswandert. Genaueres ist darüber nicht bekannt. 1893 oder 1894 jedenfalls kehrt der junge Mann nach Deutschland zurück. Die Idee vom Fliegen lässt ihn nicht los. Er sucht Kontakt zu Otto Lilienthal in Berlin. 1897 wird Weißkopf im *New York Tribune* sogar als »Schüler und Mitarbeiter« des Berliner Flug-

pioniers bezeichnet. Doch auch hierüber fehlen genauere Informationen. Auffallend ist jedoch die Ähnlichkeit der Flugapparate, die Weißkopf nach 1900 baut, mit denen Lilienthals – mit dem entscheidenden Unterschied, dass der Franke die Motorkraft einsetzt.
Konturen gewinnt Weißkopfs Leben und Schaffen mit seiner Auswanderung in die Vereinigten Staaten von Amerika. 1895 lässt er sich in Boston nieder und knüpft dort sehr bald Kontakte zur Aeronautenszene. Für die »Boston Aeronautical Society« konstruiert er ein Schlagflügelflugzeug. Damals will man in weiten Kreisen noch immer den Vogelflug nachahmen und die künstlichen Schwingen mit menschlicher Muskelkraft bewegen. Doch diese Art von Flugapparat ist nicht funktionstüchtig. Nachdem im fernen Berlin Otto Lilienthal bei einem Flugversuch mit seinem Gleitflieger tödlich verunglückt ist, beginnt Weißkopf, über eine prinzipiell andere Technik nachzudenken: Motorkraft soll Muskelkraft ersetzen und die Auf- und Seitenwinde nutzbar machen.
Gustav Weißkopf bleibt bis zu seinem Tod in Amerika. Seinen Namen amerikanisiert er in »Gustave Whitehead«. Die amerikanische Staatsbürgerschaft nimmt er jedoch nie an – aus unbekannten Gründen.

ERSTE VERSUCHE Zunächst ist nicht daran zu denken, mit dem Bau von Flugapparaten den Lebensunterhalt zu verdienen. Weißkopf zieht nach New York, arbeitet eine Zeitlang in einer Spielwarenfabrik und bastelt dort an kleinen Motoren, die er in Spielzeuggleiter einbaut. In New York lernt er die Deutsch-Ungarin Louise Tuba kennen. Sie ziehen nach Buffalo am Eriesee und heiraten im November 1897. Recht selbstbewusst bezeichnet sich Weißkopf bereits damals als »Aeronaut« und lässt das auch in der Heiratsurkunde eintragen. In der Stadtbibliothek von Buffalo studiert Weißkopf Literatur über frühere Flugpioniere, etwa über die Gleiter des italienischen Grafen Ferdinand Philippe d'Esterno.
1898 zieht das Ehepaar nach Baltimore, im selben Jahr kommt das erste Kind zur Welt, die Tochter Rose. Sie ist wenige Jahre später auf Fotografien vor dem ersten Motorflugzeug der Welt zu sehen. Immer noch hat die Familie nicht ihren Lebensmittelpunkt gefunden. Gustav Weißkopf zieht der Arbeit hinterher: Im Jahr darauf geht es nach Pittsburgh, er arbeitet

in einem Kohlebergwerk. Doch der Traum vom Fliegen lässt ihn nicht los. In Pittsburgh freundet er sich mit Louis Darvarich an. Gemeinsam bauen sie einen Drachengleiter – eine Mischung aus Kastendrachen und Segelgleiter mit Höhen- und Seitenleitwerk – und erproben das Flugverhalten. Nebenbei basteln die Freunde an diversen Motoren. Versuche mit Schießpulver zur Zündung lassen sie bald wieder sein, als es mehrmals zu gefährlichen Explosionen kommt. Aber die Dampfmaschine als Antrieb eines Flugmotors erscheint ihnen zuverlässig. Im Frühjahr 1899 haben die Freunde den ersten mit einer Dampfmaschine betriebenen Flieger gebaut. Damit gelingt Weißkopf ein erster, wenngleich noch recht kurzer Flug, der mit einer Bruchlandung endet. Vielleicht deshalb wurde er später nicht als der erste gelungene Motorflug der Geschichte gewertet. Fotografien von diesem Ereignis existieren nicht. Darvarich gab jedoch 1934 zu Protokoll:
»Ich, Louis Darvarich [...] erkläre hiermit eidesstattlich, dass ich mit dem verstorbenen Gustav Weißkopf persönlich bekannt war und mit ihm während seiner Experimente mit Flugmaschinen des Prinzips ›schwerer als Luft‹ zusammenarbeitete. Es war so ungefähr im April oder Mai 1899. Ich war dabei und flog mit, als es Herrn Weißkopf gelang, seine Maschine, die mit einem Dampfmotor angetrieben wurde, in die Luft zu bringen. Es war ein Flug von etwa einer halben Meile Strecke in einer Höhe von ungefähr 20 bis 25 Fuß über dem Boden. Dieser Flug ereignete sich in Pittsburgh, und die Maschine, die Herr Weißkopf flog, war vom Typ eines Eindeckers. Es gelang uns nicht, genügend Höhe zu erreichen, um einem dreistöckigen Haus in unserer Flugbahn auszuweichen. Beim Absturz der Maschine wurde ich stark verbrüht, denn ich hatte den Kessel geheizt. Ich musste einige Wochen ins Krankenhaus und ich erinnere mich an den Zwischenfall ganz genau. Herr Weißkopf wurde nicht verletzt, da er sich zum Steuern der Maschine vorne aufhielt.«
Dieser Crash, der 1934 von einem weiteren Zeugen eidesstattlich bestätigt wurde, ist damals der Presse keine Notiz wert und bleibt der Öffentlichkeit lange Zeit unbekannt.
Die Zeitläufte trennen Weißkopf und Darvarich. Der Franke zieht im Jahre 1900 nach Bridgeport im Staate Connecticut. In der Industriestadt

findet er gut bezahlte Arbeit, bezieht ein eigenes Haus in der Pine Street 241 und kann sich in den folgenden Jahren im Schuppen hinter dem Haus in seiner Freizeit ganz dem Bau verbesserter Flugapparate widmen, die vom Gewicht leichter sind, deren Motorkraft aber stärker ist.

DIE LEGENDÄRE »NR. 21« Im Frühjahr 1901 hat Gustav Weißkopf einen Flieger konstruiert, den er selbst »Nr. 21« nennt. Ob er tatsächlich zuvor zwanzig Flugapparate gebaut hat, ist unbekannt, jedoch eher unwahrscheinlich. »Nr. 21« jedenfalls wird in die Fluggeschichte eingehen. Bereits vor dem Jungfernflug der Maschine hat Weißkopf dieses Mal Presse, wenngleich nur in wenig bekannten Blättern, was einer Breitenwirkung nicht förderlich ist. Am 8. Juni 1901 berichtet die Zeitschrift *Scientific American* unter der Überschrift »Eine neue Flugmaschine«: »Eine neuartige Flugmaschine wurde soeben von Herrn Gustav Weißkopf aus Bridgeport, Conn[ecticut], fertiggestellt und steht nun bereit für die ersten Flugversuche. Etliche Experimente sind schon unternommen worden, aber bis jetzt wurden noch keine freien Flüge damit versucht.« Dann folgt eine genaue Beschreibung der technischen Details, vermutlich von Weißkopf selbst der Redaktion mitgeteilt: »Die Maschine wurde nach dem Vorbild eines Vogels oder einer Fledermaus gebaut. Der Rumpf ist 16 Fuß lang, misst 2 ½ Fuß an seiner breitesten Stelle und ist 3 Fuß hoch. Er ist gut verstrebt, aus hölzernen Rippen gebaut und mit Stahldrähten verspannt. Das ganze Gestell wurde mit Segeltuch straff bespannt. Mit vier Rädern, jedes mit einem Fuß Durchmesser, steht die Flugmaschine auf dem Boden. Die Vorderräder sind mit einem 10-PS-Motor verbunden, um beim Start Beschleunigung zu erreichen. Die hinteren sind lenkrollenähnlich montiert, damit diese vom Aeronauten gesteuert werden können.« Doch der Motor zur Beschleunigung der Vorderräder ist nicht die einzige technische Neuerung; ein zweiter, doppelter Verbundmotor mit einer 20-PS-Leistung ist vor den Flügeln, quer zum Rumpf, eingebaut. Er soll ein Propellerpaar in gegenläufiger Rotation antreiben. Die Zeitschrift druckt auch zwei Fotografien ab: Auf ihnen ist die »Nr. 21« von der Seite und von hinten abgebildet, auf freiem Feld bei Bridgeport stehend. Vor dem Flugzeug posieren einmal Gustav Weißkopf mit seiner dreijährigen Tochter Rose, auf dem anderen Bild der Erfinder und sein Töchterlein, zudem drei Helfer. Wenige Wochen später werden in anderen Blättern noch weitere Fotografien von Weißkopf und seinem Flugzeug veröffentlicht: auf freiem Feld und vor dem Schuppen seines Hauses in der Pine Street – alle jedoch zeigen das Flugzeug am Boden, was Weißkopfs Gegner bis heute zum Anlass nehmen, am Erfolg seiner Flugversuche zu zweifeln. Doch haben mehrere Zeitungen über das Ereignis berichtet, denn die Presse wurde diesmal von Weißkopf zu dem Experiment geladen. Zudem gibt es auch hierüber eidesstattliche, übereinstimmende Erklärungen von Zeugen, an deren Wahrheitsgehalt kein Zweifel besteht. Aus diesen Quellen kann der Ablauf der Ereignisse vom 14. August 1901 genau rekonstruiert werden:

In der Nacht vom 13. auf den 14. August bringen Weißkopf und seine Helfer Anthony Suelli und James Dickie das auseinandergebaute Flugzeug hinaus vor die Stadt. Mit dabei ist ein Journalist des *Sunday Herald.* Auf einem Feld bei Fairfield bauen sie die Teile zusammen. Inzwischen ist es zwei Uhr früh. Weißkopf führt zunächst einen unbemannten Probeflug durch. Die Maschine ist mit Sandsäcken beladen. Weißkopf startet den vorderen Motor, das Flugzeug fährt an, wird immer schneller. Weißkopf und seine Helfer rennen mit, halten den Flieger an Leinen. Dann öffnet Weißkopf das Drosselventil des anderen Motors, die Propeller beginnen zu laufen. Die »Nr. 21« hebt ab und fliegt eine Strecke weit in geringer Höhe. Dann stoppen die präparierten Motoren, der Flieger setzt auf dem Feld auf und rollt aus. Weißkopf sieht sich bestätigt. Nun kann er als Pilot einen Flug wagen.

Der Flieger wird wieder in Startposition gebracht. Unterdessen bricht die Morgendämmerung an. Die Motoren werden angelassen. Gustav Weißkopf sitzt in der Maschine am Steuer. Er startet zum ersten motorisierten Flug. Über das Ereignis schreibt der Reporter vom *Bridgeport Sunday Herald* in der Ausgabe vom 18. August unter anderem:

»[...] Als sie [die Leinen] losließen, schnellte die Maschine hinauf durch die Luft wie ein eben aus dem Käfig freigelassener Vogel. Weißkopf war außerordentlich aufgeregt und seine Hände flogen vom einen Teil der Maschinerie zum anderen. Der Zeitungsmann und die beiden Helfer standen für

einen Augenblick still und beobachteten verblüfft das Luftschiff. Dann eilten sie hinter dem Luftschiff her den flachen Abhang hinunter. Es flog jetzt etwa 50 Fuß über der Erde und machte ein Geräusch, ähnlich dem ›tschang, tschang, tschang‹ eines Aufzugs, der einen Schacht hinunterfährt.«
Die Maschine steuert direkt auf eine Baumgruppe zu. Weißkopf muss mit Entsetzen an den Probeflug zwei Jahre zuvor denken, der an einer Hauswand endete. Er erinnert sich:
»Wie ein Blitz kam mir ein Gedanke, wie ich den Bäumen entkommen könnte: Wenn Vögel ihren geraden Flug änderten, um einem Hindernis auszuweichen, brachten sie ihren Körper aus der horizontalen Lage in eine leicht diagonale. Das hatte ich beobachtet. Um nach links zu fliegen, neigten sie ganz einfach ihren linken Flügel oder die linke Seite ihres Körpers. Die Maschine sollte doch dem gleichen Grundsatz folgen. Und als diese innerhalb von fünfzig Yards zu der Baumgruppe war, verlagerte ich mein Gewicht auf die linke Seite der Maschine. Sie schwang sich etwas hinüber und begann vom geraden Kurs abzudrehen. Und wir umflogen die Bäume so einfach, als flögen wir geradeaus.«
Der Reporter berichtet weiter: »Er [Weißkopf] war nun schon eine halbe Meile durch die Luft geflogen, und da es zum Ende des Feldes nicht mehr weit war, schaltete der Aeronaut den Antrieb ab und bereitete die Landung vor. Er schien etwas besorgt, dass nach dem Abstellen des Antriebs die Maschine nach vorne oder nach hinten kippen würde, aber es gab keine Anzeichen dafür seitens des großen Vogels. Aus einer Höhe von fünfzig Fuß landete sie in zwei Minuten nach dem Stillstand der Propeller. Sie setzte so sachte auf ihren vier Holzrädern auf, dass Weißkopf nicht im mindesten erschüttert wurde.«
Weißkopf erinnert sich: »Dies war der glücklichste Moment meines Lebens; denn ich hatte gezeigt, dass die Maschine, an der ich jahrelang gearbeitet hatte, leisten würde, was ich von ihr behauptet hatte. Es war ein riesiges Gefühl, durch die Luft zu fliegen. Es gibt nichts Vergleichbares.«
Leider versäumt der Reporter des *Bridgeport Sunday Herald*, Fotografien vom fliegenden Objekt anzufertigen, wahrscheinlich, weil ihm ein Stativ fehlt, um das Flugzeug in der Bewegung überhaupt fotografieren zu können. Doch es besteht kein Grund, am Wahrheitsgehalt des Zeitungs-

Nachbau der legendären »Nr. 21«. Was von oben wie ein Gleitflieger aussieht, ist in Wahrheit ein motorisiertes Flugzeug.

artikels zu zweifeln. Über den ersten erfolgreichen motorisierten Flug der Welt berichten am 19. August 1901 auch der *Boston Transcript* und der *New York Herald.*

STREIT MIT INVESTOREN ▌ Die Zeitung nennt auch den Namen eines Investors, denn Weißkopf verfügt nicht über genügend Mittel, um seine Erfindung zu patentieren und erfolgreich zu vermarkten. Ein gewisser W. D. Custead aus Waco in Texas steigt in das Unternehmen ein.

Der Kurs von Weißkopf und seiner Unternehmung scheint auf Erfolg zu stehen. Die Presse hat ausführlich berichtet, ein Investor verspricht Geld und Vertrieb. Weißkopf erhält bald Hilfe von einem technikbegeisterten jungen Mann aus der Nachbarschaft: Der achtzehnjährige Anthony Pruckner interessiert sich für Weißkopfs Experimente und geht ihm bei Versuchen mit Schießpulver-, Dampfmaschinen- und Azetylen-Motoren zur Hand. Vor allem für Letzteren interessieren sich Investoren und Konkurrenz.

Mit Custead überwirft sich Weißkopf bald, da er befürchtet, übervorteilt zu werden. Doch ohne dessen finanzielle Mittel kann der Erfinder nur schwer die kostspieligen Entwicklungen und Experimente vorantreiben. Immerhin stellt Weißkopf im September 1901 eine technisch verbesserte Version des Fliegers »Nr. 21« in Atlantic City vor. Er hofft auf ein breiteres Interesse bei Publikum und Presse, was ihm jedoch nur bedingt gelingt. Zwar berichtet in jenem Jahr sogar die deutsche Fachzeitschrift *Illustrierte Aeronautische Mittheilungen* über Weißkopfs Flieger, aber eine Breitenwirkung bleibt ihm versagt. Weißkopf weiß: Er muss neue, spektakulärere Flüge absolvieren, um das Interesse der Öffentlichkeit zu wecken.

Im Herbst 1901 wagt er einen weiteren Flug, der die Leistungsfähigkeit der »Nr. 21« beweisen soll: Doch der Flug endet im Hafenbecken von Black Rock. Weißkopf kann sich unverletzt retten, der Flieger jedoch erleidet einen Totalschaden. Der Pionier gibt nicht auf: In den nächsten Monaten baut er einen verbesserten Flieger und einen neuen Motor. Die Flügelrippen sind aus Stahlrohr gefertigt, die Bespannung der Flügel ist aus Japanseide. Die hölzernen Propeller überzieht Weißkopf mit Aluminium. Weißkopf muss sich für die »Nr. 22« tief verschulden: Eintausendsiebenhundert Dollar muss er aufnehmen. Aber er will alles auf eine Karte setzen.

Am 17. Januar 1902 unternimmt er mit dem neuen Flieger eine Schauvorstellung: Vom Startplatz bei Bridgeport dreht Weißkopf in einer Höhe von etwa sechzig Metern eine rund elf Kilometer lange Runde über den Long Island Sound und landet sicher und wohlbehalten kurz vor der Küste »auf ebenem Kiel« im Wasser. Die Maschine, so Weißkopf, »schwamm problemlos wie ein Boot. Meine Männer zogen sie dann aus dem Wasser; und nachdem der Tag zu Ende ging und das Wetter sich verschlechterte, beschloss ich, sie bis zum Frühjahr heimzuschaffen«.

Weißkopf kennt die Gesetzmäßigkeiten von Presse und PR. Er lanciert wenige Tage später, am 26. Januar, einen selbstverfassten Bericht im örtlichen *Bridgeport Herald*, worin er den Lesern nüchtern und klar die Funktionsweise seines motorisierten Fliegers, seine technischen Leistungen und Möglichkeiten auseinandersetzt. Sein Aufsatz endet mit einem Aufruf an die Öffentlichkeit, ihm als Konstrukteur Vertrauen zu schenken:

»Trotz alldem besteht Hoffnung, dass über kurz oder lang der Mensch es erreicht, durch die Luft zu fliegen. […] Wenn genügend Mittel zur Verfügung gestellt würden, keine Millionen oder Tausende, aber genug für praktische Experimente, glaube ich, dass ich diese Leistung selbst vollbringen könnte.«

Weißkopf braucht gute Presse und Aufmerksamkeit, denn er hat wenige Wochen zuvor, im Spätherbst 1901, seine eigene »Flugzeugfabrik« gegründet (die man sich eher als Manufaktur vorstellen muss). Auch dafür musste er sich tief verschulden: Zehntausend Dollar leiht sich Weißkopf von einem New Yorker Geschäftsmann. Doch wieder hat der Erfinder Pech: Er überwirft sich mit dem Investor. Bei einem weiteren Flugversuch im Jahre 1902 muss Weißkopf die »Nr. 22« erneut im Wasser landen, doch wird sie ins offene Meer abgetrieben und geht verloren.

Weißkopfs Gesundheit ist angeschlagen: Bei einem Arbeitsunfall dringt ihm ein Stahlsplitter ins Auge, er erblindet halbseitig. Bei einem Absturz quetscht er sich zudem den Brustkorb und leidet seither unter Atembeschwerden.

Weißkopf muss nach der Havarie des Fliegers »Nr. 22« eine Zeitlang seine Experimente einstellen. Er ist tief verschuldet. Die Presse nimmt keine Notiz mehr von ihm. Seine Pionierleistung wird nicht gewürdigt. Angeblich baut er in jener Zeit noch an den Modellen »Nr. 23« und »Nr. 24«, aber gesichert ist das nicht.

In jenen Jahren jedoch besuchen die Brüder Wright mehrmals den fränkischen Tüftler in seiner Werkstatt. Sie selbst wagen am 17. Dezember 1903 ihren ersten Motorflug. Doch auch ihnen wird zunächst eine breitere öffentliche Aufmerksamkeit nicht zuteil. Erst als sie 1908/09 bei Le Mans in Frankreich ihre Flüge öffentlich veranstalten und die breite Masse, aber auch Vertreter aus Adel und Politik – darunter illustre Persönlichkeiten wie König Edward VII. von England, König Alfonso XIII. von Spanien und Königin Margherita von Italien – zu den Schauen kommen, bedeutet das für sie den Durchbruch. Der französische Unternehmer Léon Bollée fertigt zudem einhundertsiebenundzwanzig Duoton-Fotografien an und prägt damit das Bild von den Flugpionieren Wright in einer zunehmend von Bildern beeinflussten und nach Bildern schreienden Zeit. Sehr schnell »überflügeln« die Wrights den unliebsamen Konkurrenten aus Bridgeport und schrecken dabei auch vor Intrige und Verleumdung nicht zurück.

ERFOLG MIT FLUGZEUGMOTOREN Gustav Weißkopf ist in jenen Jahren gesundheitlich und finanziell zwar angeschlagen, noch aber gibt er nicht auf. Nach eidesstattlichen Aussagen von Zeitzeugen und laut damaligen vereinzelten Zeitungsberichten experimentiert er mit Doppel- und Dreideckern (kehrt aber rasch zum Eindecker zurück) und baut im Auftrag diverser Geldgeber auch Hängegleiter, für die er 1908 ein Patent in den Vereinigten Staaten anmeldet, 1910 sogar in Österreich. Merkwürdig ist, dass er nicht für seinen motorisierten Eindecker ein Patent anstrebt. Hierfür entwickelt er einen neuen Benzinmotor und verbessert das Leitwerk. Auf einer Ausstellung des »Aeroclub New York« im Jahre 1906 wird eine Fotografie seiner »Nr. 21« präsentiert. Und mit der Manufakturproduktion seiner weiterentwickelten, luftgekühlten Zwei- und Vierzylindermotoren hat er einige Zeit einen gewissen Erfolg.

In seiner neugegründeten »Whitehead Motor Company« in Fairfield sollen, erinnert sich später seine Tochter Rose, an manchen Tagen bis zu fünfzig schriftliche Bestellungen eingegangen sein.

Weißkopf mag ein fleißiger und genialer Erfinder und Konstrukteur sein – ein Geschäftsmann ist er nicht. Seine Motoren erfreuen sich in der stark wachsenden Flugzeugbranche steigender Beliebtheit und werden von zufriedenen Kunden in Anzeigen als die »berühmten, leichten Weißkopf-Motoren« gepriesen. Doch Weißkopf kann nicht allen Bestellwünschen nachkommen. Seine Firma verliert rasch an Ruf, diverse Misserfolge mit neuen Konstruktionen von Flugapparaten tragen dazu bei. 1911 baut Weißkopf einen Hubschrauber mit sechzig Rotorblättern. Auch dafür muss er sich verschulden. Doch seine Berechnungen sind fehlerhaft. Im praktischen Versuch erweist sich der Apparat als fluguntauglich.

In jenem Jahr 1911 wird Weißkopf in einen Prozess verwickelt. Streitpunkt ist ein nicht rechtzeitig gelieferter Motor. Weißkopf unterliegt, die Firma wird liquidiert, seine Werkstatt gepfändet, er ist finanziell und materiell ruiniert. Das bedeutet für ihn das Aus als Flugpionier und Konstrukteur.

RUFMORD UND INTRIGE Drei Jahre später bricht der Erste Weltkrieg aus. Die Vereinigten Staaten von Amerika treten 1917 in den Krieg ein. Es ist der erste Krieg, in dem Flugzeuge als Vernichtungswaffen eingesetzt

werden. Eine Entwicklung, die sich der etwas weltferne Tüftler aus Fairfield bei Bridgeport kaum hat träumen lassen. Um sich und seine Familie – Ehefrau, drei Töchter und ein Sohn – durchzubringen, nimmt er Arbeit in einer Fabrik in Bridgeport an. Er zieht sich zurück, bastelt verschiedentlich noch an Motoren für Schnellboote und an einer Beton-Straßenbaumaschine, doch zur Patentanmeldung oder gar zur öffentlichen Anerkennung kommt es nicht. So verbringt er seine Jahre, sieht der rasant expandierenden Flugzeugindustrie und ihrer technischen Entwicklung der Kriegs- und Nachkriegsjahre halb staunend, halb verbittert zu. Als er am 10. Oktober 1927 in seiner Werkstatt einen Automobilmotor auswuchten will, überanstrengt er sich. Er geht ins Haus und bricht dort tot zusammen. Gustav Weißkopf, der Pionier des ersten motorisierten Flugs, wird auf dem Lakeview-Friedhof von Bridgeport beigesetzt, sein Name auf dem Grab jedoch nicht angebracht. 1944 verkauft seine Witwe das Haus und zieht ins sonnige Florida. Sie lässt vieles zurück. Die neue Eigentümerin entrümpelt das Haus und wirft auch Modelle Weißkopfs und seinen schriftlichen Nachlass weg. Weißkopf und seine Pionierleistungen werden vergessen und verdrängt.
Und sie werden geleugnet und lächerlich gemacht: Orville Wright will nach Weißkopfs Tod – denn Tote können sich nicht mehr wehren – sich und den 1912 verstorbenen Bruder Wilbur als die Pioniere des Motorflugs darstellen. Dabei schreckt er nicht vor Verdrehungen, Unterlassungen, Intrigen und Erpressung zurück: Wright bietet Ende der Zwanzigerjahre der »Smithsonian Institution« in Washington den »Flyer I« unter der Bedingung an, dass er und sein Bruder von der angesehenen wissenschaftlichen Vereinigung offiziell als die ersten Motorflieger der Welt anerkannt werden. Doch die Herren in Washington wissen, dass die Geschichte der Flugpionierzeit etwas verworren und nicht ganz eindeutig ist. Also schiebt man eine Entscheidung hinaus und lehnt eine Zuerkennung an die Brüder Wright zunächst ab.
Orville Wright ist erbost. Er erinnert sich der großen Triumphe der Jahre 1908 und 1909 auf dem Alten Kontinent und überlässt dem »Museum of Science« in London den »Flyer I« als Leihgabe. Es ist ebenjenes Flugzeug, das am 17. Dezember 1903 bei einer harten Landung in Trümmer ging

und von den euphorisierten Brüdern auf den Dünen bei Kitty Hawk achtlos zurückgelassen wurde. Ob es sich bei dem in London ausgestellten »Flyer I« um eine Fälschung handelte oder bestenfalls um eine Rekonstruktion aus originalen Schrottteilen, sei dahingestellt. Zum Politikum wird die Sache mit Ausbruch des Zweiten Weltkriegs. Nach dem japanischen Angriff auf Pearl Harbour am 7. Dezember 1941 und der darauffolgenden Kriegserklärung Italiens und Deutschlands an die Vereinigten Staaten von Amerika sind Deutsche in Amerika wieder Kriegsgegner. Die Vorurteile werden auch auf nichtmilitärische Gebiete übertragen, etwa Wissenschaft und Kunst. Gustav Weißkopf, ein Deutscher in Amerika, der nie die amerikanische Staatsbürgerschaft erworben hat, gilt in konservativen Kreisen in der Neuen Welt plötzlich als Feind, gegen den man ur-amerikanische Leistungen schon aus patriotischen Gründen verteidigen muss. So bekundet man in Washington doch Interesse am angeblichen »Flyer I« der Wrights. Die »Smithsonian Institution« anerkennt 1942 plötzlich den Motorflug der Brüder als den Ersten der Welt und wünscht das Flugzeug in Washington auszustellen. Durch die Wirren von Krieg und Nachkrieg verzögert sich der Rücktransport des Fliegers. Erst im Herbst 1948 kann der »Flyer I« von London nach Washington überführt werden. Orville Wright starb wenige Monate zuvor, am 30. Januar 1948. Seine Erben handeln jedoch in seinem Sinn, als sie am 23. November mit der »Smithsonian Institution« einen Kaufvertrag aushandeln: Für den symbolischen Betrag von einem Dollar erwirbt das Institut den Flieger. Zudem diktieren die Wright-Erben die Konditionen, unter denen der Flieger in Zukunft ausgestellt werden soll. Demnach soll auf der offiziellen Ausstellungstafel apodiktisch stehen:
»Die Original-Gebrüder-Wright-Flugmaschine, der Welt erste motorgetriebene Schwerer-als-Luft-Maschine, [...] erfunden und gebaut von Wilbur und Orville Wright, von ihnen geflogen in Kitty Hawk, North-Carolina, am 17. Dezember 1903. Durch eigenständige wissenschaftliche Forschung entdeckten die Gebrüder Wright die Grundlagen des Menschenflugs; als Erfinder, Erbauer und Flieger haben sie das Flugzeug weiterentwickelt, lehrten dem Menschen das Fliegen und eröffneten die Ära der Luftfahrt [...]«
Zudem wird in dem Vertrag festgelegt:

Mit diesem Nachbau von Weißkopfs »Nr. 21« gelang 1998 in Manching ein neunzigsekündiger Flug.

»Weder die Smithsonian Institution oder deren Nachfolger, noch jegliches von der Smithsonian Institution oder deren Nachfolger für die Vereinigten Staaten von Amerika verwaltetes Museum oder Agentur, Amt oder Abteilung, darf öffentlich bekannt machen oder eine Erklärung oder eine Aufschrift in Verbindung mit oder in Bezug zu einem Flugzeug-Typ oder -Entwurf mit einem früheren Datum als dem des Wright-Flugzeuges von 1903 mit der Behauptung versehen, dass dieses Flugzeug in der Lage war, einen Menschen unter eigener Kraft im kontrollierten Flug zu tragen.«
Damit war die Forschung zur Flugzeuggeschichte behördlich verboten – ausgerechnet im Heimatland der freien Meinung. Stutzig macht freilich, weshalb Orville Wright und seinen Erben überhaupt so viel an behördlichem Schutz lag – waren sie sich ihrer Sache doch nicht so sicher? Wussten sie, dass sie Unwahres behaupteten?
Gleichviel: Infolge dieser Verordnung und durch unterschwelligen Deutschenhass war Gustav Weißkopf nicht nur eine Persona non grata, er unterlag sogar lange Jahre einer *damnatio memoriae*, einer Auslöschung der Erinnerung.

DIE WEISSKOPF-RENAISSANCE BEIDERSEITS DES ATLANTIKS ▮ Die Wiederentdeckung Gustav Weißkopfs und eine Wiedergutmachung erfolgen spät. Und sie gehen nicht von Deutschland aus, sondern von Amerika. Die 1895 geborene Autorin Stella Randolph stößt 1934 in alten Zeitungen durch Zufall auf den Namen Gustave Whitehead und beginnt, sich für das

Schicksal dieses inzwischen völlig vergessenen Mannes zu interessieren. Sie sammelt Materialien und hat auch Gelegenheit, etliche damals noch lebende Zeitzeugen zu befragen und die Protokolle eidesstattlich absichern zu lassen. Diese gelten bis heute als die wichtigsten Beweise für Weißkopfs Pionierleistungen – auch wenn manche noch immer bemängeln, dass es keine Fotografien von Weißkopf während des Flugs gibt. Nach dem Zweiten Weltkrieg stößt als Weißkopf-Forscher noch der 1921 geborene Pilot der US-Air-Force William O'Dwyer hinzu. Er und seine Autorenkollegin Stella Randolph veröffentlichen – zum Teil gemeinsam – eine Reihe von Aufsätzen und Büchern über Weißkopf und die Affäre Wright. Ein Buch, 1978 in englischer Sprache in Weißkopfs fränkischer Geburtsstadt Leutershausen erschienen, trägt den provokanten Titel *History by Contract* und greift die vorsätzliche Fälschung der Flugpioniergeschichte auf, die Orville Wright und seine Erben dadurch einleiteten, dass sie einen Gängelungsvertrag mit der »Smithsonian Institution« abschlossen und darin jede andere Meinung als die ihrige zu unterbinden suchten.

Auch in Deutschland wird man auf Gustav Weißkopf aufmerksam. Zunächst noch in der NS-Zeit: Autoren wie Herbert Müllenbach (*Eroberung der Luft.* Zentralverlag der NSDAP. München o. J.) und Helmuth M. Böttcher (*Gustav Weißkopf – Die Geschichte des ersten Motorfliegers.* Berlin 1942) sehen Weißkopf ganz im geistigen Gefüge ihrer Zeit: als deutschen Nationalhelden, der in Amerika missachtet wurde.

Eine ideologiefreie Auseinandersetzung mit Weißkopf geht schließlich von dessen Geburtsstadt Leutershausen aus: Zwar wurde sein Geburtshaus – tragische Ironie der Geschichte – bei einem US-Luftangriff am 18. April 1945 zerstört, doch werden Heimatforscher und Politiker nicht zuletzt durch die Arbeiten der beiden Weißkopf-Forscher Randolph und O'Dwyer auf den vergessenen großen Sohn ihrer Stadt aufmerksam. Eine Rehabilitierung Weißkopfs wird angestoßen, die nach und nach Außenwirkung zeigt, und von der hier nur die wichtigsten Eckpunkte genannt werden können:

1973 wird in Leutershausen die »Flughistorische Forschungsgemeinschaft Gustav Weißkopf« (FFGW) gegründet. Im Jahr darauf erfolgt die lexikographische Anerkennung des Flugpioniers: Die Enzyklopädie des Brockhaus-Verlags anerkennt in ihrer Neuauflage Gustav Weißkopf als den Mann, der am 14. August 1901 etwa zweitausendsiebenhundert Meter weit in zehn bis fünfzehn Metern Höhe flog, und urteilt: »Dies war der erste Motorflug.« Die FFGW, der Südfunk Stuttgart und der Bayerische Rundfunk drehen in den 1980er und 1990er Jahren Filme über den Flugpionier. Stella Randolph und William O'Dwyer werden nach Leutershausen eingeladen und nehmen an Gedenkveranstaltungen und Festlichkeiten teil – ein Zeichen auch der Aussöhnung der künstlich geschürten deutsch-amerikanischen Feindlichkeiten um Weißkopf und die Nationalitätenfrage. 1964 wird auf dem Lakeview-Friedhof in Bridgeport endlich ein Grabstein gesetzt (initiiert von der amerikanischen Aeronautisch-Historischen Vereinigung). Ebenfalls in Amerika baute man 1986 die legendäre »Nr. 21« nach und startete damit einen erfolgreichen Flug. In Deutschland wurde die »Nr. 21« als »21B« im Jahre 1997 nachgebaut, und zwar nicht nur die Trägerkonstruktion, sondern auch die Weißkopf-Motoren. Am 18. Februar 1998 startete man unter großem medialen Interesse auf dem Flughafen von Manching einen Flug mit der »21 B«. Neunzig Sekunden lang flog die Maschine, hielt sich etwa zwei Meter über dem Boden und legte knapp einen Kilometer zurück. Der Nachweis war erbracht: Gustav Weißkopfs Pionierflieger von 1901 war flugtauglich.

Äußerer Höhepunkt der Weißkopf-Renaissance stellte aber sicherlich die Einweihung eines Museums in Leutershausen im April 1987 dar. Die Volksschule in Leutershausen wurde 1987 auf Betreiben ihres damaligen Leiters Albert Wüst nach dem Flugpionier benannt. Und eine sieben Meter hohe Skulptur des Schweizer Bildhauers Hanspeter Widrig, die die »Nr. 21« darstellt, schmückt seit 1991 den Festplatz der Stadt. 1999 erschien schließlich als Zusammenfassung der bis dahin erfolgten Weißkopf-Forschungen der Band von Albert Wüst *Gustav Weißkopf: »Ich flog vor den Wrights«*.

Gustav Weißkopfs Pionierleistung – der erste Motorflug der Welt – ist anerkannt, auch wenn kritische Stimmen bezüglich des Fehlens fotografischer Aufnahmen seiner Flüge nicht verstummen wollen. Aber einem breiteren Publikum ist Weißkopf bis heute kein rechter Begriff – die frühzeitig von den Brüdern Wright initiierten PR-Kampagnen wirken im kollektiven Bewusstsein fort. Leider.

MAX VALIER

1895–1930

DIE RAKETENTECHNIK

Ein jugendlicher Sternengucker.
Der Guru Hörbiger und die Welteislehre.
Valiers Traum vom »Vorstoß in den Weltenraum«.
Fritz von Opel, Freund und Kontrahent. AVUS
und Starnberger See. Der Ölkonzern Shell
macht Vorgaben. Tödliche Explosion.
Ungebrochene Karrieren und der Kalte Krieg.

Es ist ein denkwürdiger Tag auf der AVUS, der legendären Berliner Autorennstrecke im Grunewald: Am 23. Mai 1928 versammeln sich rund zweitausend geladene Gäste sowie Kamera- und Presseleute auf der Schautribüne. Sie sind gekommen, um einen der berühmtesten Rennfahrer jener Jahre zu sehen: Fritz von Opel (1899–1971). Der Sportsmann und Unternehmer will an diesem Tag aber kein Wettrennen gegen andere fahren, sondern einen völlig neuen Wagen vorstellen: das Raketenautomobil »RAK 2«, ein Rennwagen, bestückt mit vierundzwanzig Pulverraketen, die je zweihundertfünfzig Kilogramm Schubkraft entwickeln. Das Raketenautomobil nutzt ein neuartiges Prinzip, den Rückstoß. Kaum einer der Zuschauer begreift zum damaligen Zeitpunkt, welch visionäres Zukunftspotenzial in Opels Raketenauto steckt. Keiner ahnt, dass nach diesem Prinzip einmal Personenflugzeuge mit Hunderten von Passagieren, Kampfjets, sogar Überschallflugzeuge und Weltraumraketen die Atmosphäre und das Universum erobern werden.

Das Schaurennen gelingt: Unter ohrenbetäubendem Lärm dreht Fritz von Opel seine Runden und erreicht die damals kaum vorstellbare Höchstgeschwindigkeit von zweihundertdreißig Stundenkilometern.

Es ist ein vollkommener Triumph, für Opel wie auch für die noch ganz junge Raketenforschung. Die Zuschauer sind hingerissen. In den Zeitungen wird groß darüber berichtet.

Die Kameramänner schießen eifrig Fotos von dem triumphierenden Fritz von Opel. Etliche Gäste gratulieren ihm mit Handschlag. Darunter auch einer, dem an diesem Tag nicht leicht ums Herz ist: Max Valier [sprich: Falír], der damals dreiunddreißigjährige Kompagnon Opels. Denn er ist der Kopf in dem Unternehmen, er hatte die Idee für den Raketenantrieb, er zeichnete die Pläne. Fritz von Opel, der Enkel des Firmengründers Adam Opel, sollte nur der Geldgeber sein, der Investor mit unternehmerischem Eigeninteresse. Valier hingegen der Leiter des Forschungsteams. Doch nun steht Fritz von Opel vor der Presse als der geistige Vater des Raketenautos da. Valier sieht sich von ihm übervorteilt und von der medialen Welt in seiner Pioniertätigkeit verkannt. Dennoch schüttelt er – zähneknirschend – Opel an jenem 23. Mai 1928 die Hand. Doch der Riss zwischen den beiden Männern ist nicht mehr zu kitten. Wenige Tage danach kommt es zum Bruch. Und bereits knapp drei Wochen später unternimmt Fritz von Opel erfolgreich den ersten Flugversuch mit Raketenantrieb – auch dieses Experiment war noch von Valier entwickelt und vorbereitet worden.

EIN JUNGER TRÄUMER ▌ Max Valier kommt am 9. Februar 1895 in Bozen in der Poststraße 4 zur Welt. Als Max ein Jahr alt ist, stirbt der Vater. Die Mutter heiratet ein zweites Mal, aus dieser Ehe stammt die Tochter Martha.

Der Knabe Max besucht in Bozen das humanistische Gymnasium der Franziskaner. Bereits als Schüler fällt er durch seine überdurchschnittliche Intelligenz, seine autodidaktischen Studien, sein breitgefächertes Interesse auf. Er begeistert sich für Mathematik, Physik und Astronomie. Zudem liebt Max die Dichtung und verfasst schwärmerische Gedichte und Trauerspiele im Gewand des Historismus. Die Liste von Max Valiers Veröffentlichungen – eigenständigen und solchen in Zeitungen und Zeitschriften – ist lang, und bereits der Schüler beschickt Tagesblätter mit seinen Artikeln und Aufsätzen zur Sternenkunde. In den Ferien wandert Max zusammen mit einem Freund gern in den Dolomiten und beobachtet nachts den Sternenhimmel. Er führt ein astronomisches Tagebuch und gründet und redigiert die Schülerzeitschrift *Mentor*. Bereits in jenen Jahren sieht er sich zu Höherem berufen. Er will seine Bildung vervollkommnen und systematisieren und lässt sich sogar in den Ferien um halb sechs Uhr wecken, um sich einem geregelten und von ihm selbst ausgeklügelten Studienprogramm zu widmen.

Nach der Matura schreibt sich der junge Mann an der Universität Innsbruck ein. Er belegt Vorlesungen und Seminare zur Astronomie, Meteorologie, Mathematik und Physik.

Im Sommer 1914 erscheint seine erste größere Arbeit in einem Verlag – der Autor ist gerade einmal neunzehn Jahre alt: *Das astronomische Zeichnen*, eine hundertseitige Abhandlung für Studenten und astronomische Dilettanten.

In jenem Sommer hat Max Valier auch die entscheidende Idee zu einem Prinzip, das später seine Raketentechnik bestimmen wird: der Rückstoßantrieb, der nach dem physikalischen Gesetz »Actio gegengleich Reactio« wirkt. Valier baut ein Modellflugzeug, das statt mit einem Propeller mit Feuerwerksraketen angetrieben wird. Das lautstarke Experiment gelingt, verursacht – erzählt die Legende – bei Anwohnern aber so viel Unwillen und Erregung, dass sogar die Polizei gerufen wird, die dem jungen Erfinder ob dieser Störung der öffentlichen Ruhe ernsthaft ins Gewissen redet.

WELTEISLEHRE UND WELTENRAUM ▮ Ein damals in der astronomischen Fachwelt höchst umstrittener Mann wird ein Jahr darauf auf Valiers Buch aufmerksam und schickt dem jungen Autor über den Verlag einen Brief: Hanns Hörbiger (1860–1931), Vater der später berühmt gewordenen Schauspieler Paul und Attila Hörbiger und Großvater Christiane Hörbigers. Hörbiger gilt damals den einen als Wirrkopf, den anderen als Visionär und Koryphäe auf dem Gebiet der Astronomie. Im Haupt- und Brotberuf ein erfolgreicher Unternehmer in der Herstellung von Plattenventilen für Kompressoren und Pumpen (die Firma besteht bis heute und ist international tätig), ist er ein dilettierender Physiker und Astronom und hat eine eigene Theorie zur Entstehung des Weltalls und der Planetensysteme erdacht, die »Welteislehre« oder »Glacial-Kosmogonie«. Hörbigers Theorie ist von mythischen Vorstellungen inspiriert und auf die Naturwissenschaft übertragen, wonach ewiges Eis der Urstoff des Universums sei und sich im steten Widerstreit mit dem Feuer befinde. Demnach, so Hörbigers These, existierte vor Jahrmillionen im Sternbild Taube ein Stern von der millionenfachen Masse unserer Sonne. In diesen Stern drang ein Planet ein, der aus Eis und einem Metallkern bestand. Das Eis wurde beim Eindringen in den Sonnenstern von Schlacke überzogen und verdampfte deshalb nicht sofort. Es heizte sich auf, bis der eingedrungene Eisplanet durch Überdruck zerbarst und seine Eisbruchstücke ins Universum geschleudert wurden. Aus gefrierendem Wasserdampf entstand unter anderem unser Sonnensystem. Nach Hörbigers Vorstellung bestehen die äußeren Planeten Mars, Jupiter, Saturn, Uranus und Neptun aus Wasserkugeln, die von Eis überzogen sind. Die inneren Planeten Merkur und Venus hingegen aus Metall, ebenfalls von Eis überzogen. Die Eisgeburt der Erde könne man noch an den Zirruswolken in der Atmosphäre ablesen.

Man mag heute über Hörbigers Thesen lächeln – zur damaligen Zeit wurden sie ernsthaft diskutiert, von etlichen Wissenschaftlern zwar verworfen, von einigen aber auch anerkannt. Insofern ist es nicht verwunderlich, dass sich der junge angehende Astronom Max Valier geschmeichelt fühlte, als ihn ein anerkennender Brief Hanns Hörbigers erreichte.
Max Valier stand damals nicht im Observatorium, sondern im Feld. Er diente von 1915 bis 1918 beim österreichischen Militär in der Wetterbeobachtung, der Luftaufklärung und Luftabwehr und in der Flugzeugerprobung – unter anderem an der russischen und rumänischen Front –, wurde also seinen Fähigkeiten und Neigungen entsprechend eingesetzt. Dennoch war Valier – so überliefern es Briefe, aber auch Zeitgenossen – kein Freund des Kriegs, er verabscheute gewaltsame Handlungen, sie widersprachen seiner christlich-humanistischen Erziehung und Überzeugung.
1919 lernt Max Valier in Wien seine Frau kennen: Hedwig Bucek, geborene Alden, die Tochter eines Breslauer Musikdirektors. Sie ist zwanzig Jahre älter als Valier und bringt aus erster, geschiedener Ehe eine Tochter mit. Das Paar lässt sich in München nieder. Max Valier gerät in den Dunstkreis der Hörbiger-Gemeinde. Er betätigt sich als Vortragender und Publizist im Dienste der Welteislehre und hat damit großen Erfolg. Freilich geraten Hörbiger und seine Adepten immer mehr in den Ruch einer esoterischen Bewegung. Und auch die Schriften, die Valier im Dienste Hörbigers verfasst, sind nicht frei von einem fragwürdigen welterlösenden Sendungsbewusstsein.
Ein Gutes hat diese Zeit freilich: Max Valier erkennt und übt sein schriftstellerisches und publizistisches Talent, das er nach der Begegnung mit einem anderen Astronomen einsetzen wird. 1924 lernt er Hermann Oberth (1894–1989) kennen. Er liest dessen Buch *Die Rakete zu den Planetenräumen* (1923), worin die Möglichkeiten einer Weltraumerforschung mithilfe der Raketentechnik umrissen werden.
Das alles sind noch Luftschlösser, denn eine Raketentechnologie existiert damals noch nicht. Valier ist fasziniert vom Gedanken der technischen Möglichkeit, den Weltraum mit Transportraketen zu erforschen. Er verliert Hörbigers Welteislehre bald aus dem Blick und wendet sich der Ra-

ketentechnik zu – zunächst in der Theorie. Valier veröffentlicht 1924 das mit Oberths Unterstützung entstandene Buch *Der Vorstoß in den Weltenraum*, worin er ein Programm zur Raketentechnik umreißt (das Buch erfährt bis 1929 sechs Auflagen).
Zwar wird im Juni 1927 in Breslau ein »Verein für Raumschiffahrt« ins Leben gerufen, der bald an die fünfhundert Mitglieder zählt und eine eigene Fachzeitschrift *Die Rakete* herausbringt, doch reichen die Vereinsgelder bei weitem nicht, Max Valiers ehrgeizige Projekte angemessen zu unterstützen.

SCHICKSALSTRÄCHTIGE FREUNDSCHAFT ▮ Da kommt Valier das Glück zu Hilfe: Im selben Jahr macht er die Bekanntschaft des Unternehmers und Rennfahrers Fritz von Opel. Es wird eine schicksalsträchtige Freundschaft. Valier kann Opel für seine Pläne begeistern und erhält finanzielle Unterstützung. Opel hingegen erhofft sich von den Raketenplänen nicht nur ein wissenschaftliches Renommee und den ganz persönlichen »Kick« (immerhin liebt Fritz von Opel es, selbst auf der AVUS und anderen Strecken Rennen zu fahren), sondern auch wirtschaftlichen Gewinn: Seine Firma könnte die Raketenfahrzeuge und -flugzeuge der Zukunft bauen und würde die Konkurrenz dadurch »meilenweit« hinter sich lassen.
Max Valier tritt in jener Zeit als weitgehend selbständiger Konstrukteur von Raketenantrieben in Erscheinung. Im Gegensatz zu Hermann Oberth ist er der Ansicht, dass sich die Weltraumrakete aus dem modernen Flugzeug entwickeln müsse. Valier greift dabei auf seine Kenntnisse als Flieger im Ersten Weltkrieg zurück. Er projektiert ein Flugzeug mit kombiniertem Propellerantrieb (für den Start) und ergänzendem Raketenmotor (nach dem Rückstoß-Prinzip).
Nachdem Valier Opel als Sponsor gewonnen hat, macht er sich an die Entwicklung von Hochleistungs-Pulverraketen. Lieferant für den Zündstoff ist das pyrotechnische Unternehmen Sander in Wesermünde. Valier geht dabei absolut systematisch vor und unternimmt Versuchsreihen mit den Raketen, wobei er auch deren Rückstoßkraft misst und mathematisch berechnet. Bereits wenige Monate später ist er so weit, dass er Pulverra-

keten in ein Automobil einbauen kann. Dieser Opel-Raketenwagen »RAK 1« wird am 12. März 1928 intern auf dem Werksgelände in Rüsselsheim erfolgreich getestet. Das Raketenautomobil erreicht rund fünfundsiebzig Stundenkilometer. Vor dem Test gibt es eine Meinungsverschiedenheit, wer die erste Fahrt mit einem Raketenauto unternehmen dürfe. Fritz von Opel spricht ein Machtwort. Er entscheidet sich für den Rennfahrer Kurt Volkhart: »Volkhart wird fahren. Er ist Rennfahrer.«

Eine weitere Testfahrt in Rüsselsheim mit dem »RAK 1« ist für den 12. April anberaumt. Hierzu werden auch Vertreter der Presse eingeladen. Zwar kommt es zu einer kleinen Panne (Zünddrähte schmelzen vorzeitig, von zwölf Raketen zünden nur sieben), dennoch erreicht das Raketenauto nach nur acht Sekunden eine Geschwindigkeit von über einhundert Stundenkilometern.

Fritz von Opel ist begeistert: Der Name seines Unternehmens ist groß in der Presse. Keine Werbekampagne hätte ihm solchen Erfolg gebracht. Doch nicht nur der Name Opels, auch der des Konstrukteurs des Raketenautos, Max Valier, wird in einigen Zeitungen gebührend bedacht.

Immerhin ist Valier so manchem Redakteur aus seiner Zeit als Propagandist für Hörbiger und Oberth gut in Erinnerung. Es mag sein, dass das in Fritz von Opel ein wenig Neid und Konkurrenzgefühl geweckt hat. Jedenfalls übergeht er Volkhart als den ersten Fahrer des »RAK 1« und auch Valier als dessen Konstrukteur bei der Frage, wer am 23. Mai den »RAK 2« bei der ersten öffentlichen Fahrt auf der Berliner AVUS steuern darf. Er selbst, Fritz von Opel, wird am Steuer sitzen und damit nicht nur als Finanzier, sondern auch als Fahrer in die Geschichte der Raketentechnik eingehen.

Opels Kalkül geht auf. Die Presse berichtet begeistert über die Vorführung auf der AVUS und findet auch genug rühmende Worte für den Unternehmer, Sponsor und Rennfahrer in Personalunion. Doch Max Valiers Handschlag hinter der Ziellinie bedeutet zugleich das Ende seiner Zusammenarbeit mit Opel.

Die Trennung erfolgt nicht mit einem glatten Schnitt. Bereits im Herbst 1927 hat Valier dem Unternehmer Pläne für ein Raketenflugzeug überlassen. Am 11. Juni 1928 lässt Opel auf der Wasserkuppe in der Rhön einen

ersten Flugversuch mit dem raketenbetriebenen Segelflugzeug »Ente« unternehmen. Das Flugzeug ist von dem Konstrukteur Alexander Lippisch gebaut und nach den Vorgaben Valiers mit Feststoffraketen bestückt. Am Steuer der »Ente« sitzt der Pilot Fritz Stamer. Er erinnert sich:
»Dicht hinter mir zischte die Rakete bedrohlich. Aber man hat sich bald daran gewöhnt, und es geht hervorragend. Nach dem Abbrennen der ersten Rakete hat man gleich die nächste gezündet. Weich setzte der Schub wieder ein und es ging weiter. Ich flog fast einen vollständigen Kreis von 1300 bis 1500 Meter Umfang um unseren Motorlandeplatz und landete dann – nachdem die Raketen ausgebrannt waren. Der erste Raketenflug eines Menschen war ausgeführt, und es war eigentlich nichts besonderes dabei gewesen.«
Opels Name ist erneut in aller Munde (und ein Jahr später wird Fritz von Opel auf dem Rebstock-Flugplatz bei Frankfurt mit der erneuten Vorführung eines Raketenflugzeugs, des »Opel-Sander-RAK 1«, wieder triumphieren). Die Lorbeeren werden inzwischen hauptsächlich ihm zugesprochen, nicht dem im Unfrieden geschiedenen Erfinder und Konstrukteur Max Valier. Der hat vier Tage vor dem Testflug ein Patent für ein Raketenflugzeug angemeldet, das ihm knapp drei Jahre später, am 15. Mai 1930, bestätigt wird – zu spät, als dass Valier es wirtschaftlich nutzen könnte. Aber davon ahnt der damals Fünfunddreißigjährige nichts.

MIT TEMPO VIERHUNDERT ÜBER DEN STARNBERGER SEE ▮ Nach der Trennung von Opel wendet sich Valier neuen Trägerfahrzeugen zu: Zunächst experimentiert er mit raketenbetriebenen Schienenfahrzeugen. Doch bald gibt Valier diese Versuche auf, da die Räder bei höheren Geschwindigkeiten abspringen.
Valier macht aus der Not eine Tugend: Er verlegt sich auf Versuche mit radlosen Fahrzeugen, also mit Schlitten auf Kufen – mit Erfolg. Im harten Winter 1929, am 9. Februar – der Starnberger See in Oberbayern ist zugefroren –, stellt Max Valier mit einem raketenbetriebenen Schlitten einen Geschwindigkeitsrekord von über vierhundert Stundenkilometern auf. Auf dem Schlitten prangt endlich Valiers Name: »Valier RAK BOB 2«.

Valier möchte gern einen zweiten Versuch über eine längere Strecke auf dem Starnberger See unternehmen, doch dazu fehlt ihm das Geld. Material und Pulverraketen sind enorm teuer, und nach der Trennung von Opel ist er ganz auf seine bescheidenen Honorare und auf Spendengelder angewiesen. Ein Dilemma, das ihn bis zu seinem frühen Tod belasten wird.
Er will die Leistungskraft der Raketen erhöhen und setzt auf flüssigen Treibstoff. Zunächst auf flüssige Kohlensäure, dann auf flüssigen Sauerstoff. Er erhält Unterstützung von Paul Heylandt, dem Erfinder des Gasverflüssigungsverfahrens, auf dessen Werksgelände in Berlin-Britz Valier seine Experimente starten kann. Bald kann Valier Erfolge aufweisen. Am 22. März 1930 unternimmt er auf dem Werksgelände eine erste Testfahrt, wenig später, am 19. April, eine halböffentliche Vorführung auf dem Flugplatz Berlin-Tempelhof. Eine Zeitung berichtet:
»Ein neuer Raketenwagen, der von dem bekannten Raketenforscher Max Valier in Zusammenarbeit mit Dr. Heylandt, dem führenden Forscher auf dem Gebiet der verflüssigten Gase, konstruiert wurde, ist dieser Tage auf dem Tempelhofer Flugfelde erprobt worden. Die wenigen Zeugen, die der ersten nächtlichen Versuchsfahrt beiwohnten, waren nicht wenig erstaunt, zu sehen, dass der Wagen ebenso einfach und bequem wie mit dem Brennstoff auch mit flüssigem Sauerstoff getankt wurde, der in einem großen Tankwagen herangefahren war. Max Valier fuhr trotz strömenden Regens und Dunkelheit zwei Runden um das Rollfeld des Flughafens, musste dann aber die Weiterfahrt einstellen, da es unmöglich war, die Fahrbahn zu erkennen.«

SHELLS FATALE VORGABEN ▮ Doch finanzielle Engpässe behindern Valiers weitgreifende Pläne immer wieder und zwingen ihn zu zeitraubenden Vortragstourneen und Honorararbeiten für Zeitungen. Er sucht erneut nach einem Sponsor, diesmal nicht aus der Autoindustrie, sondern aus der Erdölbranche. Valier nimmt Gespräche mit dem Präsidenten des Shell-Konzerns Sir Henry Deterding auf und kann ihn von dem zukünftigen Potenzial des Raketenantriebs überzeugen. Vor allem – das ist für Deterding das ausschlaggebende Argument – ist zum Antrieb von Raketenfahrzeugen und -flugzeugen eine große Menge Treibstoff vonnöten.

Dem Konzern winkt ein enormer Umsatz, sollte sich Valiers Antriebstechnik in der Luftfahrt durchsetzen. Dass Valier freilich eher ein Einsatz oberhalb der Atmosphäre vorschwebt, erscheint der Industrie damals allenfalls als ein Hirngespinst eines vielleicht genialen, aber – wie man glaubt – auch etwas verrückten Erfinders. Shell sagt finanzielle Unterstützung zu, macht aber zur Bedingung, dass Shell-Erdöl-Produkte für die Flüssigtreibstoffraketen verwendet werden. Valier experimentiert mit einer Mischung aus Öl und flüssigem Sauerstoff. Es treten technische Schwierigkeiten auf. Shell besteht auf dem Einsatz von Öl. Max Valier experimentiert weiter mit dem hochexplosiven Gemisch.

Am 17. Mai 1930 – zwei Tage, nachdem Valiers Patent bestätigt wurde – kommt es auf dem Gelände von Paul Heylandts Firma in Berlin zu einem tödlichen Unfall. Walter Riedel, Versuchsingenieur bei Heylandts Industriegasverwertung und Mitarbeiter Valiers, erinnert sich:

»Anstelle des bisher verwendeten Spiritus musste Shellöl (Paraffin) benutzt werden. Spiritus ist ein Brennstoff, den man in jedem beliebigen Verhältnis mit Wasser mischen kann, um die Verbrennungstemperatur herabzusetzen und nach Wahl zu bestimmen. Bei Paraffin ist dies nicht ohne weiteres möglich. [...] Nach einigen vorangegangenen Experimenten wurden am 17. Mai 1930 weitere Versuche mit Paraffin als Brennstoff durchgeführt. Diese Versuche wurden Valier zum Verhängnis. Am frühen Nachmittag dieses Tages war mit den Versuchen begonnen worden. Die ersten beiden verliefen erfolgreich, und es konnte ein guter Brennverlauf vermerkt werden. Beim dritten Versuch jedoch traten Stöße auf, wobei die Traverse und der Waagebalken verbogen wurden. Der flüssige Sauerstofftank war bei den Versuchen entleert worden. Mit Rücksicht auf die aufgetretenen Stöße während des letzten Brennens und den Umstand, dass eine längere Zeit vergehen würde, bis die Anlage wieder brennbereit wäre, schlug ich Valier vor, die Versuche für diesen Tag zu beenden. Er war jedoch von den Erfolgen so angespornt, dass er weitermachen wollte. [...] Die Brennkammer wurde gezündet und nach dem alten, bekannten Verfahren der Brennkammerdruck durch Regeln der Handventile für die Treibstoffe und Wasser auf die Höhe von 7 atü gebracht. Die Brennkammer hatte gerade diesen Druck erreicht, als eine heftige Explosion erfolg-

te. Ich schloss sofort sämtliche Treibstoffventile und sprang zu Valier, der zusammenbrach. Ich konnte ihn gerade noch auffangen und legte ihn auf den Boden. Während sich ein Maschinist und mein Mitarbeiter Arthur Rudolph um ihn bemühten, suchte ich nach einem Wagen. Als ich 10 Minuten später wieder zurückkam, war Max Valier bereits verschieden. Ein ganz kleiner Splitter hatte die Lungenschlagader getroffen.«
Max Valier wird auf dem Münchner Westfriedhof in einem Ehrengrab beigesetzt. Die *Münchner Neuesten Nachrichten* melden am 1. Juni: »Ganz still und unbeachtet ist Max Valier heimgekehrt. Nur Mutter, Gattin und wenige Freunde waren es, die dem zu Asche zerfallenen Leib auf dem Weg zum Grabe folgten. […] Zermürbende Arbeit, Kampf, Misserfolge, geistiges Himmelstürmen und tiefe Enttäuschung, – das war Max Valiers Schicksal. Betteln gegangen ist er für seine Erfindungen bei Gönnern und Fabriken. Noch in den Tagen vor seinem Tod hat er Hunger gelitten. […] Während der Trauerfeierlichkeit flogen zwei Flugzeuge Ehrenrunden über dem Friedhof.«

BRAUN, OBERTH UND DIE RAKETENFORSCHUNG Valiers damals fünfundfünfzigjährige Frau Hedwig sammelt seine Skripte und Zeichnungen und hütet den Nachlass. Sie stirbt 1959 im Alter von vierundachtzig Jahren. Unterdessen wird Max Valier rasch vergessen. Im Zweiten Weltkrieg wird die Raketentechnik unter der Federführung Hermann Oberths und Wernher von Brauns auf einem geheimen Versuchsgelände in Peenemünde auf Usedom mit großem Einsatz und großzügigen Geldmitteln vorangetrieben. Die Rakete wird nun weniger als Antrieb für Düsenflugzeuge oder Weltraumraketen gesehen, sondern als »Wunderwaffe«, die den »Endsieg« herbeizwingen soll. Die »V 1« und »V 2« kommen zwar zum Kriegseinsatz, sind aber noch nicht ausgereift genug, um größere militärische Erfolge zu verbuchen.
Nach dem Zweiten Weltkrieg nimmt die Raketenforschung – auch unter den Vorzeichen von Kaltem Krieg und Wettrüsten – einen rasanten Aufschwung. Wernher von Braun macht als entnazifizierter Wissenschaftler eine zweite Karriere im Dienste der Amerikaner. Er wirkt am Aufbau des Raketenzentrums in Huntsville in Alabama mit und erwirbt 1955 die

amerikanische Staatsbürgerschaft. 1960 wird er Direktor des »George C. Marshall Flight Center« und ist maßgeblich am Bau der Weltraumrakete »Apollo 11« beteiligt, mit der am 21. Juli 1969 die erste bemannte Mondlandung gelingt. Im Jahr darauf wird Braun stellvertretender Leiter der NASA-Planungsabteilung. Er stirbt 1977 in Virginia.

Brauns ehemaliger Lehrer und Kollege Hermann Oberth geht 1948 in die Schweiz. Von 1950 bis 1953 entwickelt er für die italienische Marine eine Feststoffrakete. Dann holt ihn Wernher von Braun nach Amerika. In Huntsville forscht Oberth von 1955 bis 1958 am Raketen-Entwicklungszentrum seines ehemaligen Assistenten Wernher von Braun, danach ist er noch für verschiedene Firmen in Deutschland und Amerika tätig. 1965 wird Oberth Mitglied der NPD und unterstützt heimlich die »Stille Hilfe«, eine Hilfsorganisation für alte Nationalsozialisten. Er stirbt 1989 im Alter von fünfundneunzig Jahren in Nürnberg. An seinem letzten Wohnort Feucht bei Nürnberg befindet sich heute das Hermann-Oberth-Raumfahrt-Museum.

Max Valier, dessen Tod 1930 noch von etlichen deutschen Zeitungen vermeldet wurde, geriet in Vergessenheit, ebenso seine Verdienste als Pionier der Raketentechnik. Seine Vision von der Eroberung des Weltraums hielt in den 1950er bis 1980er Jahren die Welt in Atem. In einem beispiellosen Wettrennen versuchten die USA und die Sowjetunion als jeweils erste Macht ihre unbemannten und bemannten Satelliten, Raketen und Weltraumflugzeuge in die Erdumlaufbahn, zum Mond oder gar zu anderen Planeten des Sonnensystems zu schicken. Von Max Valier, dem Pionier aus Südtirol, war in all jenen Jahren außer in einigen Fachpublikationen – so in einer Monographie der Flugtechnikpionierin Ilse Kober-Essers – nicht die Rede.

Heute erinnert man sich besonders in seiner Heimat an ihn: In Bozen sind eine Gewerbeoberschule und ein Verein von Amateurastronomen nach Max Valier benannt. Auch die Volkssternwarte Südtirols trägt seinen Namen.

ILSE KOBER-ESSERS

1898–1994

DER MASSENAUSGLEICH AN FLÜGELRUDERN

Eine böse Überraschung auf der Flugzeugschau.
Als Zeichnerin in der väterlichen Firma.
Einbruch in eine Männerdomäne. Rätselhafte
Flügelbrüche und eine entscheidende Neuerung.
Verzicht auf Karriere und Patent.
Die Biographin verkannter Pioniere.

Im Herbst 1942 liest die damals in Berlin wohnende promovierte Ingenieurin Ilse Essers, geborene Kober, in der Zeitung von einer großen Flugzeugschau in der Reichshauptstadt. Mitten im Krieg will das Regime der Bevölkerung die eigene Kampffliegerflotte vorstellen und auch erbeutete Flugzeuge zeigen, um den Durchhaltewillen zu stärken.

Ilse Essers ist neugierig geworden. Weniger aus patriotischen Gründen als vielmehr, weil sie selbst als junge Ingenieurin entscheidende Verbesserungen bei der Flügelkonstruktion von Flugzeugen ersonnen und in praktischen Versuchen, aber auch in theoretischen Abhandlungen vorgestellt hat. Etliche Jahre zuvor, von 1926 bis 1929, hat sie das immer wieder auftretende Phänomen von Flügelbrüchen untersucht und dafür eine Erklärung und Lösung gefunden: Die Defekte sind Ermüdungsbrüche als Folge sogenannter Wechselbeanspruchungen, bis dahin unbekannter Schwingungen, die durch hohe Geschwindigkeit an Festkörpern ausgelöst werden. Ilse Essers hat dieses Phänomen nicht nur als Erste erkannt und im Windkanal an Modellen exemplarisch untersucht und beschrieben, sondern auch eine überraschend einfache Lösung gefunden: den Massenausgleich durch Gewichte am Querruder. Für ihre Arbeit *Experimentelle Untersuchungen von Flügelschwingungen* erhielt sie 1929 den Doktortitel der Ingenieurwissenschaft mit der Bewertung »sehr gut«. Der Flugzeugbau, der in den 1920er Jahren einen rasanten Aufschwung nahm – in der zivilen wie militärischen Luftfahrt –, war damit von einem schwerwiegenden technischen Problem befreit.

Freilich versäumte die Ingenieurin, ihre Erkenntnisse patentieren zu lassen. In ihrem Lebensrückblick, den der Technikhistoriker Peter F. Selinger 1988 edierte (Ilse Essers war damals eine rüstige Neunzigjährige), meinte die alte Dame lakonisch:

»In späteren Jahren bei einem Gespräch von Prof. Dr. Seewald mit meinem Mann und mir meinten die Herren, ich hätte 1928 meine gute Idee von dem Ausgleichsgewicht zum Patent anmelden sollen, da wäre ich reich geworden. Ich hatte 1928 überlegt: zum Patent anmelden? Ein deutsches Patent hätte ich bezahlen können, aber keine ausländischen. Weil ich immer das Gefühl hatte, wie mein Vater ›im Dienst der deutschen Luftfahrt‹ zu arbeiten, verzichtete ich aufs Patentieren.«

Es war kein bloßer Verzicht, sondern schlicht Naivität einerseits und finanzieller Mangel andererseits, weshalb die Ingenieurin ihre technische Entwicklung nicht patentieren ließ. Das hat sie bereits früh zu spüren bekommen. Als sie, die seit 1930 ihren Beruf zugunsten von Kindern und Haushalt zurückstellt, im Herbst 1942 voller Neugier die Berliner Flugzeugschau besucht, ist sie bestürzt:
»Was war die erste Neuerung, die ich gleich beim ersten deutschen Flugzeug feststellte? Mein Ausgleichsgewicht am Querruder! An allen, auch an den Junkers-Flugzeugen! Diese Entwicklung war die richtige Antwort auf die Diskussionsworte des Junkers-Schwingungsfachmanns, der 1929 in Göttingen meinte, mein Vorschlag, die angefachten Flügelschwingungen zu vermeiden, indem, durch ein kleines Ausgleichsgewicht, der Schwerpunkt des Querruders vor die Ruderachse getrimmt wird, sei technisch nicht ausführbar. Bei allen deutschen Flugzeugen und auch bei den erbeuteten Feindflugzeugen fand ich das Querruder mit Ausgleichsgewicht.«
Damals nimmt die Erfinderin den geistigen Diebstahl unter dem Eindruck des Krieges noch als patriotisches Opfer wahr. Erst viel später wird ihr bewusst, welch finanzielles Desaster die versäumte Patentierung darstellt, und dass die stillschweigende Nutzung ihrer Erfindung nicht aus menschenfreundlichen Erwägungen stattfand, sondern ein schnöder und hinterlistiger geistiger Diebstahl war. Kein Einzelfall in der Geschichte von Pionieren aus Technik und Naturwissenschaft. Doch Ilse Essers muss zeitlebens noch gegen einen anderen, unsichtbaren Gegner kämpfen: gegen das Vorurteil, dass sie als Frau keinen technischen Sachverstand, keinen erfinderischen Geist besitze. Die begeisterte Hobbyseglerin erinnert sich eines Erlebnisses – sie ist damals dreiundzwanzig Jahre alt – mit ihrem Vorschiffmann. Dessen Ehefrau beschimpfte ihn: »Was, du lässt dich von einem Mädel kommandieren, du bist wohl kein richtiges Mannsbild!« Ilse Essers resümiert traurig: »Die Segler anerkannten mein seglerisches Können, aber ihre Frauen missgönnten es mir. So ähnlich ging es mir manchmal auch später im Beruf.«

»ABER WAS SOLL EIN MÄDEL MIT SO EINER BEGABUNG?« Ilse Kober-Essers' Interesse an der Flugzeugtechnik wurde vom Elternhaus ge-

prägt, begünstigt und gefördert: Der Vater, Theodor Kober, betreibt in den Jahren 1912 bis 1919 eine eigene Flugzeugfabrik in Manzell bei Friedrichshafen am Bodensee. Zuvor schon ist er als Flugzeug- und Luftschiffkonstrukteur tätig, so auch für den berühmten Grafen Ferdinand von Zeppelin.
Ilse Kober wird am 24. September 1898 in München geboren, Die Eltern, der Ingenieur Theodor Kober und dessen Frau Anne, geborene Boeltz, eine zwar technisch nicht versierte, aber geistig sehr offene Frau, haben fünf Kinder, vier Mädchen und einen Buben. Ilse ist das dritte Kind. In der Schule deutet zunächst nichts auf besondere Fähigkeiten hin. Ilse stottert beim Lesen, sie ist schlecht im Rechtschreiben, hat keine schöne Handschrift. Doch der Vater ist überrascht und stolz, als er der Erstklässlerin an einem Abend mühelos das Bruchrechnen beibringt. Die zunächst ratlose Mutter meint zu dieser Entdeckung: »Aber was soll ein Mädel mit so einer Begabung, die für einen Jungen ja ganz schön sein mag!«
Durch die Tätigkeit des Vaters wird Ilse früh an den Flugzeug- und Luftschiffbau herangeführt. Theodor Kober war bereits 1894 eine Zeitlang für Graf Zeppelin als Ingenieur tätig und löste damals das Problem der Lastenhebung an Luftschiffen verblüffend einfach, indem er die zu große Gondellast auf zwei kleinere Gondeln verteilte. Im Jahre 1907 erhält Kober die Stelle eines Entwicklungsingenieurs im Zeppelin-Werk in Friedrichshafen am Bodensee. Dort wächst Ilse Kober auf, vor der prächtigen Landschaftskulisse von See und Alpen. Früh lernt sie Schwimmen und Segeln. Sie ist eine sportliche Frau. Dem Bodenseeraum, seiner Landschaft und Kultur bleibt sie zeitlebens verbunden.
Für die damalige Zeit ist es ungewöhnlich, dass die Eltern eine technisch begabte Tochter fördern. Nach der Volksschule besuchen die Schwestern Ilse und Traute Kober die Höhere Töchterschule in Friedrichshafen. Im Deutschunterricht erklärt die Lehrerin den Unterschied zwischen »konkret« und »abstrakt«: »Konkret« sei, was man sehen könne, »abstrakt«, was man nicht sehen könne. Auf die Frage einer Schülerin, was denn die Luft sei, antwortet die Lehrerin: »Kannst du sie sehen? Nein, also ist sie abstrakt.« Die Schülerin Ilse Kober protestiert: »Das Luftschiff kann doch nicht in abstrakter Luft fliegen!« Hilflos lenkt die Lehrerin ein: »Na ja, dann ist die Luft halt bald konkret und bald abstrakt.«

Ilse erzählt zu Hause von der »abstrakten Luft«. Die Eltern sind weniger amüsiert als vielmehr besorgt. Mutter Kober meint: »Unsere vier Töchter sollen einmal im Leben etwas leisten können; mit solch schlechter Schulbildung ist das unmöglich.« Die Eltern wagen das damals schier Undenkbare: Sie erwirken die Erlaubnis, ihre Töchter auf die Realschule für Jungen zu schicken, da die dortigen Lehrpläne anspruchsvoller sind. Dort erwirbt Ilse Kober schließlich die Mittlere Reife, mit besten Noten in Physik, Algebra und Geometrie.
Zur damaligen Zeit gründet Theodor Kober eine eigene Firma, die »Flugzeugbau Friedrichshafen GmbH«. Er leitet das Unternehmen von 1912 bis 1919 und hat vor allem mit dem Bau von Militärflugzeugen während des Ersten Weltkriegs großen Erfolg.

EINE PATRIOTISCHE PFLICHT Ilse Kober erlernt seit 1913 den Flugzeugbau »von der Pike« auf, als Lehrling in der Firma des Vaters. Zunächst absolviert sie eine Ausbildung zur Zeichnerin im Konstruktionsbüro. Das bloße Abzeichnen langweilt sie, viel mehr interessiert sie sich für die technischen Details und macht sich früh Gedanken zur Verbesserung der Flugeigenschaften. Dass sich Deutschland im Krieg befindet, ist für die Belegschaft doppelter Ansporn: Es ist ein gutes Geschäft und wird auch als patriotische Pflicht angesehen. Ilse Kober-Essers hat zeitlebens ihren Einsatz für den Flugzeugbau nicht nur aus technischem Interesse betrieben, sondern auch – das hat sie bis ins Alter betont – aus Patriotismus. »Die Werkstatt wartet! Die Front wartet! Dieser Gedanke beflügelte mich«, erinnert sie sich. Das mag heute befremden, zur damaligen Zeit war es das Übliche. Dass von Militärflugzeugen Bomben abgeworfen wurden und viel Leid über die Menschen gebracht wurde, hat Ilse Essers bei ihrer Arbeit im Flugzeugbau nie hinterfragt, weder im Ersten noch im Zweiten Weltkrieg. Hitler gegenüber, das verraten noch ihre Altersaufzeichnungen, empfand sie sogar dankbare Gefühle, er habe Deutschland aus wirtschaftlicher Not und politischer Abhängigkeit geführt. Ohne mit Ilse Essers im Nachhinein rechten zu wollen, muss doch festgestellt werden, dass sie – wie viele andere ihrer Generation auch – die eigene Verantwortung negiert und verdrängt hat und den persönlichen Einsatz in einer kriegswichtigen Industrie stets mit einem unpolitischen Interesse an der Technik und mit einem diffusen patriotischen Pflichtgefühl begründet und neutralisiert hat.

Nach Beendigung der Lehre bleibt Ilse Kober in der väterlichen Firma. Sie wendet sich der Statik und Festigkeitslehre zu und befasst sich systematisch mit den Problemen von Materialdehnung und -ermüdung und ungewollten Flügelschwingungen, die immer wieder zu Brüchen führen. Doch Ilse Kober will den Flugzeugbau nicht nur im Konstruktionsbüro und aus Büchern kennenlernen. Als Kopilotin absolviert sie etliche Testflüge und lernt so aus eigener Anschauung viel über Eigenschaften und Probleme des Fliegens. Und sie begeistert sich für das Abenteuer: »Wie herrlich war es, fliegen zu dürfen!« Einmal freilich setzt die Maschine, ein Wasserflugzeug, zu hart auf dem See auf und überschlägt sich, die beiden Piloten landen kopfüber im Wasser. Ilse Kober ertrinkt um ein Haar, kann aber noch gerettet werden. Doch selbst dieser Unfall kann ihre Begeisterung nicht schmälern. Im Gegenteil, sie erlernt selbst das Fliegen und nimmt sich dafür tagsüber stundenweise in der väterlichen Firma frei, Arbeitszeit, die sie abends hereinholen muss.

Das Familienunternehmen gerät indes in Turbulenzen: Im Februar 1916 zerstört ein Föhnsturm die große Montagehalle: Die Stahlstege knicken unter dem Druck des Windes ein. Zum ersten Mal wird Ilse Kober das Problem der Knickbeanspruchung an Biegungsträgern bewusst. Doch in der physikalischen Formelsammlung sucht sie vergebens nach einer Möglichkeit zur Berechnung. Ein anderes Unglück trifft Theodor Kobers Firma zwei Jahre später. Im April 1918 brennen das Bürohaus und die alte, noch von Zeppelin stammende große Holzhalle nieder. Doch die Firma kann beide Unglücke verkraften, Aufträge der Marine (der damals der Luftkrieg noch unterstellt ist) gehen bis kurz vor Kriegsende in Friedrichshafen ein.

Ilse Kober leitet in den letzten Kriegsmonaten das Konstruktionsbüro mit acht Angestellten. Erneut begegnet sie, auch in praktischen Experimenten mit Modellen, dem Problem der Knickkraft an Biegungsträgern, kann dafür in den Experimenten zwar Lösungen finden, aber noch keine mathematische Formel entwickeln.

EINBRUCH IN EINE MÄNNERDOMÄNE Dann kommt mit dem Kriegsende, der Revolution und den von den Siegermächten aufgezwungenen militärischen Restriktionen das Aus für den militärischen Flugzeugbau. Der Vater hält die Firma noch eine Weile mit der Produktion von halbgefertigten Flugzeugen für den Passagierverkehr aufrecht. Ilse Kober verlässt das Unternehmen und besucht eine private Schule in Stuttgart. Es gelingt ihr nach einem halben Jahr, das Abitur nachzuholen.

Doch der Flugzeugbau liegt in Deutschland darnieder. Ilse Kober entschließt sich, ein Studium der Physik an der Münchner Universität zu beginnen, gemeinsam mit ihrer Schwester Lore. In jenen Jahren strömen viele Kriegsheimkehrer an die Hochschulen, die Schwestern Kober gehören – noch dazu in einem naturwissenschaftlichen Fach – zu den ganz wenigen weiblichen Studierenden. Ilse Kober langweilt sich an der Universität: die Physik, wie sie dort gelehrt wird, ist ihr zu trocken, zu theoretisch, zu sehr der Wirklichkeit entfremdet. Also wechselt sie nach einem Semester auf die Technische Hochschule und schreibt sich für das Fach »Technische Physik« ein, sie hört Vorlesungen unter anderem in Elektrotechnik, Mechanik, Statik und Festigkeitslehre.

Enttäuscht ist sie, als sie bezüglich der Belastbarkeit von Biegungsträgern nur von der Scherkraft erfährt, aber kein Wort über die Knickkraft auf den Steg. Die Professoren scheinen von dieser Problematik, der sie doch aus eigener Anschauung begegnet ist, keine Kenntnis zu haben. Mitten in der Inflation, ohne zu wissen, wie sie das Studium weiter finanzieren soll, formuliert Ilse Kober im Herbst 1922 ihre Überlegungen über die *Stegbeanspruchung von Biegungsträgern* und leitet aus ihren Beobachtungen und Messungen eine mathematische Formel zur Berechnung der Knickkraft ab. Stolz und voller Hoffnung auf eine Assistentenstelle reicht sie die Ergebnisse bei Professor Ludwig Föppl schriftlich ein, ohne ihren weiblichen Vornamen zu verraten. Eine Woche später besucht sie den Professor in der Sprechstunde und wird bitter enttäuscht: Der Hochschullehrer war, wie sie sich erinnert, »darüber entsetzt, dass ich eine Studentin bin. Dann reichte er mir mein Eingereichtes mit den Worten zurück: ›Ach, das ist Unsinn. Lesen Sie meine Bücher, darin steht alles.‹« Ilse Kober ist zutiefst enttäuscht. Sie sieht sich als Frau, wie noch des Öfteren im Leben, in der

Männerdomäne der Naturwissenschaften zurückgesetzt und nicht ernst genommen. Und: Sie weiß, dass mit ihrer Formel die Statik sicher berechnet werden kann und damit Unfälle, die Menschenleben kosten und Materialschäden verursachen, vermieden werden können. Doch der professorale Dünkel ist größer als das tatsächliche wissenschaftliche Interesse und die wissenschaftliche Verantwortung. Ilse Kober-Essers resümiert: »Der alte Mann mit seinem wackelnden weißen Vollbart, er macht es, wie im Krieg die selbstbewussten Flieger machten, wenn man mit ihnen von einem neuen Flugzeug sprach. Von den freitragenden Junkersflügeln sagten sie: ›Ich kenne das Flugzeug nicht, aber ich lehne es ab.‹«

In den nächsten Monaten arbeitet sie als Aushilfskraft in einer auf Astrologie spezialisierten Buchhandlung in der Münchner Schellingstraße und lernt einige Forscher und Autoren aus den Bereichen der Astrologie und Astronomie kennen. Beeindruckt ist sie von einem Vortrag Max Valiers, der über mögliche Weltuntergangsszenarien durch kosmische Vorfälle referiert. Später wird sie Valiers Leben und Werk in einer umfassenden Monographie würdigen und damit den verkannten Pionier vor dem Vergessen retten.

Ilse Kober arbeitet später als Zeichnerin in einer Firma für Dreschmaschinenbau und schließlich wieder im Flugzeugbau, im Caspar-Werk in Travemünde. Dort nutzt sie erneut die Möglichkeit, ihrem Hobby, dem Segeln, nachzugehen. Zur Kieler Woche versammeln sich die Yachten der Prominenz. Prinz Heinrich, der Bruder des abgedankten Kaisers Wilhelm, ein technik- und sportbegeisterter Mann, nutzt die Gelegenheit und besichtigt das Caspar-Werk in Travemünde. Er wird auf die junge Zeichnerin aufmerksam und lädt sie ein, auf seiner Yacht an der Regatta teilzunehmen. Die beiden freunden sich an, und der Hohenzollernprinz gibt der jungen Frau den Kosenamen »Ayesha«, nach seinem Segelschiff. »Die fröhliche Stunde«, erinnert sich noch die alte Dame, »die wir nun mit dem Prinzen in der kleinen Kajüte beisammen saßen, werde ich nie vergessen.«

Dem Prinzen begegnet Ilse Kober wenig später wieder, auf der Wasserkuppe in der Rhön, dem Mekka des Segelflugsports. Zufällig trifft sie im nahen Gersfeld auch Professor Theodore von Kármán, den sie im Caspar-Werk kennengelernt hat. Er bietet ihr überraschend eine Assistentenstelle als Zeichnerin an seinem Institut in Aachen an. Dort lernt Ilse Kober Hugo

Junkers kennen, der die berühmten Junkers-Flugzeuge mit freitragenden Flügeln konstruiert. In Aachen soll ein Flugzeugtyp nach den neuesten Erkenntnissen der Statiker und Aerodynamiker gebaut werden. Ilse Kober zeichnet dafür die Flügelholme und berücksichtigt darin auch ihre selbstentwickelte Formel zur Berechnung der Knickkräfte. Kármán betrachtet ihre Zeichnungen überrascht und erkennt spontan: »Ja, damit haben Sie recht. Schreiben Sie es als Aufsatz nieder, ich werde diesen dann Professor [Ludwig] Prandtl schicken, ich denke, der wird den Aufsatz in *ZFM* [*Zeitschrift für Flugtechnik und Motor-Luftschiffahrt*] veröffentlichen.«
Ilse Kober ist überglücklich: Endlich werden ihre Überlegungen von einem anerkannten Wissenschaftler ernst genommen und nicht allein deswegen abgetan, weil sie eine Frau und nicht promoviert ist. Sie arbeitet ihre Überlegungen zu einem Aufsatz aus, wobei sie höchsten Wert auf Allgemeinverständlichkeit legt, »hatte ich mich doch in meinen Jahren im FF [Flugzeugbau Friedrichshafen] oft darüber geärgert, wenn Aufsätze in der *ZFM* für Mathematiker geschrieben waren. Ich sagte mir, Autoren werden doch für ihre Forschung, die dem Ingenieur nützen soll, bezahlt, darum sollten sie ihr Wissen so niederschreiben, dass es der Ingenieur am Reißbrett gut verstehen kann. Diesen Grundsatz habe ich auch später immer befolgt.«

RÄTSELHAFTE FLÜGELBRÜCHE Ihre Arbeit über die *Stegbeanspruchung hoher Biegungsträger* wird von Professor Theodore von Kármán 1927 als Diplomarbeit angenommen. Ilse Kober ist unterdessen Assistentin am Aerodynamischen Institut in Aachen und hält vertretungsweise auch Vorlesungen, wobei sie gerne ihre Erfahrungen aus dem Flugzeugbau ausbreitet. Dort lernt sie den Diplomingenieur Ernst Essers kennen. Beider Lebenswege trennen sich kurzzeitig, als Ilse Kober als Assistentin nach Berlin-Adlershof wechselt, an die Abteilung für Aerodynamik der Deutschen Versuchsanstalt für Luftfahrt (DVL). Dort wird sie auf die rätselhaften Flügelbrüche aufmerksam, die in jenen Jahren gehäuft auftreten und auch Menschenleben fordern. Der Flugzeugbau steckt dadurch in einer Krise, denn die gesellschaftlichen und wirtschaftlichen Entwicklungen verlangen nach immer schnelleren Fliegern, deren Sicherheit jedoch

aus unbekanntem Grund zu wünschen übrig lässt. So etwa stürzt Ende 1927 ein Verkehrsflugzeug der Lufthansa vom Typ Dornier Merkur wegen eines Flügelbruchs ab, alle Insassen kommen ums Leben. Daraufhin werden alle Lufthansa-Maschinen dieses Typs aus dem Verkehr gezogen. Doch die Ursachen für den Flügelbruch liegen im Dunkeln.
Ein Hinweis des Kunstfliegers Gerhard Fieseler lenkt Ilse Kobers Aufmerksamkeit auf die Schwingungen an den Flügeln. Sie konstruiert in den nächsten Wochen einen Schwingungsschreiber, der die Resonanzen auf lichtempfindliches Papier überträgt und so sichtbar und wissenschaftlich verwertbar macht. An Modellen, gebaut in Friedrichshafen, entwickelt Ilse Kober einen neuen Flügeltyp mit Ausgleichsgewicht am Querruder, womit ein »Massenausgleich« gegen das Flattern der Flügel erfolgt. Messungen im Windkanal bestätigen ihre Überlegungen: Der Flügel gerät nicht in Schwingung und bricht nicht. Als Ilse Kober zu ihren Eltern nach Hause kommt, meint sie enthusiastisch: »Der heutige Versuchstag im Windkanal war schöner als das schönste Regattensegeln.« Auch die Professoren von der DVL sind von der Idee überzeugt. Ilse Kober formuliert ihre Überlegungen und Beobachtungen aus. Der Aufsatz erhält von der Wissenschaftlichen Gesellschaft für Luftfahrt einen Preis zugesprochen. Zudem reicht Ilse Kober die Arbeit als Dissertation an der Technischen Hochschule Berlin ein und wird damit im Februar 1929 als erste Frau in der Fakultät Maschinenwesen zum Doktor der Ingenieurwissenschaften promoviert, mit der Gesamtnote »sehr gut«.

VERZICHT AUF DIE KARRIERE Für Ilse Kober scheint die akademische Laufbahn offenzustehen, sie wird kurz nach der Promotion zu einer Tagung von Schwingungsfachleuten nach Göttingen eingeladen – da kommen ihr die Liebe und die Konvention dazwischen. Sie heiratet 1929 Ernst Essers und entscheidet sich für ein Leben als Hausfrau und Mutter (im Laufe der Jahre bringt sie vier Kinder zur Welt). Später gesteht sie: »Den technischen Beruf aufzugeben, war mir schwergefallen, aber ich dachte mir: Jetzt will ich ganz Hausfrau sein. [...] Im Übrigen war ich fest entschlossen, kein technisches Buch und keine technische Zeitschrift mehr in die Hand zu nehmen. ›Nur keine Halbheiten‹ war meine Parole.«

Freilich passte ihr Verzicht auch ins Rollenklischee jener Jahre unter den Nationalsozialisten: die Frau als Ehefrau und Mutter, die mit der Aufzucht der Kinder dem Vaterland dient.
Die Essers ziehen nach Berlin-Frohnau. Ernst Essers wird Truppenunterrichtsleiter bei der Reichswehr, seit 1932 arbeitet er in der Abteilung der Kraftradschützen in Wünsdorf, südlich von Berlin. 1935 wird er unter Oberstleutnant Friedrich Paulus zu einem Panzerkorps nach Berlin-Stahnsdorf versetzt und dient dort als Truppeningenieur.
Im Zweiten Weltkrieg erinnert man sich wieder an Ilse Essers – freilich nicht an ihre technischen Innovationen im Flugzeugbau. Adolf Hitler hält nach dem siegreichen Frankreichfeldzug eine Rede, worin er für die Zeit nach dem Krieg großmundig eine Initiative zum sozialen Wohnungsbau ankündigt. Der Leiter der Abteilung für Hauswirtschaft beim VDI (Verband deutscher Ingenieure) wendet sich daraufhin an Ilse Essers mit der Bitte, Überlegungen zur Gestaltung von Küche und Bad im sozialen Wohnungsbau auszuarbeiten. Ilse Essers kommt diesem Wunsch aus patriotischem Pflichtgefühl nach. Ihre Ausführungen werden in den *Hauswirtschaftlichen Jahrbüchern* vom Mai 1942 veröffentlicht. Auch entwickelt sie ein spezielles Kissen zur Milderung von Stößen in Sanitätswagen, um verletzte Frontsoldaten zu schonen. Ihre Verbesserungsvorschläge werden von der Versuchsabteilung nicht beachtet. Ilse Essers ist persönlich verletzt: »So geht's, wenn eine Frau bei militärischen Stellen einen Verbesserungsvorschlag zu machen wagt. Ich empfand es als meine schwere Schuld, dass ich nichts erreicht hatte. Die armen Verwundeten!«
Im Herbst 1942 erfolgt die wohl größte Enttäuschung für die Erfinderin: Auf der großen Flugzeugschau in Berlin entdeckt sie Junkers-Flugzeuge, die mit dem Ausgleichsgewicht am Querruder ausgestattet sind. Ihre Erfindung wurde also stillschweigend übernommen, ohne dass sie davon wusste, ohne dass sie dafür honoriert werden musste, denn sie hatte es versäumt, ein Patent anzumelden.
Das Kriegsende erleben die Essers am Bodensee in relativer Sicherheit. Nach dem Krieg erhält Ernst Essers einen Ruf als Ordinarius für Kraftfahrwesen und Kolbenmaschinen an die Technische Hochschule in Aachen. Ilse Essers findet auch jetzt keinen Anschluss mehr an die Wis-

senschaft, sie lebt als verkannte und unbekannte Pionierin weiterhin für Haushalt und Familie. Nur einmal erhält sie – über ihren Mann – einen Auftrag: 1952 wird sie gebeten, das Schwingungsverhalten von Lkw-Anhängerkupplungen zu erforschen. Unbekannte Schwingungen nämlich, so wird vermutet, führen immer wieder dazu, dass sich die Anhänger von den Kupplungen losreißen und schlimme Unfälle verursachen.
Ilse Essers veröffentlicht ihren Aufsatz *Über gekoppelte Schwingungen an Lastzügen* 1956 in der *Zeitschrift für Flugwissenschaften* und leistet auch damit einen wertvollen Beitrag zur Verkehrssicherheit. Doch damit endet ihre aktive Arbeit als Ingenieurin.

DIE BIOGRAPHIN VERKANNTER PIONIERE Sie entdeckt in den letzten Lebensjahrzehnten ein neues Betätigungsfeld: das der Chronistin und Biographin von Persönlichkeiten aus der jüngeren Technikgeschichte, die – ähnlich wie Ilse Essers selbst – verkannte Pioniere sind: Es entstehen die großen Monographien über den Raketenpionier Max Valier (1968), den Flugapparatepionier Hermann Ganswindt (1977) und schließlich noch die Biographie des Förderers des Flugzeugbaus Prinz Heinrich von Preußen (1983). 1988 schließlich legt die bereits neunzig Jahre alte Dame ihre Lebenserinnerungen unter dem Titel *Technik an meinem Lebensweg* vor.
Ihr eigenes technisches Lebenswerk wird zwar von der Industrie genutzt, die Erfinderin jedoch blieb und bleibt in der Öffentlichkeit vergessen und verkannt, bis heute. Ilse Essers stirbt hochbetagt am 14. Februar 1994 in Aachen. Demütig, gar nicht technikversessen, klingen Gedanken, die sie an das Ende ihrer Erinnerungen gestellt hat:
»Diese ewigen Gesetze kann kein Zufall geschaffen haben, und keine Darwinsche Entwicklungslehre kann sie erklaren. Die vielen Naturgesetze der uns bekannten Welt kann nur ein denkender Geist, der Schöpfer der Welten, erfunden und eingesetzt haben. Wir Menschen können sie nur erkennen und mehrere der uns bekannten Naturgesetze für unsere Konstruktionen und für die Landwirtschaft gebrauchen. Aber ändern können wir diese Gesetze nicht.«

ELEKTRIZITÄT:
MIT ENERGIE IN DIE ZUKUNFT

JOHANN KRAVOGL

1823–1889

DER ELEKTROMOTOR

Ein begabtes Waisenkind aus Südtirol.
Wander- und Studienjahre in München und Wien.
Erfinderwerkstatt in Wilten bei Innsbruck.
Der erste Elektromotor auf der Pariser Weltausstellung.
Vakuumpumpe und Schnellfeuergewehr.
Der Kaiser zeigt sich gnädig. Gramme macht das Rennen. Ein Sonderling in Brixen.

Anfang Mai 1867 reist der knapp vierundvierzigjährige Tiroler Feinmechaniker Johann Kravogl in die große Welt, nach Paris. Er hat dafür eine Reiseunterstützung in Höhe von zwanzig Napoleondor von der Innsbrucker Handels- und Gewerbekammer erhalten, zudem freie Hin- und Rückfracht, um seine Erfindungen auf der Weltausstellung präsentieren zu können: eine chemische Waage, eine Quecksilber-Vakuumpumpe und – den ersten funktionstüchtigen Elektromotor der Welt.

Kravogl ist sich der Bedeutung des Motors sehr wohl bewusst. Man hat lange gebraucht, bis es gelang, mechanische Energie in elektrische umzuwandeln, wie dies beim Dynamo geschieht. Aber Kravogls Elektromotor kann mehr: mechanische Energie durch Rotation in elektrische Energie umsetzen, diese wiederum durch Rotation in mechanische Energie und so eine Maschine oder einen Wagen antreiben. Das ist in der Praxis noch Zukunftsmusik, aber das Prinzip als solches ist gelöst. Wie bei vielen Erfindungen besteht auch hier ein Bedürfnis. Die Suche nach der Nutzbarmachung elektrischer Energie liegt in der Tendenz der Zeit, im Schwange zunehmender Industrialisierung. Johann Kravogl ist nicht der Erste auf diesem Versuchsfeld. Vor ihm hat bereits der Amerikaner Charles Grafton Page (1812–1868) seit 1838 mit einem elektromagnetischen Kolbenmotor experimentiert. Ob Kravogl davon Kenntnis hatte, ist nicht bekannt. Tatsache aber ist, dass Pages Motor für die industrielle Nutzung unrentabel blieb, erreichte er doch einen Wirkungsgrad von gerade einmal drei Prozent. Kravogls Motor hingegen kommt auf fünfundzwanzig Prozent und hat eine Leistung von etwa einer neunzigstel Pferdestärke. Zu wenig, um größere Maschinen anzutreiben, aber der Wirkungsgrad ist groß genug, das Prinzip als solches ist überzeugend, um leistungsstärkere Motoren konstruieren zu können.

VIEL ALKOHOL IN PARIS ▮ Das begreifen auf der Pariser Weltausstellung Fachleute und Laien recht schnell. Kaiser Franz Joseph von Österreich, der sich zu Besuch in Frankreich aufhält, bestaunt den Elektromotor und erkennt intuitiv – wie bereits ein halbes Jahr zuvor bei Peter Mitterhofers Schreibmaschine – die Bedeutung dieser Erfindung seines Tiroler Untertanen. Aber auch Neider und Missgünstige treten in Paris in Erscheinung.

Darüber hat später ein Vetter des Erfinders, der Brixener Physikprofessor Andreas Wolf geschrieben. Seine Notiz ist keinesfalls als objektiver Bericht zu werten, aber als biographische Anekdote recht amüsant (wenngleich nicht lustig):

»Die berühmtesten Physiker, besonders [Zénobe Théophile] Gramme, konnten das elektrische Rad nicht genug anstaunen, und waren einfach ›paff‹, d. h. sie vermochten nicht hinter das Geheimnis zu kommen. Da luden sie das arglose Tiroler Naturkind zu einem solennen Festessen ein, feierten ihn über alle Maßen und ließen die feinsten französischen Weinmarken aufmarschieren. Kravogl, der alles andere eher als ein Trinker war, musste wohl oder übel immer wieder anstoßen und dabei mindestens etwas nippen. Ihre Absicht war, seine Zunge zu lösen, und das gelang: Kravogl plauderte zu viel aus und Gramme heimste dann dafür, dass er eine ganz naheliegende Verbesserung ausdachte, den klingenden Gewinn und den Ruhm ein. Erfinderschicksal, namentlich Schicksal der gutmütigen Tiroler!«

Man darf Wolfs Erinnerung nicht allzu wörtlich nehmen. Hieraus sprechen auch Empfindlichkeit und verletzter Tiroler Patriotismus, vielleicht sogar Wut darüber, als Verwandter nichts von einem potenziellen finanziellen »Kuchen« des später kinderlos verstorbenen Erfinders abbekommen zu haben. Aber Wolfs Vorbehalte gegenüber dem belgischen Konstrukteur Zénobe Théophile Gramme (1826–1901) waren nicht unbegründet.

Auch wenn es ins Reich der Anekdoten gehören mag, dass Kravogl betrunken gemacht wurde, um ihm seine Erfindergeheimnisse zu entlocken – wahr ist doch, dass auf der Pariser Weltausstellung jeder Fachmann aus dem Bereich der Elektromechanik den ausgestellten Motor studieren und das neuartige Prinzip ergründen konnte. Gramme hat 1867 in Paris Kravogls Elektromotor nachweislich gesehen. Das Patent, das Kravogl wenig später, am 12. August 1867, erhielt, schützte zwar einstweilen die Erfindung vor einem Nachbau. Aber Kravogl war – damit hatte sein Vetter nicht unrecht – tatsächlich »arglos« und »gutmütig«. Darin liegt – wie bei manchem der verkannten Pioniere – seine persönliche Tragik begründet, auch wenn seine Erfindung sehr bald ihren Siegeszug um die Welt antrat.

WAISENKIND AUS DEM BURGGRAFENAMT ▮ Johann Kravogl war ein Zeitgenosse und Landsmann Peter Mitterhofers, der um dieselbe Zeit die Schreibmaschine erfand. Und wie Mitterhofer stammte Kravogl aus der Region Burggrafenamt, aus Oberlana südlich von Meran. Geboren wird er am 24. Mai 1823 auf dem Ansitz (im Tiroler Verständnis ein kleines Schloss oder Herrenhaus) Rosengarten als Sohn des Gerichtskanzlisten Josef Kravogl und dessen Frau Maria. In diese behüteten Umstände bricht der Tod ein: Die Eltern sterben früh. Der intelligente Knabe kann nur die Volksschule im nahen Dorf Algund besuchen. Ein in Meran lebender Professor leiht ihm Bücher, die der Junge im Selbststudium durcharbeitet. Dreizehnjährig wird Johann Kravogl zu einem Verwandten, Josef Haring, nach Imst in die Lehre geschickt. Hier erlernt er das Schlosserhandwerk und erhält auch Einblick in die Büchsenmacherei. Alles Technische interessiert ihn. Nach der Lehre geht der Geselle auf Wanderschaft. Schließlich lässt er sich im Tiroler Ort Kronburg bei Zams nieder und beschäftigt sich mit allerlei Tüfteleien. In die Kronburger Zeit fällt die Erfindung einer Lokomotive, die mit Pressluft betrieben wird (1844); ein Modell befindet sich heute im Museum Ferdinandeum in Innsbruck.
Bereits damals wurde in einem amtlichen Zeugnis gewürdigt, dass »dieses Modell, in Anbetracht der geringen Vorkenntnisse des Verfertigers, ungewöhnliche technische Anlagen desselben bekundet«. Kravogl gelingt es jedoch nicht, ökonomischen Nutzen aus seiner Erfindung zu ziehen. Auch die Pressluftlokomotive präsentiert er 1867 auf der Pariser Weltausstellung, doch bleibt das Modell rechtlich ungeschützt. In Paris werden später feuerlose Straßenlokomotiven gebaut und zum Einsatz gebracht, ohne dass an deren Erfinder Lizenzen gezahlt wurden.

STUDIEN IN MÜNCHEN UND WIEN ▮ Kravogl ist sich bewusst, dass er von den verschiedensten Teilbereichen der Technik noch zu wenig weiß. Um eine Universität oder Akademie als eingeschriebener Student zu besuchen, fehlen ihm Reifezeugnis und Geld. Also lässt er sich im Jahre 1855 in München nieder und arbeitet eine Zeitlang als Mechaniker in der Firma G. Merz & Söhne (dem vormaligen Fraunhoferschen Optischen Institut). Er wird schlecht bezahlt, aber er nutzt seine knappe Freizeit als

Gasthörer von Vorlesungen zur Geometrie, Maschinenkunde, Physik, Gewerbsmaterialkunde und Gewerbschemie in diversen fortführenden Schulen und erwirbt sich tiefere Kenntnisse auf den unterschiedlichsten Gebieten. In jener Zeit hungert Kravogl häufig, oft genug ernährt er sich nur von trockenem Brot und einem Glas Bier. Seine Gesundheit wird in jenen Jahren unterhöhlt, er erkrankt an Tuberkulose.

Bereits nach einem Jahr bricht Johann Kravogl erneut auf. Er will nach Wien, von dessen Hochschulen damals der beste Ruf ausgeht. Von der Firma Merz erhält er ein glänzendes Zeugnis: »Er hat sich«, steht da, »durch Fleiß und besonderes Geschick, wie durch musterhaftes Betragen ausgezeichnet, so dass wir ihn nur mit Bedauern scheiden sehen.«

Rund ein Jahr lang lebt Kravogl in Wien, er findet Arbeit als Gehilfe im mechanisch-mathematischen Atelier von E. Kraft & Sohn. An Sonn- und Feiertagen besucht er als Gasthörer die Vorlesungen zur Physik, dekadischen Arithmetik und Mechanik am Polytechnischen Institut und erhält in Prüfungen beste Noten.

JAHRE IN WILTEN Im Sommer 1857 kehrt der inzwischen bereits Vierunddreißigjährige in seine Tiroler Heimat zurück: Zunächst verschlägt es ihn nach Gnadenwald bei Hall. Dort lernt er den dilettierenden Musik- und Technikliebhaber Kurat Schmid kennen und baut unter dessen Anleitung ein Harmonium mit verschiedenen Registern. Kravogl bringt sich weitgehend autodidaktisch das Spielen bei, ohne Noten lesen zu können, ohne schulische Kenntnisse von Tonarten- und Harmonielehre, und erreicht darin einige Fertigkeit. Das selbstgebaute Harmonium begleitet ihn ein Leben lang. Finanziell schlägt er sich in jenen Jahren mit kleineren Aufträgen durch, die er vom Gymnasium in Hall, der Oberrealschule in Innsbruck und der Universität erhält, für die er allerlei Modelle baut.

Kravogl lässt sich bald in Wilten bei Innsbruck nieder. Er bewohnt ein ärmliches Zimmer, das ihm zugleich als Werkstatt dient, in der Neurauthgasse, Ecke Leopoldstraße. Innerhalb der kleinen technisch gelehrten Gemeinde von Wilten und Innsbruck erwirbt sich Kravogl in jenen Jahren ein gutes Ansehen. Auf Vermittlung eines Gönners wird ihm 1862 sogar der Titel eines k. k. Universitäts-Mechanikers verliehen, was hochtrabend

Zeitgenössische Darstellung eines elektromechanischen Motors: Zentrisch liegender Kommutator, im Innern ein Eisenkörper, außen umlaufende Wicklungen.

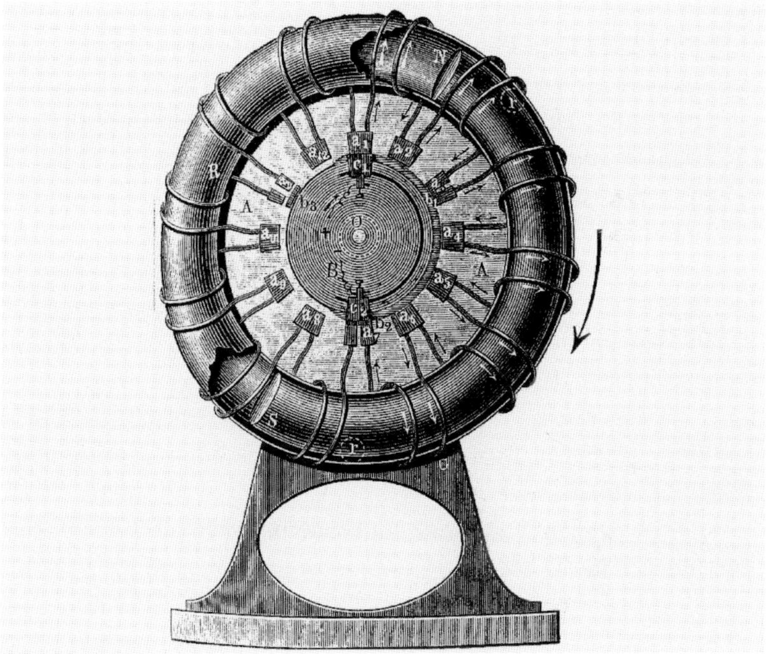

klingt, gleichwohl mit keiner finanziellen Dotation oder sonstigem Privileg verbunden ist.

In jenen Jahren entwickelt Johann Kravogl eine neuartige Vakuumpumpe, bei der Quecksilber als Kolben dient. Diese Pumpe stellte alle bis dahin gebräuchlichen weit in den Schatten: Mit ihr kann man eine Luftverdünnung bis zu einem Zwanzigtausendstel der gewöhnlichen Dichte erreichen. Mechaniker und Physiker wie Heinrich Geißler, A. Morren, Johann Christian Poggendorff und Hermann Sprengel haben später noch bessere Vakuumpumpen gebaut, aber alle fußen auf dem Kravogl'schen Prinzip. Teils aus ökonomischem Ungeschick, teils aus Mangel an Beziehungen gelingt es Johann Kravogl jedoch nicht, die Pumpe an die Industrie zu verkaufen. Es haben sich lediglich ein paar Modelle erhalten, und von seiner letzten, technisch verbesserten Vakuumpumpe sogar nur ein einziges Exemplar, das sich seltsamerweise fast am anderen Ende der Erde, in Ecuador, befindet und im Besitz der Universität von Quito ist.

DAS »ELEKTROMOTORISCHE KRAFTRAD« Bis 1867 konstruiert Kravogl seinen Elektromotor, das »elektromotorische Kraftrad«, wie er es nennt: Der Motor besteht aus einem hohlen Messingring, der wie ein Rad auf einer Welle angebracht ist. Elektrische Spulen umziehen den Ring, im Innern des Rings ruht am tiefsten Punkt ein beweglicher Eisenkern auf Rollen. Wird auf nur einer Seite durch die Spulen Strom geschickt, entsteht ein Magnetismus, der den Eisenkern auf diese Seite zieht. Dadurch entsteht ein Drehmoment, das Rad beginnt sich zu bewegen. Da sich der Kollektor mitdreht, sind immer die jeweils seitlichen Spulen stromdurchflossen, das Drehmoment bleibt aufrecht.

Kravogls Elektromotor übertraf den von Charles Gafton Page bei weitem. Kein Wunder, dass die Fachleute auf der Pariser Weltausstellung im Mai 1867 von Kravogls Erfindung begeistert waren. Auch wenn man Andreas Wolfs Erinnerung an den geglückten Versuch, Kravogl durch das Einflößen von Alkohol das Konstruktionsprinzip zu entlocken, ins Reich der Legende verweisen mag – eines ist unbestritten: Das neuartige Prinzip war den an ähnlichen Motoren tüftelnden Konstrukteuren jener Zeit schnell klar. Doch so »arglos«, wie Wolf meinte, Johann Kravogl auch gewesen sein mag, er war nicht auf den Kopf gefallen und sich der Bedeutung seiner Erfindung sehr wohl bewusst.

Also setzt er bereits vor Beginn der Weltausstellung alles daran, den Motor durch ein Patent zu schützen. Doch die Anmeldung kostet Geld, mehr als Johann Kravogl hat. Und er will dem Patentamt ein verbessertes Modell vorstellen, das nicht nur technisch, sondern auch ästhetisch seinen Vorstellungen entspricht. Kravogls Bruder Gottfried, ein begabter Zeichner, steuert Geld bei und verfasst den Patentantrag samt technischer Beschreibung; der Mechaniker und Eisengießer Thomas Lang aus Wilten besorgt einen verbesserten Guss des Rads und beteiligt sich sogar an den Kosten.

So kann Johann Kravogl kurz vor seiner Abreise nach Paris den Elektromotor in Wien anmelden, das Patent wird ihm am 12. August 1867 gewährt, allerdings auf zunächst nur drei Jahre. Innerhalb dieser Zeit soll Kravogl den Motor industriell fertigen lassen, ansonsten verfällt der Patentschutz.

Elektrisches Kraftrad von Johann Kravogl, das heute im Technischen Museum Wien gezeigt wird.

GESUCHE AN DEN KAISER ▌ Kravogl ist recht optimistisch. Er fühlt sich keineswegs alleingelassen. Immerhin sagt ihm die Innsbrucker Handelskammer Unterstützung zu. Die setzt auch tatsächlich am 14. September 1867 ein Schreiben an das k. k. Handelsministerium in Wien auf, worin Kravogl und sein Elektromotor in höchsten Tönen gelobt werden. Das Handelsministerium wird in den nächsten Monaten auch tätig – was sich in einem ausufernden Briefwechsel zwischen Ministerium, Gutachtern und Sachverständigen, dem Statthalter von Tirol und der kaiserlichen Kabinettskanzlei niederschlägt. Die zuständigen Stellen und Gutachter sind alle von Kravogls charakterlicher Integrität und der möglichen Nutzbarmachung seiner Erfindung überzeugt und befürworten eine Dotation von eintausend Gulden. Kravogl, dem das Warten offensichtlich zu lange wird, greift sogar in das Mahlwerk des bürokratischen Getriebes ein und überreicht am 15. November 1867 der kaiserlichen Kabinettskanzlei ein handgeschriebenes Gesuch an Kaiser Franz Joseph, worin er dankbar an das Interesse des Monarchen auf der Pariser Weltausstellung erinnert.

Und tatsächlich reagiert der Kaiser persönlich: Bereits am 31. Oktober hat Franz Joseph in einer handschriftlichen Notiz an Reichskanzler Ferdinand Friedrich Freiherr von Beust die Verleihung des goldenen Verdienstkreuzes an den Tiroler Erfinder angeordnet: »Mit besonderer Befriedigung habe Ich bei Meinem Besuche der gegenwärtigen Welt-Ausstellung in Paris von den erfreulichen Forschritten der österreichischen Technik auf dem Gebiete der Industrie usw. Kenntnis genommen und finde Mich gerne bewogen, aus diesem Anlasse nachstehende Auszeichnungen zu verleihen: [...] das goldene Verdienstkreuz: [...] dem Mechaniker Johann Kravogl in Innsbruck [...]«
Auch auf Kravogls persönliches Gesuch antwortet die Majestät persönlich und gewährt am 23. November eine Dotation: »Ich genehmige, dass dem Mechaniker Kravogl eine Unterstützung von Tausend Gulden auf Rechnung des Extra-Ordinariums des Ministeriums für Handel und Volkswirtschaft verabreicht werde.«

DAS SCHNELLFEUERGEWEHR Kravogl sieht seinen Durchbruch als Erfinder in greifbarer Nähe. Er unterbreitet dem Kaiser die Bitte, ihm seine jüngste Entwicklung vorstellen zu dürfen: Ein Schnellfeuergewehr, mit dem bis zu sechzig Schuss pro Minute abgegeben werden können. Der Kaiser lässt durch einen hohen Beamten antworten, er sehe der Überreichung des Gewehrs mit Interesse entgegen. Tatsächlich aber hat Franz Joseph anderes zu tun, als sich wiederholt mit den Erfindungen seiner tüftelnden Untertanen abzugeben. Aber immerhin darf Kravogl ein Jahr später, im Dezember 1868, sein Gewehr in Wien einer Kommission des Reichskriegsministeriums vorführen. Doch die Vorführung misslingt. Zwar funktioniert die Ladeeinrichtung und kann tatsächlich die versprochenen sechzig Schuss in der Minute abgeben, doch lässt die Treffsicherheit des Gewehrs sehr zu wünschen übrig. Die Herren von der Kommission zeigen sich enttäuscht. Ein gewisser Standesdünkel der durchweg adligen hohen Offiziere gegenüber dem verarmten Tiroler Mechanikus mag hinzugekommen sein. Jedenfalls lehnen die Herren es ab, das Patent von Kravogls Gewehr für das österreichische Militär anzukaufen. Ein verhängnisvoller Irrtum, wie die noch folgenden Balkankriege und der Erste

Weltkrieg zeigen werden, in denen die Rückständigkeit der österreichischen Waffensysteme klar zutage trat.
Besonders sind die Herren ob der Dickschädligkeit des Tirolers erbost, der sich weigert, das Gewehr auseinanderzunehmen und einen Blick in den Mechanismus zu gewähren. Kravogl fürchtet, übers Ohr gehauen zu werden. Er verlangt für den Ankauf des Patents die stattliche Summe von fünfzehntausend Gulden. Doch am Kauf einer sprichwörtlichen und noch dazu teuren »Katze im Sack« hat man im Ministerium kein Interesse. Die Verhandlungen sind gescheitert. Johann Kravogl kehrt enttäuscht nach Wilten zurück.

EIN SONDERLING IN BRIXEN Sein Name ist rasch vergessen, nicht nur bei den Herren von der Militärkommission, sondern auch im Handelsministerium. Kravogl gelingt es in den drei Jahren von 1867 bis 1870 nicht, seine Erfindungen ökonomisch zu verwerten. Die Legende glaubt zu wissen, er habe sein Schnellfeuergewehr an den »Erzfeind« Frankreich zu gutem Preis verkauft. Aber das ist nur eine hübsche – und unwahre – Anekdote. Kravogl bewohnt weiterhin seine ärmliche Kammer in Wilten und kann nicht verhindern, dass sein Patent auf den Elektromotor im August 1870 ausläuft. Knapp ein Jahr später, am 17. Juli 1871, stellt der belgische Konstrukteur Zénobe Théophile Gramme seine Version des Elektromotors, die »Gramme-Maschine«, Sachverständigen in Paris vor und erhält darauf ein Patent und die Möglichkeit zur industriellen Nutzung. Unzweifelhaft hat Gramme eigene Ideen in seinen Motor einfließen lassen; andererseits hat er 1867 auf der Weltausstellung in Paris Kravogls Elektromotor sehr wohl zur Kenntnis genommen. Kein Zufall ist es zudem, dass Gramme kurze Zeit nach dem Auslaufen von Kravogls Patent an die Öffentlichkeit trat.
Kravogls Erkenntnisse bleiben indes in Österreich nicht völlig unbeachtet. Im Jahre 1870 kann der Innsbrucker Professor Leopold von Pfaundler, ein Freund und Gönner des Tiroler Erfinders, mit dessen Elektromotor erstmals kontinuierlichen Gleichstrom erzeugen – *vor* Werner von Siemens, der zwar kurz zuvor das »dynamoelektrische Prinzip« verkündet hat, es aber noch nicht in die Praxis umsetzen konnte. Freilich bleibt diese

erfolgreiche Demonstration auf die enge Wissenschaftswelt begrenzt. Wenige Jahre später beginnen Firmen wie Siemens, Schuckert oder Brown, Boveri & Cie. mit der industriellen Vermarktung des Elektromotors.
Johann Kravogl selbst bleibt jedoch vergessen. Der schwindsüchtige Mann übersiedelt im Jahre 1877 nach Brixen und tüftelt dort noch an diversen Erfindungen – unter anderem an einer lithographischen Presse und einer elektrischen Glocke –, die jedoch in der Öffentlichkeit unbeachtet bleiben. Seinen Nichten und Neffen sagt er voraus: »Ihr erlebt es noch, dass die Eisenbahn keine Kohlen mehr braucht, die Kutschen ohne Pferde laufen und, wenn ein Krieg kommt, dass sich die Menschen mit Maschinen erschießen.«
Am 1. Januar 1889 stirbt der zeitlebens ehe- und kinderlos gebliebene Johann Kravogl in Brixen an der Tuberkulose. Er wird auf dem dortigen Friedhof beerdigt und gerät bald ganz in Vergessenheit. Einzig sein Neffe Josef Kravogl, ebenfalls Mechaniker, erkennt den Stellenwert der Erfindungen seines Onkels: Er erwirbt die Werkstatt samt Ausstattung des Verstorbenen und führt die Arbeit weiter. So konstruiert er mit Erfolg unter anderem Funkeninduktoren.
Erst nach dem Ersten Weltkrieg, als Johann Kravogls Prophezeiung von der Ermordung der Menschen mit Maschinen, den Kutschen ohne Pferden und der Nutzung von Elektromotoren in Lokomotiven sich bereits erfüllt hat, erinnert man sich in Kreisen österreichischer Technikhistoriker des Sonderlings aus Oberlana (das seit 1919 zu Italien gehört). Auch eine Nichte Johann Kravogls, die Schriftstellerin Paula Kravogl (1856–1916), hat in ihren Lebenserinnerungen *Jungmädchenjahre* (posthum 1917) von ihrem Onkel in seinem zugleich äußerlich ärmlichen wie innerlich reichen Wesen ein liebevolles Porträt gezeichnet:
»Wer ihn (1863) sah, in seinem blauen Arbeitskittel, an den Füßen mächtige Fleckerlpantoffeln, das gute freundliche Gesicht und seine gesellschaftliche Schüchternheit, beinahe Unbeholfenheit, der ahnte wohl nicht, was für ein Denker und Forscher vor ihm stand. Seine Sprache war ruhig und gelassen, ich sah ihn nie zornig oder aufgebracht. Er war beständig in Angst, nicht höflich genug zu sein – wenn er aber auf sein Fach oder die Naturforschung zur sprechen kam, da war er ein anderer Mensch. Fach-

Kravogls Modell einer Pressluftlokomotive von 1844, heute im Museum Ferdinandeum in Innsbruck.

lich und wissenschaftlich sprach er leicht und in gewählter Form, seine Augen bekamen ein eigenes Leuchten, sein Kopf mit der hohen, weit zurückreichenden Stirne war der Typus eines Gelehrten.
Das Zimmer war Wohn- und Arbeitsraum; es enthielt nur eine Drehbank und all die Behelfmaschinen, die er zu seinem Gebrauche selbst konstruiert hatte; alles war mit Fleiß, Genauigkeit und vielleicht übertriebener Sorgfalt gearbeitet. Johann liebte seine Werke wie der Schöpfer sein Geschaffenes und musste sich doch wieder von allem trennen, denn seine Kunst suchte nach Brot.«
Die Originale und Nachbauten der Modelle des elektrischen Kraftrads und anderer Erfindungen werden heute im Technischen Museum Wien, im Ferdinandeum Innsbruck und im Deutschen Museum München stolz präsentiert. Auf dem Friedhof zu Brixen wurde inzwischen eine Gedenktafel zur Erinnerung an Kravogl angebracht. Am Ansitz Rosengarten, dem Geburtshaus, erinnert eine Plakette an den Erfinder. Die Lehranstalt für Industrie und Handwerk in Bozen ist heute nach Johann Kravogl benannt. Straßen in Lana, Bozen, Meran, Brixen, Innsbruck, Salzburg und Wien erinnern an ihn; auch eine Straße in Partschins, dem Geburtsort eines weiteren, lange Zeit verkannten Tiroler Pioniers: Peter Mitterhofer, der Erfinder der Schreibmaschine.

NIKOLA TESLA

1856–1943

DIE NUTZUNG DES WECHSELSTROMS

Ein junger Serbe in der Donaumonarchie. Erfindungen im Kopf. Die Universität Graz zwangsexmatrikuliert Tesla. Er geht nach Amerika. Edison hält Tesla hin. Wechselstrom und der elektrische Stuhl. Geheimnisumwitterte Experimente. Ein Faust der Moderne. Allerlei Gerüchte über den Tod hinaus. James Bond lässt grüßen.

Um Nikola Teslas Leben ranken sich Gerüchte und Vermutungen, um seine Entwicklungen und Patente ebenso. Von manchen wird er nicht nur als genialer Erfinder betrachtet, sondern geradezu als Prophet verehrt. Seine Ideen streiften oft genug das Visionäre, aber die posthumen Darstellungen verklärten Tesla zum Propheten der Energietechnik und spinnen seine Erfindungen, auch die angeblichen, fort. Einige haben die Qualität und den Charakter von Science Fiction, und es ist für den Außenstehenden nicht immer leicht, Seriosität und freie Phantasie auseinanderzuhalten. Selbst Teslas unspektakulärer Tod – er starb im hohen Alter von sechsundachtzig Jahren in einem New Yorker Hotelzimmer, sein Leichnam wurde erst Tage später entdeckt – war Anlass zu kruden Verschwörungstheorien: Nicht nur, dass das FBI seinen Nachlass beschlagnahmt haben soll; auch sollen amerikanische Militärs nach seinen Aufzeichnungen »Tesla-Wunderwaffen« entwickelt haben. Andere Autoren behaupten, Teslas geheime Unterlagen seien an Tito-Jugoslawien verkauft worden (was der angeblichen Brisanz der Aufzeichnungen und dem Interesse des FBI widerspricht) und von dort an die Sowjetunion gelangt, wo man mitten im Kalten Krieg auf der anderen Seite an ebendiesen Wunderwaffen nach Teslas Ideen gebastelt habe. Ein Plot, geeignet für James-Bond-Filme.

Diesseits aller Phantastereien gewinnt Nikola Teslas Ideenwelt an Schärfe. Er mag in den letzten Jahren seines Lebens verkannt gewesen sein – was auch mit seiner Menschen- und Pressescheu zusammenhing –, aber er galt doch lange Zeit als einer der führenden Erfinder seiner Zeit, als Gegenspieler Edisons, ihm gleichbedeutend, wenn nicht gar überlegen. Einige seiner technischen Entwicklungen haben das 20. Jahrhundert entscheidend geprägt, allen voran die Nutzung des Wechselstroms. Erst sie ermöglichte überhaupt die flächendeckende Elektrifizierung und die verlustarme Übertragung großer Strommengen über weite Strecken. Dennoch hat Teslas Name in breiteren Schichten nie den Widerhall gefunden, der ihm gebührt. Gleichwohl streiten sich Physiker und Technikhistoriker um Nikola Tesla und apostrophieren ihn mal als Amerikaner, mal als Serben oder gar Österreicher. In Wahrheit sind nicht nur Teslas Entwicklungen weltumspannend, auch er selbst war ein Kosmopolit, der rund ein halbes Dutzend Sprachen beherrschte, im Laufe seines Lebens in mehreren Ländern lebte und doch am liebsten allein in seinem Laboratorium forschte.

STATIONEN IM HABSBURGERREICH ▌ Nikola Tesla wird am 10. Juli 1856 in Smiljan im heutigen Kroatien geboren, das damals zum Vielvölkerstaat Österreich-Ungarn gehört. Die Eltern sind Serben. Nikola ist das zweijüngste von fünf Kindern. Der Vater ist serbisch-orthodoxer Geistlicher, der es gerne sähe, wenn Nikola ebenfalls die priesterliche Laufbahn einschlüge. Der Junge ist sprachlich begabt, lernt neben der Muttersprache Kroatisch, Englisch, Französisch, Deutsch und Italienisch. Seit 1871 besucht Nikola die Höhere Realschule in Karlovac. Mit siebzehn Jahren erkrankt er schwer an Cholera und ist längere Zeit rekonvaleszent, wird deshalb auch vom Militärdienst befreit.

Doch weder zieht es Nikola Tesla zur Philologie noch zur Theologie. Seine Leidenschaft gehört ganz der Physik und der Mathematik. Er verfügt über die Fähigkeit, selbst schwierige mathematische Probleme im Kopf zu lösen oder physikalische Versuchsanordnungen und technische Konstruktionen weitgehend ohne schriftliche Aufzeichnungen zu imaginieren. In seinen Erinnerungen schreibt er über seine Jugendzeit: »Ich entdeckte zu meinem großen Erstaunen, dass ich mit Leichtigkeit geistige Bilder erzeugen konnte. Ich benötigte keine Modelle, Zeichnungen oder Experimente [...].«

Der junge Mann beginnt 1875 an der Technischen Hochschule in Graz ein Studium der Physik, Mathematik und Mechanik. Nach eigenen Angaben erhält er dort die Idee, Wechselstrom zum Betrieb von Elektromotoren zu nutzen. Seine diesbezüglichen Versuche mit dem »Grammeschen Dynamo« werden jedoch von einem Professor der Hochschule zynisch kommentiert: »Herr Tesla wird vielleicht große Dinge erreichen, aber dies wird ihm nie gelingen. Es würde gleichbedeutend damit sein, eine stetige Anziehungskraft wie die Gravitation in eine Rotation zu verwandeln. Es ist ein Perpetuum mobile, eine unmögliche Sache.«

Tesla gerät in Zweifel. Er erinnert sich: »Die ganze verbleibende Zeit in Graz verging in intensiven, aber fruchtlosen Anstrengungen [...] und ich kam fast zu dem Entschluss, dass das Problem unlösbar war.«

Tesla wusste geschickt für Publicity zu sorgen: Bei dieser Vorführung im Jahre 1891 referierte er über drahtlose Energieübertragung.

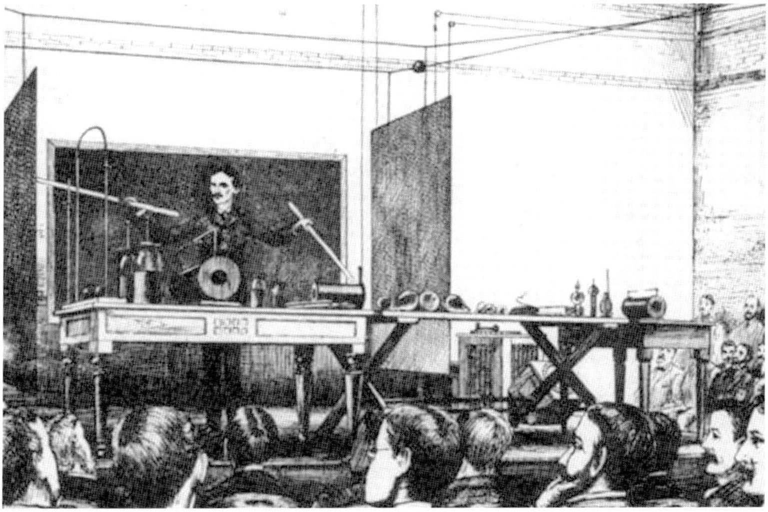

Er kann seine Experimente nicht genügend verfolgen: Er gerät in Geldnot, spielt Karten und beginnt ein »unregelmäßiges Leben« zu führen, wie der Dekan vermerkt. 1877 wird Nikola Tesla zwangsexmatrikuliert. Gleichwohl wird er später, als er in Amerika ein berühmter Mann ist, den Grazer Ehrendoktortitel erhalten, womit sich die Hochschule eher selbst schmücken will.

Nikola Tesla kehrt zu seinen Eltern zurück. 1879 stirbt der Vater, auf dem Sterbebett nimmt er Nikola das Versprechen ab, das Studium an der Universität Prag weiterzuführen. Der junge Mann geht nach Böhmen, hört an der dortigen Universität erneut Vorlesungen in Physik, Mathematik und Mechanik, sieht sich aber bald gezwungen, sich nach bezahlter Arbeit umzusehen. Beim zentralen staatlichen Telegraphenamt in Budapest wird er technischer Zeichner. In seiner Freizeit denkt er weiter über die Nutzbarmachung magnetischer Wechselstromfelder nach. Schließlich hat er die entscheidende Idee, rotierende Magnetfelder zur Erzeugung hoher Wechselstromspannungen zu nutzen. Damit können auch leistungsstarke Induktionsmotoren entwickelt werden. Der Weg zur vielfältigen Nutzung elektrischer Energie in Haushalten, im öffentlichen Raum und in der Industrie, zur Beleuchtung, aber auch zum Antrieb von Motoren, steht offen.

TESLA WENDET SICH AN EDISON Doch die Bedeutung dieser Entwicklung ist damals den allermeisten Menschen nicht bewusst. In Österreich-Ungarn stoßen Teslas Erkenntnisse auf Ignoranz. 1882 fährt Nikola Tesla nach Paris. Dort betreibt die »Edison Company« ein Büro. Thomas Alva Edison gilt zur damaligen Zeit als der einfallsreichste und auch einflussreichste Erfinder. Und er ist ein gewiefter Geschäftsmann, der seine wirtschaftlichen Interessen notfalls mit Gerissenheit und Ellbogen durchzusetzen weiß. In Paris kann man mit Teslas Erfindung jedoch nichts anfangen – oder tut zumindest so. Man betrachtet den jungen Mann als Spinner oder lästigen Konkurrenten. Tesla – immer klamm bei Kasse – verkauft seine Bücher und physikalischen Instrumente, um ein Schiffsticket für die Überfahrt nach Amerika zu erwerben. Später behauptet er, ihm sei das Ticket gestohlen worden, er habe nach Verhandlungen mit den Seeleuten das Schiff dennoch bestiegen und sei mit nicht mehr als einem Empfehlungsschreiben in der Tasche in New York angelangt.

Wie dem auch sei – sicher ist, dass Nikola Tesla 1884 bei Edison in New York vorspricht und ihm etwas naiv von seinen Ideen erzählt. Edison erteilt Tesla den Auftrag, einen von ihm entworfenen Dynamo zu verbessern und verspricht ihm dafür ein phantastisches Honorar von fünfzigtausend Dollar. Als der gutgläubige Tesla nach einigen Monaten Edison sein verbessertes Dynamo-Patent vorstellt und sein Honorar einfordert, erwidert der Amerikaner hemdsärmlig: »Tesla, Sie verstehen unseren amerikanischen Humor nicht.«

Es lässt sich darüber streiten, ob solche von Tesla überlieferten Äußerungen wahr sind. Tesla war ein Mensch, der sich zu stilisieren wusste, bis in den geschäftlichen Misserfolg hinein. Unbestreitbar ist, dass Edison und Tesla sich nicht verstanden, und dass Edison den Serben als ernstzunehmenden Konkurrenten empfand.

Tesla verlässt Edisons Firma, nimmt Gelegenheitsarbeiten an und gründet im Jahre 1887 seine eigene Firma, die »Tesla Electric Company«. Im Laufe der nächsten Jahre meldet er etliche Patente für Wechselstrombetrieb an, darunter einen elektromagnetischen Motor. Seine Erkenntnisse finden in Forscherkreisen zunehmend Beachtung, Tesla hält auch Vorträge, etwa vor Vertretern des »Instituts der Elektroingenieure«. Fatal ist Teslas Be-

kanntschaft mit dem Ingenieur und Erfinder George Westinghouse: Im Juli 1888 schließen beide einen Vertrag. Tesla verkauft Westinghouse seine Patente zum Dreh- und Wechselstrom – angeblich für eine Million Dollar. Ob Tesla diese Summe erhalten hat, ist fraglich. Andere Quellen sprechen von gerade einmal zweihunderttausend Dollar.
Nikola Tesla wird in jenen Jahren zum angesehenen Wissenschaftler. Er nimmt die amerikanische Staatsbürgerschaft an und forscht – zum Teil gemeinsam mit Westinghouse – an neuen Patenten. Unter anderem experimentiert er mit Hochfrequenzströmen und sogenannten Teslaspulen, mit denen er Spannungen von bis zu vier Millionen Volt erzeugt. Auch entwickelt er Vakuumröhren, die Vorläufer der späteren Neonröhren, und konstruiert erste Fernsteuerungen und drahtlose Verbindungen.
Edison – ein Verfechter von Gleichstromanlagen – verfolgt Teslas wachsendes Ansehen und Westinghouses kommerziellen Erfolg mit Missgunst und versucht beider Ruf zu schädigen. Er lässt publikumswirksam Hunde und Katzen mit hohen Stromstößen töten, um der Öffentlichkeit die Gefährlichkeit von Westinghouses Starkstromanlagen zu demonstrieren. Für diese unschöne Art und Weise, Lebewesen umzubringen, ersinnt Edison den Begriff »to westinghouse«. Doch er erreicht mit seiner ungewöhnlichen Kampagne gerade das Gegenteil: Die Industrie interessiert sich immer mehr für die Vorzüge des Wechselstroms. Nach Teslas und Westinghouses Konstruktionsplänen wird 1893 die Beleuchtungsanlage für die Weltausstellung in Chicago errichtet und 1899 ein Elektrizitätswerk an den Niagarafällen gebaut. Weniger zivilisationsfreundlich ist die Idee von Politikern und Gefängnisdirektoren, elektrische Stühle zu bauen. Gewaltverbrecher werden seither »westinghoused«. Nikola Tesla hatte zumindest das Glück, dass sein Name – vielleicht wegen seines für Amerikaner ungewöhnlichen slawischen Klangs – dafür nicht herhalten musste.

SCHATTENSEITEN DES RUHMS Nikola Tesla steht in jenen Jahren auf dem Gipfel seines Ansehens. Finanziell ist er unabhängig, besitzt auch Förderer in Wirtschaft und Politik. Doch irgendwann in jenen Jahren um 1900 beginnt sein zunächst unmerklicher, langsamer, aber stetiger gesellschaftlicher Abstieg. Tesla erlahmt nicht in seiner schöpferischen Kraft, aber er unterliegt mehr und mehr den harten Realitäten des Geschäftslebens, er verliert – zum Teil aus Ungeschick, zum Teil aus Naivität – Freunde und Förderer. Er ist der Typus des Einzelgängers, der um seiner Ideen willen forscht, nicht weil er reich und berühmt werden will. Er vernachlässigt die wirtschaftliche Ausbeutung seiner Patente (ähnlich wie vor ihm Siegfried Marcus in Wien) und wehrt sich nicht einmal, wenn andere Forscher seine Ideen stehlen und seine Patentrechte verletzen. Zudem setzt um die Jahrhundertwende eine Strömung ein, die Tesla und seine Erfindungen ins Legendäre und Esoterische zieht. Das macht es bis heute schwer, zwischen realen und angeblichen Erfindungen und Ideen zu unterscheiden. Viel wurde von legendären Motoren, Raketen und neuen Energieformen phantasiert, die Tesla erfunden haben soll (für die es aber keine hinlänglichen Beweise gibt) und deren Pläne nach seinem Tod mal vom amerikanischen FBI, mal vom sowjetischen Geheimdienst beschlagnahmt und weiterentwickelt worden sein sollen. Ein dankbares Feld für allerlei Verschwörungstheorien.

Tesla beschäftigt bald die Köpfe der »gewöhnlichen« Bürger. Und wie bei jeder Berühmtheit interessiert sich die Öffentlichkeit auch für sein Privatleben – falls es denn eines gibt.

Verehrerinnen belästigen den gutaussehenden und elegant gekleideten Mann mit Briefen und mehr oder minder eindeutigen Angeboten. Tesla bleibt höflich, auch in seinen Absagen. Einem weiblichen Fan, der recht mütterlich-bevormundend an den Erfinder herantritt, antwortet er rücksichtsvoll, aber bestimmt: »Ich habe den festen Entschluss gefasst, keine Einladungen, so verlockend sie auch sein mögen, mehr anzunehmen.«

Tesla wohnt in all jenen Jahren nur in Hotels und speist in vornehmen Restaurants – kostspielige Angewohnheiten, die ihn später ruinieren. In seinem Lieblingslokal sitzt er immer am selben Tisch, grundsätzlich speist er allein, die Anwesenheit von Damen irritiert ihn. Das lässt bald Gerüchte kursieren, er sei homosexuell. Vielleicht war er das, vielleicht wollte er aber einfach nicht aus seiner Gedankenwelt gerissen werden. Am liebsten ist er ungestört in seinem Labor. Was sich letztlich in seinem Kopf vollzog, bleibt – wie bei jedem genialen Menschen – ein Geheimnis. Marotten wie die, keinem die

Eine Fotografie, ebenfalls für die Publicity inszeniert: Tesla im Dezember 1899 in seinem Labor in Colorado Springs, von künstlichen Blitzen umzuckt.

Hand zu geben und Unmengen von Handschuhen und Taschentüchern zu verbrauchen, mögen für sich stehen, verstehen muss man sie nicht.

Zu den von Tesla nicht genügend verfolgten Patenten gehört die Funkübertragung und damit der Radioempfänger. 1897 (nach anderen Quellen 1895) machte er erfolgreiche Versuche, Nachrichten per Funk über größere Strecken zu übermitteln. 1901 funkte Guglielmo Marconi Nachrichten über den Atlantik und etablierte damit den Vorläufer des Radios. Tesla, darauf angesprochen, soll würdevoll geantwortet haben: »Marconi ist ein guter Kerl. Lasst ihn nur weitermachen. Er benutzt siebzehn meiner Patente.« Marconi jedenfalls wusste sich in der Öffentlichkeit zu verkaufen. 1909 wurde ihm der Nobelpreis für Physik verliehen.

Für den Nobelpreis ist Nikola Tesla auch einmal nominiert, im Jahre 1912 – gemeinsam mit seinem Rivalen Thomas Alva Edison. Doch ein anderer Physiker, der Schwede Gustaf Dalén, erhielt ihn in jenem Jahr.

LANGSAMER ABSTIEG ▌ Das war bereits zu einer Zeit, als Tesla zunehmend aus der Öffentlichkeit verschwand: in die Tiefen seines Labors, seiner geheimen Ideen und Konstruktionen, aber auch in die Mystifizierung durch seine Gemeinde. Einhundertundzwölf Patente hat Tesla im Laufe seines langen Lebens in den Vereinigten Staaten von Amerika angemeldet, rund siebenhundert weltweit. Nicht alles scheint realisierbar oder auch nützlich zu sein, manches trägt die Züge von technologischen Visionen und Projektionen.

Zu den nachvollziehbaren Ergebnissen Teslas gehören Elektronenröhren, Leuchtstoffröhren, Hochfrequenzoszillatoren, ein Vorläufersystem des Radars, ein geothermisches Kraftwerk und grundlegende Erkenntnisse zur Entstehung und künstlichen Erzeugung von Blitzen. Andere Entwicklungen waren von ihm zumindest angedacht, etwa die Mikrowellentechnik, das Fernsehen und die drahtlose Energieübertragung.

Nikola Tesla stand zeitlebens unter dem Druck, finanzkräftige Förderer für seine Projekte zu finden. Die Zeiten des still in seiner Garage tüftelnden Erfinders waren vorbei. Die Versuchsanordnungen und das technische Inventar waren so umfassend und kompliziert, dass Tesla Assistenten, vor allem aber aufwendige Versuchsanlagen benötigte.

1899 kann er mit Hilfe von Fördergeldern eine Versuchsanlage mit siebzig Meter hohem Sendeturm in der Hochebene von Colorado Springs in Betrieb nehmen. Dort widmet er sich bis 1902 der Erforschung von Blitzen, den Eigenschaften starker Stromspannungen und der drahtlosen Energieübertragung. Über eine Entfernung von rund vierzig Kilometern soll es ihm gelungen sein, zweihundert Fünfzig-Watt-Glühlampen auf diese Weise zu erleuchten.

Die Industrie wird auf ihn aufmerksam und erhofft sich von seinen Erkenntnissen bares Geld. Der Bankier John P. Morgan, der auch in den Energiesektor investiert, wittert im Wechselstrom und dessen Vorzügen der verlustarmen Übertragung auf weiten Strecken ein großes Geschäft. Er finanziert Tesla ein weiteres Laboratorium mit dem Namen »Wardencliff« auf Long Island bei New York. Dort arbeitet der Erfinder in den Jahren 1902 bis 1905 und experimentiert mit der Übertragung von Radiowellen, aber auch mit kabelloser Energieübertragung. Er ist so unklug oder naiv, seinem Geldgeber von der Möglichkeit drahtloser Energieübertragung und von alternativen Energien, die in Zukunft jeder Haushalt nutzen

könne, vorzuschwärmen. Morgan, Mitinhaber eines der größten Stromkonzerne Amerikas, ist begreiflicherweise von solch einer Energieanarchie und -autonomie nicht begeistert und entzieht dem Erfinder seine Unterstützung. »Wardencliff« wird geschlossen, Tesla von seinen Gegnern zunehmend ins gesellschaftliche und wissenschaftliche Abseits gedrängt, seine Ideen werden belächelt oder lächerlich gemacht – nicht immer, weil sie zu visionär oder (noch) nicht realisierbar waren, sondern auch, weil handgreifliche wirtschaftliche Interessen ihnen entgegenstanden.
Gerade dieses wirtschaftliche Denken geht Nikola Tesla zeitlebens ab. Sein fortwährender Ideenrausch lässt ihm keine Zeit, sich um die »Niederungen« des Marktes zu kümmern. Teslas Biograph John O'Neill zitiert ihn: »Das ist Kleinkram, damit kann ich mich nicht aufhalten. Warten Sie ab, bis ich die prächtigen Erfindungen habe, die ich gerade ersinne, und dann werden wir Millionen machen.«

EIN FAUST DER MODERNE Nikola Tesla war ein von seinen Ideen Getriebener. In seinem Erkenntnisdrang ähnelt er dem sagenhaften Doktor Faust. Und wie dieser scheint auch Tesla nicht nur mit guten Geistern verbunden gewesen zu sein, sondern auch mit dem mephistophelischen »Geist, der stets verneint«. Berühmt-berüchtigt ist ein Experiment mit einem elektromechanischen Oszillator, ein Gerät von nur geringer Größe, das Schwingungen aussandte, die die umliegende Materie in starke Resonanz versetzten. Tesla testete den Oszillator in seinem Labor in Manhattan. Die Schwingungen übertrugen sich auf Möbel, Wände, Boden, breiteten sich über das ganze Gebäude aus, hinunter in die Kellerfundamente und von dort weiter in das umliegende Erdreich. Ein künstliches Erdbeben, das die gleiche Frequenz hatte wie die Eigenfrequenz der Untergrundschichten. Das Gebäude drohte einzustürzen, im Straßenasphalt bildeten sich Risse. Entsetzte Anwohner riefen die Polizei, die das Gebäude stürmte und in Teslas Labor in ebenjenem Augenblick eindrang, als der Erfinder – erschrocken über die Kraft der von ihm erzeugten künstlichen Schwingungen – den Oszillator mit einem schweren Hammer zertrümmerte. Tesla setzte diese Versuche nicht fort – vielleicht aus Angst vor der dunklen Seite des menschlichen Schöpferdrangs. Doch brüstete er sich damit, er

Der Herr des Lichts: Tesla in der Pose des luziferischen Denkers, in der Hand eine Lampe, die drahtlos durch ein elektrisches Feld zum Leuchten gebracht wird.

könne mit solch einem kleinen Gerät sogar das Empire State Building innerhalb kürzester Zeit zum Einsturz bringen, mit künstlichen Beben sogar die Erde sprengen. In solchen Äußerungen mag schöpferischer Wahn mitschwingen, doch zeigen sie exemplarisch auch, welche Verantwortung vor der Mitwelt und der Schöpfung der Wissenschaftler in heutiger Zeit trägt. Diese Thematik wurde wenige Jahre später wieder aktuell, als die Atomkernspaltung Wissenschaftler bewusst werden ließ, dass dies die friedliche Nutzung in der Energiegewinnung, aber auch die mögliche Vernichtung der Menschheit und der ganzen Schöpfung implizierte.

Teslas letzte Lebensjahre liegen im Dämmer der Mystifizierung. Nicht alles, was über seine Ideen und Projekte später geschrieben wurde, lag im Bereich des Machbaren. Er selbst, vor allem aber einige Phantasten trugen zu dieser Verdunkelung bei. Dass ohne seine Nutzbarmachung des Wechselstroms die technische und industrielle Revolution der Moderne nicht denkbar gewesen wäre, liegt auf der Hand.

Tesla selbst war von der Einzigartigkeit seiner Person so überzeugt, dass er glaubte, ein natürliches Anrecht auf Existenz zu haben. Er sagte für sich eine Lebensdauer von einhundertzwanzig Jahren voraus. Als er um den 7. Januar 1943 in einem Hotel in New York im siebenundachtzigsten Lebensjahr an Herzversagen starb, kamen bald Gerüchte über eine Ermordung durch den amerikanischen oder russischen Geheimdienst auf. Auch das entspringt Gehirnen, die zu viele Agententhriller gelesen haben. Heute betrachtet man Nikola Teslas Leistungen gerechter, aber auch nüchterner. Immerhin wurden ihm inzwischen auch einige Ehrungen zuteil: Seit 1960 ist die physikalische Einheit der magnetischen Flussdichte nach ihm benannt. In der kommunistischen Tschechoslowakei trug ein elektrotechnischer Staatsbetrieb Teslas Name. Ein kalifornisches Unternehmen, das Elektroautos produziert, hat sich ebenfalls nach dem großen Erfinder benannt. An der Technischen Universität Graz, die einst den jungen Erfinder wegen seines Hangs zu Ausschweifungen exmatrikulierte, heißt heute ein Labor nach ihm. Der Flughafen von Belgrad trägt Teslas Namen. Und das Geburtshaus Teslas in Smiljan im heutigen Kroatien und ein Tesla-Museum in Belgrad widmen sich Leben und Werk des zeitweise verkannten Pioniers der Elektrotechnik.

SEHEN, SCHREIBEN, HÖREN, SPRECHEN, ORTEN, RECHNEN, LASERN:
NEUE WEGE DER KOMMUNIKATION

HIPPOLYTE BAYARD

1801–1887

DAS DIREKTPOSITIV-VERFAHREN IN DER FOTOGRAFIE

Ein Erdbeben auf Martinique und
die Belichtung eines Pfirsichs. Ein Finanzbeamter
in der Pariser Boheme. Bedrohung der Malerei
durch die Fotografie. Intrigenspiel in der Akademie.
Bayard bringt sich um, um weiterzuleben.
Ritter der Ehrenlegion für den Beamtendienst.
Der Krieg platzt in eine Ehrung.

Im Januar 1839 erschüttert ein Erdbeben die französische Karibikinsel Martinique. Um Spenden für die Opfer zu sammeln, werden im fernen Mutterland Wohltätigkeitsveranstaltungen initiiert. Eine davon soll in einem Pariser Auktionshaus in der Rue des Jeûneurs stattfinden. Diese Gelegenheit nutzt ein bislang unbekannter Lichtbildpionier, um seine fotografischen Aufnahmen vorzustellen. Es geht um die erste Präsentation einer neuen, wegweisenden fotografischen Technik, des »Direktpositiv-Verfahrens«. Sein Erfinder: der Finanzbeamte Hippolyte Bayard. Während bis dahin fotografische Aufnahmen auf Silberplatten fixiert wurden, hatte Bayard die Idee, Papier als Trägermaterial zu verwenden. Dadurch konnten fotografische Aufnahmen besser archiviert werden. An eine Reproduktion jedoch dachte Bayard zum damaligen Zeitpunkt noch nicht. Denn sein Verfahren erlaubte nur Positive, also Unikate, keine Reproduktionen mit Hilfe eines Negativs. Doch ein entscheidender Schritt weg von einer elitären Technik hin zu einem neuen Massenmedium war damit getan, selbst wenn Bayard sich dessen zum damaligen Zeitpunkt nicht bewusst war. Über *eines* war er sich jedoch im Klaren: Seine Aufnahmen besaßen nicht nur experimentellen, sondern auch künstlerischen Charakter. In der Ausstellung, die am 24. Juni 1839 in der »Salle des Commissaires-Priseurs« in Paris eröffnet wurde (eine andere Quelle nennt den 14. Juli), zeigte Bayard dreißig direktpositive Papierbilder. Es war die Geburtsstunde der Fotografie als Kunst. Nicht nur hinsichtlich der ästhetischen Elemente der ausgestellten Objekte, sondern auch dahingehend, dass Bayard mit seinen Darstellungen eine Reihe bildender Künstler zu veränderten Sichtweisen inspirieren sollte.
Doch die Ausstellung stand unter einem Unstern. Das lag vor allem an *einem* Mann: François Arago, mächtiger Leiter des Pariser Observatoriums und Gegner Hippolyte Bayards. An ihm sollte der Fotopionier zwar nicht scheitern, aber auf seinem geradlinigen Weg behindert werden.

BELICHTUNG EINES PFIRSICHS ▌ Hippolyte Bayard wird am 20. Januar 1801 im Städtchen Breteuil-sur-Noye im Departement Oise als Sohn des Friedensrichters Emmanuel Bayard und dessen Frau Adélaïde geboren. Der Vater scheint für den Sohn von Anfang an eine Beamtenlaufbahn vorgesehen zu haben. Zumindest kommt Hippolyte bereits in jungen Jahren nach Paris und findet dort Anstellung im Finanzministerium, nahe der Place de la Concorde. Doch die bürgerliche Sicherheit reicht ihm als Lebensentwurf nicht aus. Früh schon interessiert er sich für Physik und Chemie, hat aber auch künstlerische Neigungen und unterhält in der Hauptstadt rege Kontakte zur Boheme. Bezeugt sind Freundschaften mit den Schauspielern Jean-Marie Geoffroy und Adolphe Dupuis, mit den Malern und Illustratoren Eugène-Emmanuel-Amaury Pineu-Duval, Daniel Saint, Charles Albert d'Arnoux (genannt Bertall) und Jules Ziegler, und mit den Lithographen und Zeichnern Paul Gavarni und Henri Grevedon.

Die Lithographie (der Steindruck) war die damals beliebteste Vervielfältigungstechnik von Illustrationen, sie kam einem wachsenden Bedürfnis nach Bildern entgegen, zumal Zeitschriften und billige Romanreihen der in der Französischen Revolution einsetzenden Demokratisierung von Information und Bildung Rechnung trugen. Doch mit der Lithographie allein konnte der Hunger nach aktueller und realistischer Bebilderung nicht gestillt werden. Die Zeit war reif für eine Technik der direkten Abbildung der Wirklichkeit: In England experimentierte William Henry Fox Talbot (1800–1877) seit 1834 mit dem fotografischen Verfahren, in Frankreich Joseph Nicéphore Nièpce (1765–1833) seit 1826 und Louis Daguerre (1787–1851) seit 1837. Hippolyte Bayard erkannte die Zeichen der Zeit. Seine physikalische Neugier und seine künstlerischen Neigungen gingen bei seinen Versuchen eine glückliche Verbindung ein.

Es wurde spekuliert, wann und wie Bayard auf die Idee kam, Licht auf eine empfindliche Oberfläche zu projizieren. Er war nicht der Erste und Einzige, der mit der Fotografie experimentierte. Lange vor den Pionieren Talbot und Daguerre war das Prinzip der Camera obscura oder Lochkamera bekannt: Bereits Aristoteles (384–322 v. Chr.) verweist in seiner Schrift *Problemata physica* auf das Phänomen der Entstehung eines auf dem Kopf stehenden Bildes, indem Licht durch ein kleines Loch auf eine Wand geworfen wird. Und seit dem späten 13. Jahrhundert nutzten im Abendland Astronomen die Camera obscura zur Beobachtung des Sternenhimmels.

In der Frühzeit der Fotografie fielen die Apparaturen schon mal etwas größer aus. Hier ein Experiment von 1918.

Die Legende jedenfalls weiß von einem Schlüsselerlebnis, das der junge Hippolyte Bayard im Baumgarten des Vaters gehabt haben soll. Der Fotohistoriker Georges Potonniée »berichtet« hiervon:

»In seinen freien Stunden widmete sich der Richter der Gartenarbeit. In diesem Garten standen Obstbäume, an denen herrliche Pfirsiche in der Herbstsonne reiften. Herr Bayard senior fand Gefallen daran, jedes Jahr einige Körbe von diesen schönen Früchten an seine Freunde zu schicken, und in seinem naiven Besitzerstolz war ihm daran gelegen, durch ein unverwechselbares Zeichen darauf hinzuweisen, dass diese Früchte aus seinem Obstgarten stammten. Zu diesem Zwecke hatte er ein eigenartiges Mittel erdacht, das nichts anderes war als ein echt fotografisches Verfahren, ohne dass der Richter sich dessen bewusst war. An einem Baum, dessen Früchte bald reif waren, wählte er einen Pfirsich, natürlich, wie man sich denken kann, den schönsten. Um ihn vor den Sonnenstrahlen zu schützen, wickelte unser Friedensrichter diese wunderbare Frucht sorgfältig in Blätter. Wenn nun der so vor direkter Sonnenbestrahlung bewahrte Pfirsich die gewünschte Größe erreicht hatte, wickelte er ihn aus den Blättern und setzte ihn dann nochmals der Sonne aus. Nur hatte er zuvor die beiden Anfangsbuchstaben seines Namens kunstvoll aus Papier ausgeschnitten und auf die Frucht geklebt. Wenn man nach ein paar Tagen dieses schützende Papier abnahm, hoben sich die beiden Buchstaben weiß von dem roten Grund des Pfirsichs ab, dem die Sonne so einen unauslöschbaren Stempel aufgedrückt hatte.«

Diese Anekdote mag nicht wahr sein – unwahrscheinlich ist sie hingegen nicht; in dem Sinne, dass das Experimentieren mit lichtempfindlichen Oberflächen – und um ein solches handelt es sich letztlich auch bei Vater Bayards »Signieren« der Pfirsiche – damals keine Neuigkeit mehr darstellte. Neu hingegen war die Lösung, die Hippolyte Bayard nach jahrelangen Versuchen zu Beginn des Jahres 1839 zur öffentlichkeitstauglichen Reife brachte:

Dabei wird gewöhnliches Papier mit einer Silberchloridlösung überzogen, die sich im Sonnenlicht schwarz färbt. Anschließend wird das Papier in eine Iod-Kaliumiodid-Lösung getaucht und danach in einer Lochkamera belichtet. Dabei wird das Iod an das geschwärzte Silber gebunden. Es entsteht ein Positivbild, das wiederum mit einer Kaliumbromid-Lösung fixiert wird.

Die Qualität von Bayards Bildern war von Anbeginn erstaunlich gut, er verbesserte sie innerhalb weniger Monate in einem Maße, dass sie den damals üblichen Daguerreotypien ebenbürtig waren. Der Nachteil von Bayards Methode: Es existiert kein Negativ, die Bilder können also nicht reproduziert werden und bleiben Unikate – was gleichwohl ihren wertvollen »Kunstcharakter« unterstreicht. Doch ist das Verfahren günstiger und leichter zu handhaben, das Material des Papiers auch besser zu archivieren als Daguerres Bildträger Metall.

DIE ANGST DER MALER VOR DER FOTOGRAFIE Die Versuche damaliger Fotografen galten keineswegs als elitäre Tüfteleien. In akademischen und künstlerischen Kreisen wurden die Entwicklungen entweder mit Wohlwollen oder Abwehr verfolgt, in jedem Fall aber mit großer Neugier. Besonders Maler befürchteten eine Herabwertung ihrer Kunst durch das neue Medium. Und wenngleich mancher Künstler damals auch versuchte, die Möglichkeiten der Fotografie in Frage zu stellen oder gar lächerlich zu machen, spricht aus solchen Äußerungen Angst. Bezeichnend ist ein Briefdialog zwischen Vater und Sohn Viollet-le-Duc. Der Vater berichtet seinem Sohn, dem nachmals berühmten Architekten, im September 1836 von Daguerres Verfahren:

»Daguerre ist es gelungen, auf chemischem Weg eine Reflexion der Camera obscura auf einem glatten und weißen Material, das kein Papier ist, zu fixieren. […] Es ist eine vom ›Diorama‹ aus aufgenommene Ansicht von Montmartre: der Telegraph und sein Turm sind darauf ungefähr acht Papierlinien hoch; mit einer schwachen Lupe kann man deutlich die Haken und die Stützen der Läden am Turm erkennen, die Telegraphendrähte usw. und andere winzige Einzelheiten, die man auch mit dem besten Sehvermögen auf der Zeichnung nicht zu erkennen vermag und die keine Hand und kein Werkzeug wiedergeben könnten. […] wenn diese Erfindung bald jedem zugänglich sein wird, dann, arme Zeichner, könnt ihr euch abrackern und euch die Augen kaputtmachen, während ein Mann aus Savoyen mit seiner Zauberlaterne kommt und euch hundert Fuß unter den Boden stampft.«

Auch Viollet-le-Duc junior findet die Idee der realistischen Abbildung durch die Fotografie abstoßend. Seinem Vater antwortet er:

»Alle hellen, schwarzen, grauen und bunten Cameras, *alle weißen Präparate, die kein Papier sind* […], alle Telgraphen am Montmartre, alle Lithochrome, Pantographien, Kosmographien, Diagraphien, Myriographien werden Marilhat, Giroux, Coignet und unzählige andere nicht daran hindern, eine Landschaft immer noch besser wiederzugeben als Herr Daguerre […] Und sollte man nächstens eine allgemeine *Witzographie* erfinden, ein Claude Lorrain wird immer noch so großartig [...] sein, auch wenn Herr Daguerre *ein weißes Präparat, welches kein Papier ist*, gemacht hätte, und sei es sechsmal so groß wie das Marsfeld, und auch wenn er eine Camera obscura haben sollte, so groß wie der Petersdom.«

Der Ton dieses Briefes ist bemüht satirisch gehalten. Die Behauptung der Überlegenheit der Malerei über die Fotografie erscheint heute wie ein Selbstschutz. Überzeugend klingt sie nicht. Freilich ist Kunst weit mehr als nur realitätsgetreue Abbildung – dies aber nicht nur in der Malerei, sondern auch in der Fotografie. Es ist anzunehmen, dass bereits damals die meisten Künstler – sofern sie nicht eben Meister der Verdrängung waren – die Vorzüge und Stärken der Fotografie anerkennen mussten.

FRANÇOIS ARAGOS RÄNKESPIEL Die frühen Fotografen bewahren die technischen Geheimnisse ihrer Verfahren streng für sich. Zu groß ist die Gefahr der Werkstattspionage in einer Zeit, in der Patente entweder noch gar nicht existieren oder allenfalls nationale Reichweite haben. So auch Louis Daguerre, dessen nach ihm benanntes Verfahren zwar von etlichen »Eingeweihten« bewundert wird, der aber dennoch Stillschweigen über seine Rezeptur zu wahren weiß. Das Wichtigste jedoch: Daguerre besitzt die Protektion von François Arago, dem Leiter des Pariser Observatoriums, der auch Verbindungen zur Königlichen Akademie der Wissenschaften unterhält.

Arago sieht in jenen Jahren Daguerre in Abgrenzung zu dessen englischem Konkurrenten Talbot als französischen Pionier der Fotografie, gewissermaßen als Aushängeschild einer nationalen Sache. Das bestimmt Aragos Handeln – auch gegenüber Bayard.

Der verschafft sich im Frühjahr 1839 Zugang zur »Salle des Commissaires-Priseurs« und eröffnet am 24. Juni (nach anderer Quelle am 14. Juli) seine Ausstellung. Es haben sich einige der frühen direktpositiven Fotografien Bayards erhalten, die eine erstaunliche technische und auch bildkompositorische Qualität aufweisen. Bemerkenswert ist auch die thematische Bandbreite: künstlerische Stillleben (etwa mit Statuetten oder Gartenutensilien und Blumen), Porträts (auch Selbstporträts) und Landschaftsaufnahmen, hierunter auch die damals bereits von Daguerre fotografierte, noch vorstädtische Szenerie von Montmartre mit den charakteristischen Windmühlen.

Arago ist über Bayard verstimmt: Der hat den mächtigen Protektor Daguerres am 20. Mai, rund vier Wochen vor der Ausstellungseröffnung, aufgesucht und um eine Patentierung und Publikation seiner Erfindung gebeten. Arago verhält sich wie viele Mächtige: Er geht einer direkten Auseinandersetzung aus dem Weg und hofft die Angelegenheit durch

Verschleppung in seinem Sinne zu entscheiden. Denn er steht mit Daguerre seit Januar in Kontakt und hat ihm die Patentierung seines fotografischen Verfahrens in Aussicht gestellt. Dass Hippolyte Bayard nun an die Öffentlichkeit geht und damit Tatsachen schafft, macht ihn für Arago, der ihn bislang eher als tüftelnden Finanzbeamten belächelt haben mag, zum verhassten Störenfried. Arago beeilt sich, diese Entwicklung noch aufzuhalten: Am 30. Juli 1839 kann Louis Daguerre sein Verfahren kommissarisch beglaubigen lassen, drei Wochen später, am 19. August, veröffentlicht Arago in der Akademie der Wissenschaften die Patentschrift seines Protegés, die in den kommenden Monaten in acht Sprachen publiziert wird und damit Daguerres Namen und seine Erfindung innerhalb kurzer Zeit in Europa und Übersee bekannt macht. Die Daguerreotypie wird im folgenden Jahrzehnt die von zahlreichen aus dem Boden schießenden Fotoateliers bevorzugte Technik.

Im Herbst jenes denkwürdigen Jahres 1839 kann keiner die rasante Entwicklung auf dem Markt für Lichtbilder voraussehen. Noch kämpft Hippolyte Bayard für seine Erfindung. Am 8. November lässt er der Akademie der Wissenschaften einen versiegelten Brief zukommen, worin er dem Anschreiben auch eine Direktpositiv-Aufnahme beilegt, um die gelehrten Herren von der Qualität und den Vorzügen seines Verfahrens zu überzeugen.

»Die beiliegende Bildprobe wurde am 24. Oktober 1839 innerhalb von achtzehn Minuten, und zwar zwischen elf Uhr und elf Uhr achtzehn morgens, mit folgender Methode hergestellt«, schreibt Bayard. Es folgt eine genaue Darstellung seines Verfahrens, also eine Offenlegung seines Werkstattgeheimnisses. Doch die Herren von der Akademie der Wissenschaften, die sich inzwischen – gelenkt durch Aragos Empfehlung – nur für Daguerres Verfahren interessieren, schenken Bayard keine Aufmerksamkeit. Der Umschlag bleibt bis Februar des folgenden Jahres sogar ungeöffnet. Es ist zu vermuten, dass das kein Versehen war, sondern dass Arago hinter dem Komplott stand. Arago lässt sich sogar herab, dem Störenfried Bayard ein staatliches Stipendium von sechshundert Francs zu verschaffen. Ob ihn hierbei Mitleid leitete oder böses Kalkül (um den Gegner ruhigzustellen, während das Patent Daguerres Namen bereits durch Europa trug), bleibt offen.

Unerwarteten Zuspruch erhält Bayard indes von der Akademie der Künste, die von dessen fotografischem Verfahren vernimmt und darüber berät. Deren Sekretär Raoul Rochette schreibt am 2. November 1839 einen langen Sitzungsbericht, worin Bayards Direktpositiv-Verfahren eingehend erläutert und gut bewertet wird: »Alle Mitglieder der Akademie haben einstimmig das Verdienst dieser Bilder, ihre Schärfe und ihre Schönheit gerühmt, und der unschätzbare und bisher einzig dastehende Vorteil, auf Papier fixiert zu sein, was ihren Gebrauch vereinfacht und den Transport bedeutend erleichtert, trug ein weiteres bei zu dem Interesse und der Befriedigung, welche der Anblick dieser Bilder der Akademie einflößte.«
Zwar will die Akademie der Künste – das geht aus dem Schreiben Rochettes hervor – Bayards Verfahren »dem Interesse und der Großzügigkeit der Regierung empfehlen«, doch verläuft die Angelegenheit im Sande.

EIN INSZENIERTER »SELBSTMORD« Der Winter vergeht, ohne dass Bayard in seiner Angelegenheit einer Patentierung irgendwie weitergekommen wäre. Am 24. Februar 1840 wendet er sich erneut mit einer Erklärung an die Akademie der Wissenschaften, worin er sein Verfahren beschreibt und seine Rechte daran anmeldet. Wieder vergebens. Daguerres Verfahren ist in aller Munde, die Qualität von Bayards Bildern schert da wenig. Und auch der Engländer Henry Talbot meldet ein Jahr später, am 7. Juni 1841, das Patent seines Verfahrens an, der Talbotypie oder Kalotypie. Es ist dies eine Negativ-Positiv-Technik. Damit ist der entscheidende Weg zur beliebigen Reproduktionsfähigkeit der Fotografie eingeschlagen. Die Fotografie kann ein Massenmedium werden.
Hippolyte Bayard sieht sich getäuscht, übervorteilt, abgehängt. Seine Verbitterung kompensiert er mit einem Selbstporträt, das ungewöhnlich und gewagt ist: Es zeigt ihn als Ertrunkenen, in für damalige Verhältnisse provozierender Nacktheit. Dazu schreibt er den folgenden Text:
»Die Leiche des Mannes, die Sie umseitig abgebildet sehen, ist diejenige des Herrn Bayard, Erfinder des Verfahrens, dessen herrliche Resultate Sie eben gesehen haben oder gleich sehen werden. Soweit mir bekannt ist, beschäftigte sich dieser begabte und unermüdliche Forscher während ungefähr drei Jahren mit der Vervollkommnung seiner Erfindung.

Weil er nicht mehr weiter wusste, inszenierte Bayard dieses Selbstporträt als Ertrunkener. Doch selbst diese Provokation half ihm nicht.

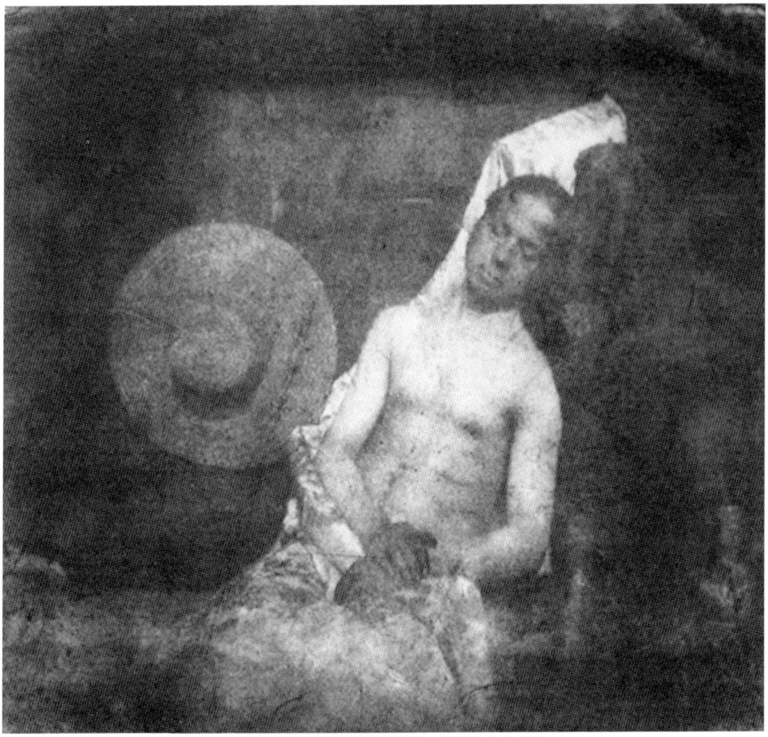

Die Akademie, der König und alle diejenigen, die diese Bilder gesehen haben, waren von Bewunderung erfüllt, wie Sie selber sie gegenwärtig bewundern, obwohl er selbst sie mangelhaft fand. Das hat ihm viel Ehre, aber keinen Heller eingebracht. Die Regierung, die Herrn Daguerre viel zu viel gegeben hatte, erklärte, nichts für Herrn Bayard tun zu können. Da hat der Unglückliche sich ertränkt. Oh menschlicher Unbestand! Künstler, Wissenschaftler und Zeitungen haben sich lange mit ihm beschäftigt, aber heute, da er schon seit einigen Tagen im Leichenhaus aufgebahrt ist, hat ihn noch keiner erkannt oder sich seiner sterblichen Hülle angenommen. Meine Damen und Herren, gehen wir zu anderen Dingen über, aus Furcht, dass Ihr Geruchsorgan in Mitleidenschaft gezogen wird, denn wie Sie bemerken können, beginnen das Gesicht und die Hände des Herrn bereits zu verwesen.«

Es ist nicht bekannt, ob es damals Reaktionen darauf gab. Doch kann man Bayard als den ersten fotografischen »Fälscher« bezeichnen, wenngleich weniger finanzielles oder ideologisches Interesse als ganz persönliche Gründe ihn dazu veranlassten.
Bayard sieht sich nach der wiederholten Missachtung seines Verfahrens als Erfinder gescheitert. Seinen Antrag bei der Akademie verfolgt er nicht weiter.

RITTER DER EHRENLEGION Betrachtet man Bayards Lebenslauf, differenziert sich das Bild: 1842 erhält er nochmals eine finanzielle Zuwendung von immerhin dreitausend Francs durch die »Société d'encouragement pour l'industrie nationale« (Gesellschaft zur Förderung des nationalen Gewerbes). Bayard widmet sich in seiner freien Zeit – hauptberuflich ist er weiterhin Finanzbeamter – auch in den kommenden Jahren der Fotografie. Doch entwickelt er sein Verfahren nicht weiter, sondern wendet sich der Daguerreotypie und der Talbotypie zu – den beiden fotografischen Techniken, die die Namen von Bayards Konkurrenten tragen. Es lässt sich nur erahnen, wie dem missachteten Erfinder dabei zumute gewesen sein muss. In den folgenden Jahren entstehen noch zahlreiche fotografische Aufnahmen in immer verbesserter technischer und bildnerischer Qualität, die Bayards Meisterschaft bezeugen. Sein Ruf ist in Fachkreisen immerhin so gut, dass er 1851 Gründungsmitglied der »Société Héliographique« wird, die 1854 in die »Société française de photographie« (SFP) übergeht. Hippolyte Bayard steigt sogar zum Generalsekretär und Justiziar der SFP auf. Später wird sein fotografischer Nachlass der Gesellschaft, die noch heute existiert, übergeben. 1851 wird Bayard zudem von der Kommission für Denkmalspflege beauftragt, historische Gebäude in der Normandie für das Inventarverzeichnis *Monument historique* zu fotografieren. Etliche heute schon wieder historisch gewordene Aufnahmen von Gebäuden dieser Region, aber auch von der Stadt Paris, haben sich erhalten.
1855 zeigt die SFP in einer Ausstellung Arbeiten Bayards aus allen Phasen. Ein zeitgenössischer Bericht weiß: »Herrn Bayards Arbeiten sind sehr vielfältig und jedes der nach und nach entdeckten Verfahren hat in ihm einen zugleich sachkundigen und geschickten Techniker gefunden, der

oft die eigentlichen Erfinder in der sicheren Ausführung und gekonnten Handhabung übertrifft.«
Als Geschäftsmann reüssiert Bayard ebenfalls: Mit seinem Freund Bertall führt er einige Jahre lang in der Rue de la Madeleine in Paris ein Fotoatelier, das sich auf Visitenkarten mit kleinen Fotoporträts spezialisiert und einem stark wachsenden Kundeninteresse entgegenkommt. Dass ausgerechnet Bertall, ein Maler, Kompagnon wird, verdeutlicht, welche Konkurrenz die Fotografie für das gemalte Porträt wurde, und welch ästhetischen Anspruch die Freunde an das neue Verfahren stellten. Bayard gelingt es sogar, ein beschleunigtes Aufnahmeverfahren zu entwickeln: Waren in den 1840er Jahren die Porträtierten noch gezwungen, bis zu einer Viertelstunde und länger »stillzuhalten« – was freilich nur selten gelang und etliche Personen als verwackelt erscheinen lässt –, sind es nun, in den 1850er Jahren, gerade noch zwanzig Sekunden.
Bayard wird sogar eine hohe staatliche Anerkennung zuteil: 1863 wird er zum Ritter der Ehrenlegion ernannt – allerdings ausdrücklich für seine Verdienste als Finanzbeamter, nicht für seine Pioniertätigkeit auf dem Gebiet der Fotografie.
Hippolyte Bayard zieht sich im Alter nach Nemours, südlich von Paris, zurück. Dort stirbt er im Haus seines Jugendfreundes, des Schauspielers Jean-Marie Geoffroy, am 14. Mai 1887 im Alter von sechsundachtzig Jahren und wird auf dem Friedhof Saint-Pierre-lès-Nemours bestattet.
Zur damaligen Zeit war Bayard in der Fotografenszene ein vergessener Mann. Eine lokale Wiedererinnerung wurde zunächst auf unglückliche Weise verhindert: Die Stadt Nemours wollte Bayard ein Denkmal errichten. Die Enthüllung der Büste war für den 3. August 1914 vorgesehen. Doch just an jenem Tag erklärte Deutschland Frankreich den Krieg. Der Festakt wurde abgesagt. Erst 1922 konnte die Ehrung nachgeholt werden. Unter Fotohistorikern wurde Hippolyte Bayard erst ab den 1920er Jahren nach und nach bekannt. Einem breiteren Publikum sagt sein Name bis heute nichts – im Gegensatz zu dem seines Konkurrenten Louis Daguerre.

ADA BYRON-LOVELACE

1815–1852

DIE ERSTE PROGRAMMIERSPRACHE

Die frühe Industrialisierung in England.
Charles Babbage stellt seine Rechenmaschine vor.
George Byrons Schatten. Ada Byron-Lovelaces Liebe zur Mathematik. Sie erkennt das Potenzial von Babbages Maschine und schreibt die erste Programmiersprache. Die Analytische Maschine wird nicht gebaut. Drogen, Wettsucht, Schulden.
Einsamer Todeskampf und Rückkehr zum Vater.

Es ist der Abend des 17. Juni 1833. In einem vornehmen gregorianischen Haus in der Londoner Dorset Street haben sich etliche Menschen versammelt, um die Apparate und Gerätschaften des als verschroben geltenden Erfinders Charles Babbage (1791–1871) zu bestaunen.
England befindet sich damals in einem rasanten Umbruch: Die ersten Eisenbahnlinien durchziehen das Land und lassen die Distanzen schrumpfen. Die Dampfmaschine betreibt nicht nur Lokomotiven, sondern auch Maschinen in Fabriken. Abertausende neue Arbeitsplätze entstehen, im Bergbau, in der Stahlproduktion, in der maschinellen Fabrikation von Massenwaren, im Handel mit den Kolonien in Übersee. Die verarmte Landbevölkerung strömt in die Städte, um dort Brot und Auskommen zu finden. Die Menschen werden von den Innovationen geradezu überrollt und müssen sich in dieser neuen Welt erst einordnen. Sie sehen, wie die einst so romantischen Landschaften von Gleisen durchschnitten werden, wie rauchende Fabrikschlote in den Himmel wachsen, wie die Städte sich immer weiter ins grüne Umland hineinfressen. Aber sie können die Tragweite dieser Umwälzungen vielfach noch nicht überblicken und in größere Zusammenhänge bringen. Doch gerade weil viele Menschen durch die neue Zeit verunsichert sind, genießen sie Veranstaltungen wie die im Hause Babbage, wo Maschinen zur Schau gestellt werden, über die man mit unzureichendem technischen Sachverstand die Nase rümpfen oder gar ungläubig lachen kann.

EINE GEHEIMNISVOLLE RECHENMASCHINE ▌Besonderer Anziehungspunkt sind zwei aus Stahl gefertigte eiserne Ladys, Figuren von etwa dreißig Zentimetern Höhe, die – nur leicht bekleidet – auf Knopfdruck durch im Innern verborgene raffinierte Apparaturen die Arme und Beine heben, den Kopf drehen, sogar – unter verschämtem Prusten der Zuschauer – mit den Brüsten wackeln und sich eine Lorgnette vors Auge halten. Charles Babbage hat die beiden Figuren gar nicht selbst konstruiert, sondern aus dem Nachlass eines begnadeten Mechanikus erstanden. Aber er nutzt sie als Köder, um seine Gäste auf seine eigene Erfindung aufmerksam zu machen, die rein äußerlich weniger hermacht, aber die neue, industrialisierte Welt revolutionieren kann.

Nach einer gewissen Zeit öffnet Babbage die Tür zu einem Nebenzimmer und bittet die Gäste hinein. In dem abgeschirmten, staubfreien Raum steht etwas, was das Publikum nicht einordnen kann. Es sieht eigentlich recht ungeschlacht aus, hat nichts von der Feinheit und Raffinesse der »eisernen Ladys«, und vor allem kann man nicht Sinn und Zweck der Apparatur erkennen. Ein Metallblock von der Größe eines Schrankkoffers steht da. Auf Messingsäulen sind zwei dicke Scheiben angebracht, dazwischen sind zahlreiche Hebel und Zahnräder ineinander gesteckt. Auf den Rändern der Scheiben sind Ziffern eingraviert, auch deren Sinn bleibt den Zuschauern zunächst verschlossen. Babbage nennt kurz den Namen seiner Erfindung: Differenzmaschine. Auch das lässt die Zuschauer ratlos. Dann betätigt Babbage einen Hebel, und die Maschine beginnt zu schnurren und leise zu rattern. Die Zahnräder und Hebelchen bewegen sich und greifen ineinander. Auf den Rändern der großen Scheiben erscheinen nacheinander die Ziffern 2–4–6–8–10–12–14 … Babbage erklärt, er habe der Maschine den Befehl gegeben, in einer Reihe die Zahl 2 zu addieren, das könne die Maschine so bis ins Unendliche betreiben. Die Zuschauer sind wenig erstaunt. Eine Rechenmaschine also! Doch die Fähigkeit, immer nur die Zahl 2 zu addieren, erscheint ihnen wenig spektakulär, das könne schließlich jedes Kind, dafür benötige man keine aufwendige Maschine. Charles Babbage lächelt in sich hinein. Plötzlich – die Rechenmaschine ist eben bei 100 angelangt – betätigt er einen anderen Hebel, die Maschine springt von der 100 auf die 117. Dann rechnet sie dem ersten Befehl gemäß weiter: 119–121–123 … Er habe, so erklärt Babbage, der Maschine eben einen Unterbefehl erteilt: von 100 auf 117 zu gehen. Nun rechne sie nach dem Hauptbefehl weiter. Die Maschine, so Babbage, sei mit Befehlen programmierbar! Die Zuschauer schütteln verständnislos den Kopf.

Anders eine hübsche, siebzehnjährige Frau. Sie begreift intuitiv das Potenzial von Babbages Differenzmaschine: Mit ihr könnte man die Arbeitsabläufe in Fabriken, Kanzleien, Universitäten vereinfachen, rationalisieren, revolutionieren! Würde es gelingen, der Maschine auch komplizierte Rechenarten und -abläufe durch ein Programm »beizubringen«, würde das die große technische Erfindung der letzten Jahrzehnte, die Dampfmaschine, weit in den Schatten stellen, ja einen rationalisierten Einsatz aller Maschinen erst ermöglichen!

Der Dame ist Babbages Welt alles andere als fremd. Trotz ihrer jungen Jahre ist sie schon weit in die Sphären der höheren Mathematik vorgedrungen, zunächst autodidaktisch, seit einiger Zeit auch mithilfe eines Privatlehrers. Noch ahnt sie nicht, wie sie selbst in wenigen Jahren Babbages Rechenmaschine revolutionieren wird, dass sie es sein wird, die eine Programmiersprache entwickeln wird. Keiner in dem Raum, in dem die Maschine rattert und rechnet, würde der jungen Frau solch eine wissenschaftlich-mathematische Leistung zutrauen. Zumal ihr ein Klischee anhängt: Sie habe, munkelt man, viel von ihrem Vater übernommen. Und dessen Eigenschaften waren nicht die besten. Freilich, er war ein genialer Dichter, aber eben auch ein zügelloser Mensch, der sich dem Alkohol, den Drogen, dem Spiel, den schönen Frauen und hübschen Jünglingen hingab. Sein Name: Lord George Byron. Der Name seiner Tochter, die staunend vor der Rechenmaschine steht: Ada Byron. Ihr Name wird erst einhundertdreißig Jahre nach ihrem Tod in aller Munde sein: »ADA« werden die US-Amerikaner – Ada Lovelace zu Ehren – die Programmiersprache ihrer Waffensysteme nennen. Ob das die Frau aus altem englischen Adelsgeschlecht gefreut hätte, darf bezweifelt werden.

FLUCH UND SEGEN BYRON'SCHER PHANTASIE ▌ Ada Byrons Kindheit und Jugend ist das Produkt einer verbiesterten (und letztlich fehlgeschlagenen) Umerziehung. Geboren wird Augusta Ada am 10. Dezember 1815 in London als Tochter von Lord George Byron und dessen Frau Annabella Milbanke, die als Baroness Wentworth Erbin großer Güter ist. Feuer und Eis treffen in dieser unglücklichen und unseligen Ehe aufeinander. Annabella Milbanke ist eine nüchtern-rational denkende Frau, die zeitlebens Angst vor Gefühlen hegt, eigenen und fremden. Und die deswegen alles, was über ihr enges moralisches Weltbild hinausgeht, geradezu verteufelt. Vielleicht ist sie gerade deswegen eine Zeitlang von dem leidenschaftlichen, undurchschaubaren Dichter George Byron fasziniert. Er lebt in einer Welt, die sie nicht versteht und die gerade deshalb den Reiz des Verbotenen auf sie ausüben mag.

Nach etlichem Hin und Her, Phasen der Anziehung und des Abgestoßenseins, der Liebesschwüre und der Vorwürfe, der Hingabe und der moralischen Verurteilung kommt es am 2. Januar 1815 doch zur Hochzeit der beiden so gegensätzlichen Naturen. Die Ehe scheitert bereits nach kurzer Zeit. Am 15. Januar 1816 verlässt Annabella gemeinsam mit ihrer kleinen Tochter den Ehemann, nachdem durchgesickert ist, dass ihn mit seiner Halbschwester Augusta (Adas Patentante) ein inzestuöses Verhältnis verbindet. Von nun an ist George Byrons Name in Annabellas Haus tabu. Von ihm darf nicht gesprochen werden, er darf seine Tochter nicht sehen, umgekehrt darf Ada bis zu ihrem einundzwanzigsten Lebensjahr kein Bildnis des Vaters betrachten und keines seiner Werke lesen. Erst dann wird ihr ein Ölporträt Byrons als Geschenk überbracht. Es zeigt ihn in Heldenpose in albanischer Tracht. Der von den um ihre Unabhängigkeit kämpfenden Griechen als Held verehrte George Byron stirbt mit erst sechsunddreißig Jahren am 19. April 1824 in Missolunghi am Sumpffieber. In seinem Epos *Childe Harolds Pilgerfahrt* findet Ada viel später, im Sommer 1835 – da ist sie bereits Ehefrau von William King – die folgenden zärtlichen Verse:
»Dein Name, meine Tochter, schmückt dies Lied –/Ada, mein Kind! Mit ihm soll es verhallen./Obwohl Dich Aug und Ohr nicht hört und sieht,/ Ich leb in Dir, Du bist der Freund von allen,/Auf den die Schatten ferner Jahre fallen./Du wirst vielleicht mein Antlitz nimmer sehn,/Doch soll im Traum Dir meine Stimm erschallen;/Aus Deines Vaters Gruft wird sie erstehn,/Ein Zeichen und ein Ton, und Dir zu Herzen gehn.«
Die Ehe mit William King, der 1838 zum Earl of Lovelace erhoben wird, wird von Ada zunächst nur als willkommene Möglichkeit erachtet, ihrer frömmlerischen Mutter und ihren hartherzigen, altjüngferlichen Gouvernanten zu entkommen. Ihrer Trauer um den verstorbenen Vater, den sie nie kennengelernt hat, wird kein Platz eingeräumt. Selbst dem triumphalen Leichenzug durch London, nachdem der Sarg mit dem Verstorbenen auf dem Schiff »Florida« am 29. Juni 1824 in England eingetroffen ist, darf die schon fast erwachsene Frau nicht beiwohnen. Ihre Mutter Annabella fürchtet durch die (wenngleich posthume) Begegnung Adas mit ihrem Vater ein Aufflammen des Byron'schen Feuers, das – so die Mei-

nung der Mutter – alles Gute in einem Menschen verzehre und überdies realitätsferne Phantasien erzeuge.
Zu einer solch krankhaften Ausgeburt wird auch eine Flugmaschine gezählt, die die erst zwölfjährige Ada projektiert. Zunächst ist es nur ein briefliches Gespinst, das sie der unstet reisenden Mutter unterbreitet. Aber Ada hat nicht nur die himmelstürmende Phantasie des Vaters geerbt, sondern auch den kühlen, analytischen Verstand der Mutter (den diese trotz ihrer Bigotterie durchaus besitzt). Sie untersucht einen Sommer lang die Anatomie toter Vögel und beabsichtigt, Flügel aus Draht und Papier nachzubauen, um sie sich an den eigenen Körper zu schnallen und damit Flugversuche zu unternehmen.
Freilich wäre sie nicht der erste Mensch gewesen, der solch einen (erfolglosen) Versuch unternommen hätte. Neben dem mythologischen Ikarus sind der Schussenrieder Mönch Caspar Mohr, der Augsburger Schuster Salomon Idler oder der Ulmer Schneider Albrecht Ludwig Berblinger zu nennen. Neu an Adas – ebenfalls nicht ausgeführten – Folgeplänen war hingegen die Absicht, die künstlichen Flügel mit einer Dampfmaschine zu koppeln. Insofern war sie gedanklich bereits auf dem richtigen Weg, den zu Beginn des 20. Jahrhunderts Pioniere wie Gustav Weißkopf oder die Brüder Wilbur und Orville Wright einschlagen sollten.

LEIDENSCHAFT FÜR ASTRONOMIE UND MATHEMATIK Ada Byron will in jenen Jahren hoch hinaus, in die Lüfte, am liebsten in den Kosmos, zeichnet sie doch auch eine große Sternenkarte. Doch dann erfolgt wie bei Ikarus der Fall hinab zur Erde, aus der Phantasie hinunter in die schnöde Realität: 1829 erkrankt Ada schwer, sie ist zeitweilig gelähmt, an Bett und Rollstuhl gefesselt. Die Krankheit aus heutiger Sicht zu diagnostizieren fällt schwer. Wahrscheinlich ist eine psychosomatische Ursache, ein Versagen der Körpers wegen anhaltender psychischer Anspannung und Deformation. Ada ist siebzehn, als sie ihrer Mutter hasserfüllt entgegenschleudert: »Bis ich 21 [also volljährig] bin, gibt Ihnen das Gesetz die Macht, in jeder Hinsicht Gehorsam zu verlangen; aber zu jenem Zeitpunkt enden, so meine ich, Ihre Macht und Ihr Anspruch bezüglich all jener Punkte, die allein mich betreffen.«

Aus dieser geistigen und sozialen Knebelung befreit sie erst die Ehe mit William King. Ada ist freilich auch eine gute Partie, bringt sie doch dreißigtausend Pfund mit und die Aussicht auf das riesige Wentworth-Vermögen. William King ist viel auf seinen Gütern in Surrey und Somerset, Ada hingegen häufig in ihrem Stadtpalais in London. Obwohl innerhalb weniger Jahre drei Kinder zur Welt kommen, bleibt ihr doch genügend Zeit, sich weiterhin ihren mathematischen Studien zu widmen. Besonders bedeutsam wird für sie die Freundschaft mit der Wissenschaftlerin und Mathematikerin Mary Somerville (1780–1872), die das monumentale fünfbändige Werk des französischen Astonomen Pierre Simon de Laplace (1749–1827) *Traité de mécanique céleste* (Paris 1798–1825) unter dem Titel *The Mechanism of the Heavens* ins Englische übersetzte. Die ältere Freundin wird der jungen Ada zum Vorbild, lässt sie aber auch nachdenklich werden hinsichtlich der Chancen von Frauen auf dem Gebiet der Wissenschaft. Im Entwurf ihrer Autobiographie räumt Mary Somerville resigniert ein: »Ich besitze Ausdauer und Intelligenz, aber kein Genie, jener Funke des Himmels bleibt [meinem] Geschlecht versagt, wir entstammen der Erde und bleiben ihr verhaftet.«
Diese Einschränkungen werden Ada King bald selbst vor Augen geführt: Als sie beginnt, wissenschaftlich zu arbeiten, bleibt ihr der Zugang zur Royal Society und damit zu deren Bibliothek verwehrt. William King, der selbst eine solide mathematische Bildung besitzt, lässt sich daraufhin in die Gesellschaft aufnehmen – für ihn als Baron und (seit 1838) Earl of Lovelace kein Problem. Er schreibt für seine Frau sogar wissenschaftliche Artikel ab; eine zeitraubende Angelegenheit in der Epoche vor Fotografie, Fotokopie und Digitalisierung.
Schließlich engagiert Ada Lovelace den angesehenen Mathematiker und Logiker Augustus de Morgan für den Unterricht in höherer Mathematik.

EISENBAHN UND ANALYTISCHE MASCHINE ▮ Ada Lovelace findet bald ein neues Steckenpferd: die Eisenbahn. Seit Beginn der 1840er Jahre befindet sich England im Rausch von Rauch und Dampf. Auch durch Surrey, wo sich das Gut Ockham der Familie King-Lovelace befindet, wird eine Linie gebaut. Ada Lovelace ist begeistert und lädt ihren Freund

Doron Swade, Kurator des Science Museum in Kensington, im Jahre 1991 mit einem voll funktionstüchtigen Nachbau von Babbages Analytischer Maschine.

Charles Babbage ein. Was früher eine Tagesreise benötigte, ist nun in wenigen Stunden bequem zu bewältigen. Und während Ewiggestrige das »Teuflische« der dampfenden Stahlrösser verdammen und konservative Wissenschaftler ernstgemeinte Symposien veranstalten, auf denen beratschlagt wird, ab welcher Geschwindigkeit der Organismus versage und ein Mensch platze, erkennt Ada Lovelace die Vorzüge der Eisenbahn und sieht überhaupt der Zukunft mit wacher Neugier und dem Vertrauen auf die Beherrschbarkeit der Natur durch den menschlichen Verstand entgegen. Technik ist für Ada Lovelace angewandte Naturwissenschaft und Mathematik, vorhersehbar, beherrschbar, berechenbar und Ausdruck kreativer Phantasie, die mit der dunklen, morbiden und krankhaften Phantasie der Romantiker nichts zu tun hat.

Dann eröffnet sich ihr und ihrem wachen und unruhigen Geist die Chance ihres Lebens: 1840 tagt in Turin eine Runde der herausragenden Wissenschaftler Italiens. Ausländischer Ehrengast ist Charles Babbage, der den Kollegen seine Fortentwicklung der Differenzmaschine, die »Analytische Maschine«, vorstellt. Diese sei in der Lage, jede beliebige Formel zu verwenden und auf der Grundlage der vorausgegangenen Rechenergebnisse sich selbst für eine Formel zu entscheiden. Selbst komplizierte Vorgänge wie etwa Differenzial- und Integralrechnungen könne die Maschine bewältigen. Allerdings existiert die neue Maschine nur auf dem Papier, sie zu bauen übersteigt die finanziellen und feinmechanischen Möglichkeiten des Mathematikers. Die Wissenschaftler sind begeistert, wenngleich nicht alle ihre Notwendigkeit einsehen wollen oder können. Der italienische Mathematiker Federico Luigi Menabrea verfasst einen Aufsatz über Babbages Überlegungen, der im Oktober 1842 in französischer Sprache in der *Bibliothèque Universelle de Genève* erscheint. Wenig später wird der Herausgeber der Zeitschrift *Taylor's Scientific Memoirs* auf den Essay aufmerksam und bietet Ada Lovelace an, ihn für sein Periodikum ins Englische zu übersetzen. Begeistert sagt sie zu und erzählt davon ihrem Freund Babbage. Der fragt sie, warum sie nicht selbst einen Aufsatz über seine Maschine schreibe? Sie lehnt bescheiden ab. Er schlägt ihr daraufhin vor, sie solle zu Menabreas Aufsatz zumindest Anmerkungen verfassen.

DIE ERSTE PROGRAMMIERSPRACHE DER WELT Ada Lovelace hat Feuer gefangen. Sogleich macht sie sich an die Anmerkungen, die nach und nach zu einer eigenständigen Arbeit anwachsen. Ada Lovelace, das haben spätere Forscher nachgewiesen, war eine gute, aber keine hervorragende Mathematikerin. So sind ihre Ausführungen zu Babbages Maschine auch nicht fehlerfrei (gleichwohl sind die Fehler nicht einmal Babbage beim Korrekturlesen aufgefallen). Die Stärke von Ada Lovelace lag jedoch in der Verknüpfung von mathematischem und visionärem Verstand. Sie hat nicht nur begriffen, was Babbages Maschine (wäre sie denn gebaut worden) mathematisch zu leisten imstande war, sondern, dass künstliche Intelligenz in der eben angebrochenen neuen Zeit für Industrie und Gesellschaft von Nutzen sein konnte. In ihrer Anmerkung »A« stellt Ada Lovelace denn auch fest: »So sind nicht nur Geist und Materie, sondern auch Theorie und Praxis der mathematischen Welt zu innigerer und effektiverer Verknüpfung

Nahaufnahme des Räderwerks von Babbages Analytischer Maschine.

gebracht. Es ist uns kein Beleg dafür bekannt, dass etwas von der Art dessen, was man so trefflich *Analytische* Maschine nannte, bis dato jemals projektiert oder auch nur als praktikable Möglichkeit bedacht wurde – ebenso wenig wie die Idee einer denkenden oder vernünftigen Maschine.«

In ihrer Anmerkung »G« demonstriert Ada Lovelace aus praktischer Sicht die Arbeitsweise der Analytischen Maschine am Beispiel der Berechnung der Bernoulli-Zahlen. Die Maschine, so Ada Lovelace, würde die komplizierte Gleichung zur Berechnung in eine Reihe einfacherer Formeln auflösen. Jede dieser Formeln müsste in die Maschine eingegeben werden, die dann diese Einzelformeln kombinieren würde. Die Maschine wäre also programmierbar – mithin der entscheidende Schritt von der ursprünglichen Rechenmaschine Charles Babbages zum frei programmierbaren Computer Konrad Zuses im 20. Jahrhundert! Oder, wie Ada Lovelace in ihrer Sprache schreibt: Die Analytische Maschine sei nicht nur »dazu geeignet, die Ergebnisse einer bestimmten Funktion und keiner anderen *tabellarisch darzustellen*, sondern auch, irgendeine beliebige Funktion *zu entwickeln und tabellarisch darzustellen*«.

Zur Untermauerung ihrer These entwirft Ada Lovelace eine Tabelle mit den Formeln (oder in moderner Computersprache »Befehlen«) zur Berechnung der Bernoulli-Zahlen. Diese Tabelle wurde später als erste Programmiersprache der Welt bewertet, ihre Schöpferin Ada Lovelace als erste Computerprogrammiererin eingestuft.

Sorgen bereitet Ada Lovelace in jenen Monaten vor der Drucklegung das Verhalten von Charles Babbage. Ihm schickt sie ihre Übersetzung und die Anmerkungen zu, er liest gegen, kommentiert, ist von der Arbeit seiner Kollegin fasziniert. Mehrmals jedoch bringt er ihre Unterlagen durcheinander, verlegt einmal auch die bedeutsame Anmerkung »G« und muss sich von Ada Lovelace Schelte anhören: »Ich hatte immer schon den Eindruck, Sie wären hin und wieder ein wenig fahrig und nachlässig bezüglich der genauen *Reihenfolge und Anordnung* der Bögen, Seiten und Absätze etc.; (denken Sie nur an den Absatz, den sie so unbedacht *überkleistert* haben!).«

Die Zusammenarbeit mit Babbage ist nicht konfliktfrei, vor allem, als dieser kurz vor der Veröffentlichung des übersetzten Artikels samt Anmerkungen eine von ihm selbst verfasste Stellungnahme ins Spiel bringt, worin er die Regierung wegen ihres Desinteresses bei Finanzierung und Bau der Maschine angreift. Es kommt zu Streit und gegenseitigen Vorwürfen zwischen Babbage, Ada Lovelace und dem Herausgeber von *Taylor's Scientific Memoirs*, teilweise erfährt Ada Lovelace auch nur über Dritte von Babbages undurchsichtigem Verhalten. Das belastet beider freundschaftliches und kollegiales Verhältnis. Wenige Tage vor der Veröffentlichung schreibt Ada Lovelace an Babbage einen langen Brief, worin sie ihm unmissverständlich Bedingungen für eine weitere Zusammenarbeit stellt: Dazu gehöre, ihr die praktische Arbeit, die geschäftlichen Kontakte und die Vermarktung seiner Erfindung zu überlassen, sie kenne, deutet sie an, sogar jemanden, der den Bau der Maschine sponsern würde.

Babbages Analytische Maschine ist zu seinen Lebzeiten nie gebaut worden. Die Gründe hierfür liegen im Dunkeln. Lange wurde behauptet, die technischen Möglichkeiten zum Bau einer solch komplizierten Maschine seien im 19. Jahrhundert nicht ausgereift genug gewesen. Tatsächlich haben Londoner Wissenschaftler zum 200. Geburtstag Charles Babbages im Jahre 1991 die Analytische Maschine nach seinen Aufzeichnungen gebaut, und zwar mit Materialien und Mitteln, wie sie im 19. Jahrhundert zur Verfügung standen. Das Ergebnis: Die Maschine funktionierte!

Ausschlaggebend, die Maschine zu Zeiten von Babbage und Ada Lovelace nicht zu bauen, war wohl schlicht der Umstand, dass die Zeit hierfür noch nicht reif war. Von wenigen Wissenschaftlern abgesehen fehlte die Einsicht in die Möglichkeiten der Analytischen Maschine und die Nützlichkeit ihrer Anwendung. Die Sponsoren und Förderer aus Industrie und Politik fehlten oder konnten nicht erreicht und überzeugt werden – trotz der Veröffentlichung von Menabreas Artikel samt Ada Lovelaces Anmerkungen Ende August 1843.

Zwischen Charles Babbage und Ada Lovelace indes bleibt nach dem Hin und Her im Vorfeld der Veröffentlichung ein Riss. Sie selbst ist über ihrer Arbeit selbstbewusster geworden und schreibt voller Stolz an den Anwalt Woronzow Greig, Mary Somervilles Sohn: »Ich bin jetzt ebenso sehr an eine Profession gebunden wie Sie.« Noch zwanzig Jahre später – Ada Lovelace ist bereits tot – beklagt sich Charles Babbage in seinen Memoiren über die Selbstherrlichkeit seiner Kollegin, für die er ihre gehobene gräfliche Stellung ausmacht: »Das Erbe eines berühmten Namens hat [...] auch seine Nachteile.« Babbage selbst vereinsamt und verbittert in seinen letzten Lebensjahrzehnten immer mehr. Nach wie vor bewohnt er das Haus in der Dorset Street in London, doch der Raum, wo einst stolz die Differenzmaschine ausgestellt war, ist leer, wie ein Besucher in den 1860er Jahren konsterniert feststellt. Babbage stirbt am 18. Oktober 1871, beinahe achtzigjährig, in London.

SUCHE NACH DEM VATER ▮ Ada Lovelace beschreitet nach der Veröffentlichung ihrer Anmerkungen zu Babbages Analytischer Maschine nochmals neue Wege. Ihre Überlegungen in den ihr noch verbleibenden neun Lebensjahren gehen der Frage nach, inwiefern das menschliche Nervensystem und das Gehirn ein Zusammenspiel von mathematischen, elektrischen und chemischen Regeln und Vorgängen darstellen, oder – in ihren Worten – einer »Differentialrechnung« gleichen. Vor allem stellt sie sich die Frage, wie nicht nur Gedanken, sondern auch Gefühle im Nervensystem hervorgebracht werden.

Dieser interdisziplinäre theoretische Ansatz, der erst in den letzten Jahrzehnten des 20. Jahrhunderts wieder aufgegriffen wurde, musste zu Ada Lovelaces Zeit freilich an den unzureichenden Möglichkeiten der praktischen Erforschung der anatomischen und biochemischen Zusammenhänge scheitern. Die Idee als solche freilich war revolutionär und wirft ein Schlaglicht auf Ada Lovelaces Fähigkeit, der Wissenschaft geradezu futuristische Wegweisungen aufzuzeigen. »Für mich«, schreibt sie einmal, »ist Religion Wissenschaft und Wissenschaft Religion.«

So rational und nüchtern Ada Lovelaces Denken in der Wissenschaft erscheinen mag – in ihrem Privatleben folgt sie in den letzten Lebensjahren immer mehr den lange verdrängten Wünschen ihres Herzens. Sie unterhält Liebesbeziehungen zu einem Hauslehrer ihrer Kinder und zum Sohn eines mit ihr befreundeten Wissenschaftskollegen. Als sie 1850 Newstead Abbey besucht, den einstigen Landsitz der Byrons, ist sie von der dort herrschenden Aura überwältigt. Sie glaubt den Geist ihres lange verdammten und verdrängten Vaters zu spüren, dem sie sich immer stärker verbunden fühlt. So geraten die letzten Lebensjahre auch zu einem Ringen um die eigene Herkunft, die eigene Identität. Ada Lovelace empfindet sich immer mehr als eine romantische, von Gefühlen und Wünschen bedrängte Frau und lehnt sich zusehends gegen die bigotte und dumpfe Lebenswelt ihrer Mutter auf.

Ihre seelische Unerfülltheit macht Ada Lovelace anfällig für die Sucht: Sie greift zu Alkohol, Morphium und Opium und verfällt dem Spiel. Bei Pferdewetten verliert sie ein Vermögen und stürzt sich in Schulden, muss sogar ihren ererbten Familienschmuck verpfänden. Ihre Verluste erleidet sie, obgleich sie mit stochastischen Mitteln versucht, Gewinnwahrscheinlichkeiten zu errechnen.

Natürlich leidet ihre Ehe darunter, auch das Verhältnis zu den Kindern wird immer angespannter. Man muss ihrem Mann William Lovelace zugutehalten, dass er in all den Jahren stets zu seiner Frau gehalten hat, ihre wissenschaftlichen Interessen unterstützt und ihre Eskapaden geduldig ertragen hat. Spätere Ausführungen von Feministinnen, Ada habe unter dieser Ehe nur gelitten, greifen zu kurz und sind einseitig.

1851 wird bei ihr Gebärmutterkrebs diagnostiziert. Ihr Zustand verschlechtert sich rapide, sie erhält regelmäßig Laudanum verabreicht. Mit eisernem Willen geht sie weiterhin ihren wissenschaftlichen Forschungen nach und interessiert sich etwa für die Möglichkeiten, musikalisch-kompositorisches und mathematisches Denken mit der Analytischen

Maschine zu vernetzen. Zudem hat sie Kontakt zu Charles Babbage und Michael Faraday und interessiert sich für die Forschungen Alexander von Humboldts. Voller Daseinshunger schreibt sie: »Lieber möchte ich 10 oder 5 Jahre *wirklich* leben, als 20 oder 30 Jahre nur noch ohne jeden Elan abzubummeln, wie ich es bei so vielen erlebe.«

Ende August 1852 wird sie aufs Krankenbett geworfen. Ihr Todeskampf zieht sich drei Monate hin. In dieser Zeit erfährt William vom Ehebruch seiner Frau. Gedemütigt zieht er sich zurück, ohne der Sterbenden zu verzeihen. Auch Adas erwachsene Kinder bleiben nicht am Sterbebett, sondern verabschieden sich bereits im Oktober endgültig von ihr. Zurück bleibt einzig ihre Mutter Annabella, die offensichtlich mit Erfolg ihrer Tochter mit bigotten Einflüsterungen zusetzt und ihr ein schlechtes Gewissen unterschiebt. Freunde, die von Ada Abschied nehmen wollen, werden von der eifersüchtigen Mutter nicht vorgelassen. Annabella gelingt es auch, die Verfügungsgewalt über Adas Briefe und Aufzeichnungen zugesichert zu bekommen. Vieles, was nicht ins engstirnige Konzept der moralinsauren Frau passt, wird nach Adas Tod unter Verschluss gebracht, zensiert oder gar vernichtet. So wird die wissenschaftliche und biographische Aufarbeitung von Ada Lovelaces Leben und Wirken für über hundert Jahre verhindert.

Ada Lovelace stirbt am 27. November 1852. Zumindest in *einem* Punkt wusste sie sich der herrschsüchtigen Mutter zu widersetzen: Sie verfügte testamentarisch, in der Gruft der Hucknall Torkard Church bei Nottingham beigesetzt zu werden, wo auch die sterblichen Überreste ihres Vaters ruhen. So kehrt sie wenigstens im Tode zu dem verfemten Mann zurück, den man ihr ein Leben lang vorenthalten wollte. Ihre Mutter Annabella verzeiht ihr diese letzte Entscheidung nicht, sie bleibt der Beisetzung fern. Seltsam prophetisch nehmen sich Verse im dritten Gesang von George Byrons *Childe Harolds Pilgerfahrt* aus, die an Ada gerichtet sind: »Doch wenn sie starren Hass als Pflicht dich lehren,/Du wirst mich lieben! [...]/ Und trotz allen Strebens,/Ob man mein Blut mit eifersücht'ger Gier/Aus deinem Herzen sög – es ist vergebens,/Du wirst mich lieben, treu dem Heiligsten des Lebens.«

PETER MITTERHOFER

1822–1893

DIE SCHREIBMASCHINE

Mit der Krax'n nach Wien. Im Getriebe der Bürokratie. Mitterhofer verbessert seine Schreibmaschine und erfindet Waschmaschine und »hölzernes Glachter«. Erneute Wanderung nach Wien. Die Schreibmaschine verstaubt im Keller des Polytechnikums. Außenseiter im Heimatdorf. Remington drängt auf den Markt. Ein neues Schreibmaschinenmuseum in Partschins.

Im Dezember 1866 zieht ein müder, vom Straßenkot verdreckter Wanderer mit gewalkter Joppe, Filzhut und Buckelkraxe durch die Altstadtgassen Wiens. Ein Geselle auf der Walz, denkt manch einer, der dem Mann nicht unter die Hutkrempe blickt. Denn wer genauer hinschaut, erkennt, dass der Wanderer schon jenseits der vierzig sein muss. Sein Vollbart zeigt bereits graue Einsprengsel. Eine runde Nickelbrille verpasst dem breiten Gesicht etwas Schulmeisterliches. Aufmerksamkeit erregt allenfalls die seltsame Kraxe: Ein Bauer, der seine Waren auf den Markt bringt? Aber jetzt im Winter? Seltsam ist auch, dass ein Schubkarrenrad angebracht ist. Und die Kraxe selbst: kein Weidenkorb, sondern ein Kasten, aus Brettern säuberlich gezimmert und glatt gehobelt, und von ziemlichem Gewicht, denn der Wanderer zieht unter der Last die Schultern nach vorn.

Peter Mitterhofer, so der Name des vierundvierzigjährigen Mannes, beachtet die Passanten nicht. Auch für die vornehmen Adelspalais und den Stephansdom hat er kaum einen Blick übrig. Die kann er sich in den nächsten Tagen noch ansehen. Er greift nach dem Zettel in der Joppentasche, auf dem die Adresse eines Bekannten notiert ist, bei dem er ein paar Wochen unterkommen kann. Denn seine Angelegenheit wird nicht so schnell verhandelt sein. Immerhin geht es um eine Erfindung, die den ganzen Schriftverkehr revolutionieren kann und für die Herren in den Kanzleien von beachtlichem Nutzen sein wird. Es geht um den ersten funktionstüchtigen »Schreibapparat«, wie Mitterhofer seine Erfindung nennt. Es geht um die Schreibmaschine.

Peter Mitterhofer hat nicht bedacht, dass das Kaiserreich in jenen Wochen und Monaten ganz andere Sorgen hat: Im Sommer ging der Krieg gegen Preußen verloren. Österreich hat die Vorherrschaft in Deutschland und Mitteleuropa eingebüßt. Venetien wurde an Italien abgetreten. Die Wirtschaft stockt. Aber all das interessiert den Erfinder aus Tirol nicht. Er ist ganz von seiner Idee besessen, dem Kaiser höchstselbst seinen Apparat vorzuführen und ihn zu Begeisterung hinzureißen!

LANGES WARTEN IN WIEN ▮ Peter Mitterhofer weiß nichts vom langsamen Getriebe der Wiener Bürokratie. Bei ihm zu Hause, im Dörfchen Partschins im Burggrafenamt oberhalb von Meran, gilt ein Wort, ein

Händedruck. Die Umgangsformen sind einfach und direkt. Als er sich tags darauf nach Schloss Schönbrunn begibt und vorspricht, macht man ihn halb grantig, halb belustigt darauf aufmerksam, dass Kaiser Franz Joseph partout nicht zu sprechen sei. Der Dienstweg sei einzuschlagen. Und das heißt: Anträge und Berichte aufsetzen – und: warten.

So setzt sich Peter Mitterhofer hin und schreibt mit ungelenker Hand, denn er hat nur die Volksschule besucht, ein Gesuch an seinen Kaiser. Mit einer Schreibmaschine ginge es schneller, aber Mitterhofers Dilemma ist, dass sein Apparat noch einige Mängel aufweist und kein schönes Schriftbild liefert. Mit Typen aus Metall sähe das anders aus. Aber die feinmechanischen Arbeiten kann Mitterhofer allein nicht bewerkstelligen und bezahlen. In der »allerunterthänigsten Bitte« Peter Mitterhofers an »Seine apostolische Majestät« lautet es:

»Der gehorsamste Bittsteller ist der Erfinder eines Schreibapparates welcher, wie die in der Nebenlage ehrfurchtsvollst anruhende Beschreibung nachweiset, in der Anwendung eine große Nützlichkeit und Brauchbarkeit konstatiert, und in seiner Eigenthümlichkeit einzig und allein dasteht.«

Seine Schreibmaschine würde »auch allen jenen vorzüglich Dienste leisten, welche mit geistiger Kraft arbeiten, wie zum Beispiel Diplomaten, Conceptsbeamte, Advokaten, Notare, Schriftsteller, Dichter etc., denn diese können ihre ganze Aufmerksamkeit ihrer geistigen Arbeit zuwenden.« Zudem, so Mitterhofer, sei der Apparat auch in »ampulanten Feldkanzleien« praktisch, für Kranke und Bettlägerige von Vorteil, für Versehrte mit nur einer Hand und – nicht zuletzt – »auch für den Geschäftsverkehr und in oekonomischer Beziehung wichtig und für jene Individuen, welche beim Licht entweder gar nicht oder nur schwer schreiben können, oder eine schwere Hand besitzen, von großem Vortheil«.

Ironie der Geschichte: Gerade die Berufsgruppe der Beamten, denen der Schreibapparat gute Dienste leisten soll, sitzt über der Erfindung zur Prüfung. Sie tun dies gründlich und für ihre Verhältnisse sogar zügig. Denn schon am 14. Dezember 1866 überweist die Kaiserliche Kabinettskanzlei Mitterhofers Eingabe an das Ministerium für Handel und Volkswirtschaft zur Begutachtung. Bereits vier Tage später beauftragt das Ministerium das Polytechnische Institut zu Wien mit der genaueren Prüfung von Antrag und Maschine. Dort befasst sich eine Patentkommission unter Vorsitz des Professors der Mechanischen Technologie Ignaz Heger mit dem neuartigen Apparat. Fünf Wochen später kommt die Kommission in einem ausführlichen Gutachten zu einem Urteil, das in sich widersprüchlich ist. Einerseits wird festgestellt, dass »eine eigentliche Anwendung dieses Apparates nicht wohl zu erwarten stehe, indem zur Behandlung desselben, selbst wenn mit sehr mäßiger Geschwindigkeit gearbeitet werden soll, eine nicht geringe und fortgesetzte Übung erforderlich ist und selbst bei ausgebildeter Fertigkeit niemals dieselbe Geschwindigkeit und Sicherheit wie beim gewöhnlichen Schreiben erreicht werden dürfte«. Andererseits lobt die Kommission, »das mit sehr einfachen Hilfsmitteln hergestellte Modell ist ein sprechender Beweis für die nicht gewöhnlich manuelle Geschicklichkeit und Erfindungsgabe des Petenten«. Das führt die Gutachter – trotz der Bedenken bezüglich der Tauglichkeit des Schreibapparats – zu der hochherzigen Befürwortung, Mitterhofer etwa zweihundertfünfzig bis dreihundert Gulden auszuzahlen, eine »Subvention, welche zur Anfertigung eines vollkommenen Schreibapparates erforderlich wäre«. Die Maschinerie der Bürokratie setzt sich erneut in Bewegung, diesmal in umgekehrtem Lauf: Handelsministerium, Kaiserliche Kabinettskanzlei und Staatscentralkasse führen einen Briefwechsel über Gewährung und Auszahlung einer geldlichen Zuwendung von zweihundert Gulden, die Peter Mitterhofer am 25. Februar 1867 erhält und quittiert. Die Schriftstücke sind kalligraphisch von Amtsschreibern nach Diktat ausgeführt, deren Arbeitsablauf durch die Verwendung einer verbesserten Schreibmaschine vereinfacht und rationalisiert würde. Mitterhofer streicht die Dotation dankend ein, schultert Ende Februar 1867 erneut seine mit einem Rad versehene Kraxe, die man je nach Bedarf auch als Schubkarre verwenden kann, und wandert durch die Berge zurück in sein Heimatdorf Partschins, um sich der technischen Verbesserung der Schreibmaschine zu widmen. Noch glaubt er, die Herren in Wien hätten die Bedeutung seiner Erfindung erkannt. Er muss es glauben, denn wenn er auf dem langen Marsch über die Alpen an seinen Geldbeutel greift, spürt er darin schwer die zweihundert Gulden.

WASCHMASCHINE, HANFGRAMML UND HÖLZERNES GLACHTER

Peter Mitterhofer kommt am 20. September 1822 als Sohn eines Schreinermeisters und dessen Frau in der Gemeinde Partschins im Burggrafenamt zur Welt. Das Geburtshaus liegt außerhalb des Dorfs, in der Töll, an einer alten Zollbrücke, die über die Etsch führt. Partschins ist ein von bäuerlichen Anwesen und kleinen Edelsitzen (»Ansitzen«) geprägter Ort. Der Bub besucht die Dorfschule. Rechnen, Schreiben, Lesen und die Unterweisung im Glauben – das sind damals die wesentlichen Schulfächer. Es ist anzunehmen, dass Peter bereits mit vierzehn oder fünfzehn Jahren in die Lehre kam. Praktikablerweise bei seinem Vater. Dort lernt er das Schreiner- und Zimmermannshandwerk. Nach Zeugnissen von Zeitgenossen ist er ein geschickter und erfindungsreicher Bastler und Tüftler. Bis heute haben sich einige seiner Schreinerarbeiten erhalten, die von seiner Begabung zeugen, darunter ungewöhnlich eingefalzte hölzerne Bilderrahmen, aber auch Arbeitsgeräte, etwa ein Blasebalg, ein »Hanfgramml« (zum Brechen des Hanfes), die Tragekraxe mit Rad, die er auf seiner Wanderschaft nach Wien benutzte, ein Schrank, das Gehäuse einer Standuhr, ein Stuhl und anderes. All diese Nutzgegenstände verbinden Praktikabilität mit innovativen Elementen und einer sichtbaren Freude am schönen Detail. Vom Tüftler zum Erfinder war nur noch ein kleiner Schritt.

Es war damals üblich, dass Handwerksgesellen eine Zeitlang auf die Walz gingen, um in fernen Städten und Gegenden zu arbeiten und die dortigen Gepflogenheiten und Arbeitstechniken kennenzulernen. Auch Peter Mitterhofer macht sich mit sechsundzwanzig Jahren auf den Weg. Über seine Wanderjahre ist nur Ungefähres bekannt. Zweifelsohne führt ihn sein Weg nach Wien, wahrscheinlich auch in die Länder Ungarns, aber auch in Staaten außerhalb des Kaiserreichs: nach Deutschland, in die Schweiz und nach Frankreich. Später hat er in der kleinen Welt seines Heimatdorfes von seinen Erlebnissen erzählt und dankbare Zuhörer gefunden.

Peter Mitterhofers Wanderjahre dauerten länger als üblich. Auch das spricht für seine Neugier, die Lust, Fremdes und Andersartiges kennen und verstehen zu lernen. Erst 1860 gibt es wieder gesicherte biographische Hinweise. Zu jener Zeit tritt er in Partschins und Meran als abendlicher Alleinunterhalter auf.

Ein gedruckter Programmzettel hat sich erhalten, der vermuten lässt, dass Mitterhofer eine lokale »Showgröße« war. Darauf wird er als »Tonkünstler und Bauchredner« angepriesen. Außerdem sei er in der Lage, »durch sein künstliches Blasen aus freiem Munde, mit welchem er sehr täuschend die Töne der Trompete und des Bombardon nachzuahmen im Stande ist, [...] allen Zuhörern einen vergnügten Abend zu verschaffen«. Zeitzeugen gaben später zu Protokoll, Mitterhofer habe einen Gänsefederkiel nicht sichtbar an einem Vorderzahn befestigt und damit die »herrlichsten Melodien« gepfiffen. Er sei zudem in der Lage gewesen, mit dem Bauch die Schritte eines Menschen, der die Treppe heraufkommt, nachzuahmen und mit dem Eintretenden ein witziges Gespräch zu führen.
Kein Wunder, dass Peter Mitterhofer bei den eher biederen Dorfbewohnern von Partschins als verschrobener Narr und Tunichtgut gilt. Dazu tragen auch Mitterhofers freigeistige Ansichten über die Kirche bei, derentwegen er mit dem Pfarrer und dem Bürgermeister über Kreuz gerät und einmal sogar im Gefängnis in Meran kurz einsitzen muss. Immerhin geht der Tüftler eine recht konventionelle Ehe ein: 1862 heiratet der bereits Vierzigjährige die vier Jahre ältere, verwaiste Zimmermannstochter Marie Steidl aus Partschins, die eine kleine Landwirtschaft mitbringt. Über die kinderlos gebliebene Ehe ist wenig bekannt. Marie Mitterhofer ist in späteren Jahren bettlägerig und wird von ihrem Mann gepflegt. Aus jener Zeit, als Peter Mitterhofer allein den Haushalt versorgen muss, stammt eine höchst nützliche Erfindung: eine Waschmaschine, die aus einem hölzernen Zuber und einer hölzernen Walze zum Wringen der Wäsche besteht.
Der eigenbrötlerische Mann macht sich mancherlei Gedanken zur Vereinfachung der beschwerlichen Lebensumstände. Schon etliche Male fiel ihm auf, wie umständlich die mit Hand geführte Korrespondenz auf den Ämtern vonstatten geht. Mit der Hand zu schreiben ist mühselig, es geht langsam, und nicht jede Schrift ist gut leserlich. Warum also nicht eine einheitliche Schrift von einer Maschine schreiben lassen? Als Schreiner verwendet Mitterhofer naturgemäß Holz, obgleich er weiß, dass technische Apparate aus Metall funktionstüchtiger sind.
Es gibt Vermutungen, die Idee zu einer Schreibmaschine sei Mitterhofer

über eine andere Erfindung gekommen: das »hölzerne Glachter« (hölzernes Gelächter), an das sich noch bis weit ins 20. Jahrhundert hinein die alten Partschinser gut erinnern konnten. Hierbei handelte es sich um eine Art Xylophon, das mit Tasten angeschlagen wurde und Töne erzeugte, die an ein Gelächter erinnerten.

DIE »MISSLUNGENE« Wie dem auch sei, bekannt ist, dass Mitterhofer 1864 seine erste Schreibmaschine baute. Das Original befindet sich heute im Technischen Museum für Industrie und Gewerbe in Wien, Nachbauten stehen im Deutschen Museum in München, im Schreibmaschinenmuseum der Olympia-Werke in Wilhelmshaven und im Schreibmaschinenmuseum »Peter Mitterhofer« in Partschins. Mitterhofer selbst nannte sie später in einem Gedicht die, die ihm »misslang«. Aus heutiger Sicht mag sie höchst unzulänglich sein, dennoch vereinigt das Modell von 1864 bereits einige bemerkenswerte Details: Rahmen und Tastatur sind aus Holz gebaut, das Material, das dem Erfinder zur Verfügung stand und das er selbst bearbeiten konnte. Der Typenhebelkorb hingegen ist aus Metall. Die hölzernen Schwinghebel schlagen von unten auf ein eingespanntes Blatt Papier. Auch verfügt die angeblich »misslungene« Maschine bereits über eine dreireihige, stufenförmige Tastatur und eine Mehrschrittschaltung zum Ausgleich der unterschiedlichen Zeichenbreiten. Seltsam hingegen muten uns Heutigen die Typen an: Die Zeichen werden noch nicht mit einem Farbband aufs Papier gedruckt, sondern mit Nadeln ins Papier gestochen. Das Schriftbild wirkt dadurch – trotz aller Regelmäßigkeit – nur angedeutet und schwer leserlich. Das Urmodell Mitterhofers wurde 1905 vom Meraner Museumsdirektor Franz Innerhofer in Partschins entdeckt und erworben. Acht Jahre später schenkte er es dem Technischen Museum in Wien.

Durchdachter ist das zweite Modell vom Jahr darauf. Obgleich wieder überwiegend aus Holz gefertigt, ist die Maschine funktional verbessert: Das Papier lässt sich in einen Rahmen einspannen und ist auf einem beweglichen Wagen angebracht, am Zeilenende ertönt ein Glockenzeichen. Das Schriftbild ist durch den Einbau acht verschiedener Schaltschritte verbessert. Allerdings sind die Typen nach wie vor mit Nadeln zur Erzeugung einer Stechschrift versehen.

Das dritte Modell von 1866, mit dem sich der Erfinder nach Wien aufmachte, um vom Kaiser eine finanzielle Unterstützung zu erbitten, ging in den Wirren der Zeit verloren. Erst 1970 gelang es überhaupt, aus dem erhaltenen Schriftwechsel zwischen Mitterhofer und den amtlichen Stellen nachzuweisen, dass keines der heute in Museen und Archiven erhaltenen Modelle mit dem von 1866 übereinstimmt. Der in Wien vorgestellte Typus muss nach den Forschungsergebnissen gegenüber dem Vorgängermodell keine echte Weiterentwicklung gewesen sein. Hauptproblem blieb die Darstellung der Schriftzeichen auf dem Papier. Das »Wiener Modell« von 1866 besaß demnach noch immer eine Stechschrift und keine selbst einfärbenden Typen. Mitterhofer wusste um diesen Mangel. Das war der Grund für seine weite Wanderung in die Hauptstadt. In seiner Bittschrift heißt es: »Der mitgebrachte Apparat ist aber vorläufig nur im rohen Zustande ausgefertigt und bedarf noch der Verbesserung in der technischen Ausarbeitung seiner Bestandteile, denn der Bittsteller ist arm, und besaß nicht die Mittel zur Anschaffung feiner Werkzeuge.«

Wie es weiterging, hat Peter Mitterhofer selbst in einem Gedicht launig und pointiert umrissen, ein Schriftstück, das er ganz traditionell mit der Feder verfasst hat:

»Achzehnhundert sechsundsechzig/Nimt er nun die Schreibmaschin/Auf sein Rücken geht bedächtig/Hilfe ahnend bis nach Wien/Richtig fand er selbe drin//Dort bekam zweihundert Gulden/Er vom Staat als Subvention/Weil er hat zuerst erfunden/Diese Schreibmaschinen schon/Freidig nahm er diesen Lohn//Eilte heim und machte wider/Ein komplette Schreibmaschin/Klein und grose Buchstab Ziffer/Unterscheidungszeichen drin/Tragt auch diese bis nach Wien«.

Dieses vierte Modell, das Mitterhofer mithilfe der kaiserlichen »Subvention« 1867 konstruiert, besitzt als entscheidende Neuerung die Verwendung von Metall für Typenhebel, Typenkranz und Typen. Dadurch ist die Maschine belastbarer und in ihren technischen Abläufen genauer. Mitterhofer war bei der Herstellung dieses Modells zum ersten Mal auf fremde Hilfe angewiesen. Schlossermeister Matthias Bernhard aus Partschins lieferte ihm die maßgefertigten Metallteile. Mitterhofer, sonst ziemlich mittellos, konnte den Schlosser dank der Subvention aus Wien auch bezahlen. Neu am vierten Modell ist auch eine Umschaltung für Klein- und Großbuchstaben. Dieses vierte Modell wurde 1905 vom Meraner Museumsdirektor Franz Innerhofer in Partschins bei Erben Mitterhofers entdeckt und gekauft und befindet sich noch heute im Städtischen Museum in Meran.

DIE KRÖNUNG SEINES SCHAFFENS Weshalb Peter Mitterhofer mit diesem vierten Modell nicht erneut nach Wien ging, ist nicht bekannt. Vermutlich war es ihm noch nicht ausgereift genug. Bis 1869 konstruierte er eine weitere Schreibmaschine, die fünfte. Sie ist in einem Kasten eingebaut und in allen Teilen präziser und anwendungsfreundlicher konstruiert: Sie besitzt eine Volltastatur mit zweiundachtzig Tasten in sieben Reihen, die über Gestänge und Zwischenhebel mit den Typenhebeln verbunden sind. Die Typen sind teils aus Blei gegossen, teils aus Stahl geschnitten und werden vor dem Anschlag automatisch eingefärbt. Eine Schreibwalze mit automatischem Zeilenvorschub transportiert das eingespannte Papier. Mitterhofer selbst nennt dieses fünfte Modell die »Krönung seines Schaffens«. Mit ihm wandert er Anfang Januar 1870 erneut nach Wien, wie er in seinem autobiographischen Gedicht vermerkt.
Wieder macht er eine Eingabe beim Kaiser. Diesmal ist der Ton selbstbewusster, voller Stolz auf das gelungene Werk:
»Ich habe diese durch die Gnade Euerer Majestät gewährte Subvention gut angewendet und das Modell eines Typenschreib-Apparates vollendet, den ich auf allerhöchsten Befehl vorzuweisen ehrfurchtsvoll bereit bin. Der Apparat entspricht vollkommen der Anforderung und kann bei einiger Handfertigkeit leicht angewendet werden. Ich kann mit Stolz sagen, der Apparat ist meine Erfindung, indem ich ein schlichter tiroler Landmann aus Partschins bei Meran, nie etwas gesehen habe, was meiner Erfindung auch nur im Entferntesten zum Vorbilde gedient hätte.«
Mitterhofer ist nicht nur nach Wien gewandert, um dem Kaiser die ausgereifte Schreibmaschine vorzustellen. Erneut benötigt er Geld. Er führt aus:
»Allein so bedeutend auch die mir durch die allerhöchste Gnade zugewendete Summe war, sie reichte nicht aus, meinen Unterhalt zu bestreiten und mir das nöthige Materiale zu verschaffen. Ich musste um nicht

Mitterhofers erste Schreibmaschine von 1864, die er allerdings als die »Misslungene« bezeichnete.

mitten in der Arbeit aufzuhören, mein geringes Vermögen angreifen und einen großen Theil davon zusetzen. [...] Euer Majestät wolle in allergnädigster Huld meine Bitte erhören und mir noch eine kleine Subvention gnädigst zu bewilligen oder anzubefehlen geruhen, daß der von mir erfundene und angefertigte Typenschreib-Apparat mir für irgend eine Modellsammlung abgekauft werde.«

Peter Mitterhofer hat Glück. Zwar lädt ihn der Kaiser nicht zur Audienz, doch empfiehlt die Kabinettskanzlei den Ankauf der Maschine für die Sammlung des Polytechnischen Instituts: »Dasselbe ist wohl für den Zweck, den der Erfinder damit vor Augen hat, noch nicht ganz geeignet, aber jedenfalls ein Beweis des beharrlichen Denkens und der weit über das Niveau seines Standes hinausgehenden construktiven Geistesarbeit dieses einfachen Mannes.«

Die Argumentation ist fatal – für Mitterhofer und seine Erfindung. Die Wortwahl des Gutachtens der Kabinettskanzlei verrät pure Ignoranz. Für die Herren Beamten ist Mitterhofer eine skurrile Erscheinung aus den Bergen, eine komische Natur, die sich die freien Stunden mit abstrusen Tüfteleien vertreibt. Zum gleichen Schluss kommt auch die hinzugezogene Wiener Polizeidirektion. Die Undurchschaubarkeit des Bürokratenapparats will es, dass bei diesem zweiten Gesuch Mitterhofers keine technische Kommission um Rat gefragt wird. Zwar kauft man dem Erfinder sein ausgereiftes fünftes Modell zum »Dumpingpreis« von einhundertfünfzig Gulden ab, doch landet die Maschine in den Archiven des Polytechnischen Instituts – und bleibt lange Zeit vergessen.

Von diesem Schicksal seines Geisteskindes ahnt Peter Mitterhofer freilich nichts. Insgeheim hat er sich zwar mehr erwartet, auch mehr Geld, aber dennoch glaubt er weiterhin an die Güte Seiner Majestät und den Verstand der zuständigen Herren Beamten und Professoren. Also wandert er zurück nach Tirol und geht dort seiner Arbeit als Schreiner und Kleinbauer nach.

KONKURRENZ AUS AMERIKA Indessen hört er aus Wien nichts mehr. Die Presse ist nur ein Mal, wenige Jahre zuvor, auf den Eigenbrötler aufmerksam geworden und hatte nur Spott übrig. Die *Innsbrucker Nachrichten* vermelden am 13. Dezember 1867 boshaft: »Peter Innerhofer [gemeint ist Mitterhofer] von Partschins, ein schlichter Zimmermann, hat eine Schreibmaschine erfunden, welche die Bewunderung des Beschauers in hohem Maße erregt und nach dem Urtheile Vieler eine weittragende Zukunft für sich hat. Jetzt fehlt nur noch eine Denkmaschine, die mit der Schreibmaschine in Verbindung gebracht werden kann, und wir haben keine Schule mehr nöthig.«

Mitterhofer indes ist nach seiner zweiten Rückkehr nicht untätig: Er baut und erfindet noch einige Musikinstrumente, die sich jedoch alle nicht erhalten haben. Darunter war auch eine Bassgitarre mit zwei hohlen Armen, um den Ton zu verstärken. Dieser »Bierstiefel«, wie die Partschinser das Instrument nannten, wurde noch bis 1948 beim Zollwirt in der Töll gespielt, dann aber Opfer einer Handgreiflichkeit unter Betrunkenen, wobei

die einzigartige Gitarre auf dem Schädel eines Streithansels »in Brocken gegangen« ist, wie ein Wirtshausbesucher sich erinnerte.
Einer der wenigen Zeitgenossen, die Mitterhofers Bedeutung ahnen, ist der in Partschins auf einem Ansitz wohnende Franz Ritter von Goldegg. Im Archiv der Familie befindet sich noch heute ein maschinenschriftliches Schreiben Mitterhofers an den adligen Herrn vom 3. August 1869: »Mein lieber gnädiger Herr, wie Sie schon sehen, mein Schreibapparat schreibt noch sehr schlecht aber ich bin noch immer nicht verzagt, weil ich so manches noch zu verbessern weis, wenn mier der Liebe Gott nur noch eine Zeit das Leben und die Gesundheit schencktt.«
Der liebe Gott meinte es mit dem Erfinder in dessen letzten Lebensjahren nicht eben gut: Mitterhofer ist resigniert und verbittert. Er erfährt vom ökonomischen Erfolg der amerikanischen Firma Remington, die seit 1874 voll funktionstüchtige Schreibmaschinen auf den Markt bringt. War der erst kurz zurückliegende Krieg bei Mitterhofers erstem Besuch in Wien im Jahre 1866/67 eher hinderlich für die Akzeptanz neuer Ideen, erweist sich dies für die amerikanischen Tüftler Christopher Latham Sholes, Carlos Glidden und Samuel Soulé als ein Glücksfall: Sie sind ebenfalls nicht in der Lage, ihre Erfindung, die sie 1867/68 patentierten, selbst auf den Markt zu bringen und wenden sich daher an die Waffenfabrik Remington, die sich nach dem Ende des Amerikanischen Bürgerkriegs (1865) genötigt sieht, ihre Produktion vom militärischen Bereich auf den zivilen umzustellen. Für Remington werden die Produktion und der Vertrieb von Nähmaschinen und bald auch von Schreibmaschinen zum großen Kassenerfolg.
Peter Mitterhofer stirbt am 27. August 1893 und wird zwei Tage später an der Ostmauer des Dorffriedhofs »gleich beim Blitzableiter« begraben – ohne Grabkreuz oder Grabstein.
Seine Erfindungen und Apparate geraten in Vergessenheit, landen im besten Fall auf Dachböden und in Kellern, wo sie vermodern oder von spielenden Kindern ramponiert werden. Als nach 1900 der Meraner Museumsdirektor Franz Innerhofer sich auf die Suche nach Mitterhofers Schreibmaschinen macht, kann er zwar noch zwei Exemplare retten, doch muss manches auf immer als verloren gelten.

Weit raffinierter ist diese Schreibmaschine Mitterhofers, sein fünftes und letztes Modell. Sie wurde von Kaiser Franz Joseph für 150 Gulden angekauft.

SPÄTE ANERKENNUNG Peter Mitterhofer erfuhr eine späte Wiedergutmachung, die zunächst stark national geprägt war. Der Biograph Rudolf Granichstaedten-Czerva behauptete 1924, Carlos Glidden habe in Wien am Polytechnischen Institut studiert, dort Mitterhofers Modell entdeckt und kopiert. Eine Art früher Werkspionage? Gliddens Tochter hat das später dementiert: Ihr Vater sei niemals außerhalb Amerikas gewesen. Ein Jahr nach dieser Richtigstellung durch Gliddens Tochter schlugen die *Schongauer Nachrichten* in ihrer Ausgabe vom 7. Februar 1940 in dieselbe Kerbe und behaupteten, der Wirt Karl Graf vom Gasthaus der Brauerei Forst bei Partschins habe Mitterhofer persönlich gekannt und eine Bekanntschaft Gliddens und Mitterhofers bezeugt.

Peter Mitterhofer war nur einer von mehreren Erfindern der Schreibmaschine. Die Idee dazu lag nach 1860 einfach in der Luft. Festzuhalten bleibt, dass Mitterhofers fünftes und letztes Modell den zur selben Zeit in Amerika, Italien und Dänemark auf den Markt drängenden Schreibmaschinen technisch überlegen war. Es darf daher zu Recht behauptet werden, dass einer österreichischen Fabrikproduktion des fünften Mitterhofer-Modells sicherlich ein ökonomischer Erfolg beschieden gewesen wäre.

Spät widerfuhr dem vermeintlichen Eigenbrötler und Kauz Peter Mitterhofer Gerechtigkeit: 1924 wurde an der Stelle seines Grabes ein Stein errichtet, worauf er als »erster Erfinder der Schreibmaschine« gerühmt wird. An seinem einstigen Wohnhaus in Partschins wurde 1952 eine Gedenktafel angebracht. Und 1964 schließlich wurde am Friedhof in Partschins ein Denkmal mit einer Bronzebüste des Erfinders enthüllt. Die schönste und nachhaltigste Ehrung erfuhr Mitterhofer durch das Schreibmaschinenmuseum in Partschins: 1998 in einem ansprechenden und großzügigen modernen Bau eröffnet, zeigt das Museum die Sammlung des Unternehmers Kurt Ryba mit gegenwärtig über zweitausend Schreibmaschinen aller Zeiten und Länder. Das Museum ist inzwischen zum Anziehungspunkt von Freunden der Schreibmaschine aus aller Welt geworden. In der vergleichenden Schau wird Mitterhofers Arbeit angemessen gewürdigt, ohne die Leistungen und Ideen der anderen Tüftler und Erfinder auszugrenzen. Es ist eine Darstellung menschlicher Erfindungsgabe und menschlichen Fortschrittsglaubens.

JOHANN PHILIPP REIS

1834–1874

und

ANTONIO MEUCCI

1808–1889

DAS TELEFON

Ein Lehrer baut ein Gehörmodell für seine Schüler und erfindet das Telefon. Sprachlicher Nonsens und der Urgedanke des Radioapparats. Ein Italiener in New York erleichtert das Leben seiner kranken Frau. Bell studiert Reis' Telefon und erwirbt Meuccis Unterlagen. Wettrennen um das Patent. Kaiser Pedros Begeisterung. AT & T, der Weltmarkt und Erfinderschicksale.

Im Zeitalter von Mobiltelefon, Internettelefonie und iPhone werben Anbieter mit Flatrates, die Quasseln ohne Zeitlimit und unter Schonung des Geldbeutels garantieren. Noch bis in die 1970er Jahre hinein – als noch nicht jeder Haushalt über einen eigenen Telefonanschluss verfügte – klebte hingegen auf öffentlichen Fernsprechern die Mahnung »Fasse Dich kurz!«. Das weitgehend sinnlose Palaver war verpönt, während es heute als Ausdruck persönlicher »Redefreiheit« vermarktet wird.

»DAS PFERD FRISST KEINEN GURKENSALAT« Bereits zu Beginn des Telefons stand der sprachliche Nonsens. Die Geschichte führt zurück ins Jahr 1861 in den Ort Friedrichsdorf, nördlich von Frankfurt am Main. Das genaue Datum ist nicht überliefert, aber der Bericht eines der Teilnehmer. Der Musiklehrer Heinrich Friedrich Peter, Freund des Lehrers und Erfinders Johann Philipp Reis, erinnert sich in einem Brief von 1883 an den Physiker Silvanus Thompson an dieses etwas skurrile »Event«: »Bei einem Experiment, das wir in Friedrichsdorf [...] machten, ereignete sich etwas, das Sie interessieren wird. Zuerst wurde ein Versuch mit Gesang unternommen; und danach las Reis' Schwager, Philipp Schmidt, lange Sätze aus Spieß' *Turnbuch*. Diese Sätze verstand Philipp Reis, der horchte, perfekt, und wiederholte sie uns. Ich sagte zu ihm: ›Philipp, du kennst das ganze Buch auswendig;‹ Und ich wollte nicht glauben, dass sein Experiment so erfolgreich sein könnte, wenn er mir nicht die Sätze wiederholte, die ich ihm vorgab. So ging ich also in den Raum, wo das Telefon stand, und sagte absichtlich einige unsinnige Sätze, zum Beispiel: ›Die Sonne ist von Kupfer.‹. Reis verstand ›Die Sonne ist von Zucker.‹; ›Das Pferd frisst keinen Gurkensalat.‹; Reis verstand ›Das Pferd frisst ...‹. Das war der letzte Versuch, den wir unternahmen. Die Anwesenden waren sehr erstaunt und überzeugt, dass Reis' Erfindung eine große Zukunft eröffne.« Kurze Zeit später, am 26. Oktober 1861, wagt Johann Philipp Reis die erste öffentliche Vorführung seines Telefons. Sie findet vor »erlauchten« Vertretern von Wissenschaft und Honoratiorenschaft im Kreis des Frankfurter Physikalischen Vereins statt. Auch jetzt gelingt das Experiment. Reis' Schwager Philipp Schmidt und der Musiklehrer Peter bieten eine musikalische Darbietung mit Gesang und Englischhorn, die vom etwa dreihundert Fuß entfernten Bürgerhospital in den Hörsaal des Vereins telefonisch übertragen wird und dort deutlich zu hören ist. Ein Reporter berichtet: »Als wir und alle Anwesenden im Hörsaale die Melodie ganz deutlich vernahmen, da entstand ein allgemeines Erstaunen und die freudigste Überraschung.«

Reis, der seit 1851 selbst Mitglied des Physikalischen Vereins ist, glaubt, Anerkennung für sich und seine Erfindung zu erhalten, zumal ihm auch aus Fachkreisen Lob entgegenschallt. Der international bekannte Physiker Rudolph Christian Boettger prophezeit wenig später im *Polytechnischen Notizblatt:* »Mag man auch noch weit davon entfernt sein, dass man mit einem 100 Meilen entfernt wohnenden Freunde eine Conversation führen und seine Stimme erkennen kann, als ob er neben uns säße, die Unmöglichkeit kann nicht mehr behauptet werden, ja die Wahrscheinlichkeit, dass man dahin gelange, ist bereits so groß geworden, wie durch die merkwürdigen Versuche von [Joseph Nicéphore] Nièpce die Reproduction der natürlichen Farben durch Lichtbildnerei.«

Doch Reis' berechtigte Hoffnungen auf eine breitere Anerkennung seiner Erfindung und auf einen kommerziellen Erfolg werden bald bitter enttäuscht. Nicht nur wird er von einigen Mitgliedern des Vereins, darunter dem mächtigen Physiker und Publizisten Johann Christian Poggendorff, geschnitten und behindert. Sondern auch im fernen Amerika erwächst seiner Idee der elektromagnetischen Übertragung von Musik und Sprache Konkurrenz. Zwar verhält es sich mit Reis' Erfindung wie mit vielen Entdeckungen und Entwicklungen der Technikgeschichte: Ihr liegt ein (wenn auch ungenaues) kollektives Bedürfnis zugrunde, ein Desiderat, das Tüftler weltweit – meist intuitiv – erkannten. Dennoch hatte Reis insofern Pech, als seine Apparate von anderen Erfindern sehr wohl zur Kenntnis genommen, sprich: für die eigenen Konstruktionen »ausgeschlachtet« wurden. Die Grenze zum Plagiat mag fließend sein, aber dem Namensgeber des ersten funktionsfähigen Telefons geschah insofern Unrecht, als ihm auch die Mittel zur Patentierung und zur kommerziellen Nutzung fehlten. Dass Johann Philipp Reis lange nach seinem Tod dem Vergessen entrissen wurde, hat in erster Linie nationalpatriotische Gründe: Er wurde als Held einer deutschen Technikgeschichte verstanden und idealisiert.

DAS MODELL EINER OHRMUSCHEL Johann Philipp Reis wird am 7. Januar 1834 in Gelnhausen bei Frankfurt als Sohn des Bäckermeisters Sigismund Reis und dessen Frau geboren. Bereits ein Jahr später stirbt die Mutter, im Jahre 1844 der Vater. Der Knabe, der bis dahin die Volksschule seiner Heimatstadt besucht hat, wird zur Großmutter gegeben, die ihn nach Friedrichsdorf an das private Schulinstitut von Louis Frédéric Garnier schickt. Mit vierzehn Jahren kommt Johann Philipp, der durch seinen Fleiß und seine Intelligenz auffällt, nach Frankfurt an das Hasselsche Institut. Der sprachbegabte Junge lernt hier Italienisch, Englisch, Französisch und Latein, zeigt aber auch tieferes Interesse für Mathematik und Naturwissenschaften. Doch der Vormund beschließt, den Heranwachsenden einen »handfesten« Beruf erlernen zu lassen. Der Sechzehnjährige beginnt eine Lehre in einem Frankfurter Farbenhandel. Nebenbei jedoch besucht Johann Philipp Reis Vorlesungen zur Mathematik, Physik und Mechanik beim Physikalischen Verein in Frankfurt. Reis beendet zwar seine Handelslehre, absolviert dann aber – seiner Neigung folgend – eine Lehrerausbildung an der Polytechnischen Schule in Frankfurt. 1855 leistet er seinen Militärdienst in Kassel ab. 1858 schließlich wird er als Lehrer an das Institut Garnier in Friedrichsdorf berufen, wo er einst selbst Schüler war.

Reis unterrichtet in den folgenden Jahren an der Knabenschule die Fächer Französisch, Physik, Mathematik und Chemie. Anders als später Thomas Alva Edison in Amerika, der ein professionelles und kommerzialisiertes Erfinderunternehmen betreibt, ist Reis zwar ein Mensch, der über physikalische Probleme nachdenkt, aber aus vornehmlich pädagogischem, vielleicht auch spielerischem Geist. Auch die Idee zum Telefon resultiert daraus: Weil der Lehrer Reis seinen Schülern die Funktion des menschlichen Gehörs anschaulich vermitteln will, baut er das Modell einer Ohrmuschel und kombiniert Anatomie mit Technik, wobei er statt Schallwellen elektrische Impulse einsetzt. Er erinnert sich:

»Durch meinen physikalischen Unterricht dazu veranlasst, griff ich im Jahre 1860 eine schon früher begonnene Arbeit über die Gehörwerkzeuge wieder auf und hatte bald die Freude, meine Mühe durch Erfolg belohnt zu sehen, indem es mir gelang, einen Apparat zu erfinden, durch welchen es möglich wird, die Funktionen der Gehörwerkzeuge klar und anschaulich zu machen, mit welchem man aber auch Töne aller Art durch den galvanischen Strom in beliebiger Entfernung reproduzieren kann. – Ich nannte das Instrument ›Telephon‹.«

Reis' Telefon besteht aus einem Mikrofon oder Sender, den er »Geber« nennt, und einem Empfänger. Beim Geber, der an eine galvanische Batterie angeschlossen ist, ist eine dünne Membran aus Schweinedarm über eine (Ohr-)Muschel gespannt. Spricht man hinein, werden die Schallwellen über einen Platinkontakt (der dem Gehörknöchelchen des Ohres nachempfunden ist) in elektrische Impulse umgewandelt, die über eine Kabelverbindung zum Empfänger gelangen. Dort wird eine Stricknadel, die mit Kupferdraht umwickelt ist, durch die elektrischen Impulse zum Schwingen gebracht, elektrische Impulse werden also in akustische Schwingungen rückverwandelt und über einen darunter liegenden Resonanzkörper hörbar.

Reis denkt – das lasten ihm später seine Konkurrenten an – zunächst weniger an die Übermittlung von gesprochener Sprache, als vielmehr von Musik. Deswegen nennt er seinen Apparat Tele-phon, also Überträger von Tönen. Die noch bis in die 1990er Jahre hinein offizielle Bezeichnung »Fernsprecher« hingegen bringt genauer zum Ausdruck, wozu der Apparat dient. In Reis' Idee der Übertragung von Musik liegt vielmehr bereits der Kern zum Radioapparat. Dessen Entwicklung blieb Reis aber versagt – wegen seines frühen Todes, aber auch, weil er, enttäuscht und missachtet, sich in den letzten Lebensjahren anderen Erfindungen zuwandte.

DEMONSTRATIONSTELEFONE FÜR DEN WELTMARKT ▮ Von dieser Entwicklung ahnt Reis zu Beginn der 1860er Jahre noch nichts. Voll naiven Tatendrangs macht er sich an die Verbesserung seines Telefons und will – im Glauben an die ehrliche Begeisterung seiner Kollegen und das unvoreingenommene Interesse des Publikums – seine Erfindung alsbald einer breiteren Öffentlichkeit vorstellen.

Nachdem Reis am 26. Oktober 1861 seinen Apparat dem Physikalischen Verein vorgeführt und dies am 13. November erfolgreich wiederholt hat, scheint der Weg zu einer weiteren Verbreitung offen. Wenig später sind mehrere Telefonapparate im Umlauf, und auch aus London, Paris und

Wien werden erfolgreiche Vorführungen vermeldet. Bereits damals wurde der Telefonapparat nachgebaut, ohne dass Reis davon erfuhr, geschweige denn, dass er einen Patentantrag mithilfe des Physikalischen Vereins Frankfurt gestellt hätte. Er setzt – gefangen in der Enge Friedrichsdorfs und Frankfurts – ganz auf das örtliche Ansehen, die bürgerliche Reputation, statt auf die nationale und internationale Absicherung seiner Rechte. Gleichwohl versucht er aus dem Telefon wirtschaftlichen Nutzen zu ziehen, entwickelt mehrere technisch verbesserte Sender, und lässt seit Juni 1863 Telefone serienmäßig von der in Frankfurt ansässigen Mechanikerfirma J. W. Albert für wissenschaftliche Vorführungen produzieren und auch einen Verkaufsprospekt drucken. Diese Fertigung besitzt Manufakturcharakter. Zwar gehen Exemplare auch nach Frankreich, England, Irland, Österreich, in die Vereinigten Staaten von Amerika und nach Tiflis im Kaukasus, dennoch sind gerade einmal neunundfünfzig Apparate aus der Werkstatt Alberts nachgewiesen. In gewisser Weise leistet Johann Philipp Reis also dem Plagiat seiner Erfindung selbst Vorschub, indem er den Apparat zwar international verkauft, nicht aber für den rechtlichen Schutz sorgt (was damals immerhin in den meisten deutschen Ländern und in vielen Staaten Europas und Amerikas möglich ist).

Seinen verbesserten, inzwischen siebten Apparat stellt Reis am 4. Juli 1863 nochmals im Frankfurter Physikalischen Verein vor. Der Vortrag trägt den Titel *Über die Fortpflanzung der Töne auf beliebig weite Entfernungen, mit Hülfe der Electricität, unter Vorzeigung eines verbesserten Telephons und Anstellung von Versuchen damit.* Auch jetzt erntet Reis Lob.

Reis legt weiterhin den Akzent auf die Übertragung von Musik, denn das *Polytechnische Notizblatt* berichtet: »Die in einer Entfernung von circa 300 Fuß ziemlich leise gesungenen Melodien wurden durch das aufgestellte Instrument viel deutlicher als früher wiedergegeben. Besonders scharf reproducirte sich die Tonleiter. Selbst Worte konnten sich die Experimentatoren mittheilen, freilich allerdings nur solche, die schon oft von denselben gehört worden waren.«

Anders gesagt: Noch immer überzeugt die Qualität von Reis' Telefon nicht völlig, was freilich nach einer Entwicklungszeit von nur drei oder vier Jahren nicht weiter verwundert. Melodien jedenfalls können leichter

wiedererkannt werden (nicht nur durch das Ohr, sondern auch durch Erinnerungsmuster im Gehirn) als das gesprochene Wort, dessen Botschaft differenzierter und das – wenn es sich nicht um einen bekannten Text, etwa ein Gedicht, handelt – von Mustern entkoppelt ist. Das wird Reis nicht zum Nachteil ausgelegt. Die Begeisterung der Zuhörer seines Vortrags ist ungetrübt – zumindest scheint es so.
Johann Philipp Reis ist weiterhin guten Muts. Der Verkaufsprospekt, den er drucken lässt, erläutert nicht nur ausführlich die Funktionsweise des Apparats (Reis kommt also Plagiatoren ziemlich entgegen), sondern der Erfinder preist das Telefon auch recht selbstbewusst an:
»Nachdem es mir vor zwei Jahren gelungen, die Möglichkeit der Reproduction der Töne durch den galvanischen Strom darzuthun und einen dazu passenden Apparat herzustellen, hat der Gegenstand von den gefeiertsten Männern der Wissenschaft solche Anerkennung gefunden und sind mir so viele Ermunterungen geworden, dass ich mich seither bestrebte, meine, anfangs sehr unvollkommenen Apparate derart zu verbessern, dass die Versuche auch Anderen dadurch zugänglich würden.«

EIN TELEFON FÜR DEN FÜRSTENTAG Reis hat den Zeitpunkt der »Serienproduktion« seines Telefons geschickt gewählt. Denn vom 16. August bis zum 1. September 1863 findet in der damals noch Freien Stadt Frankfurt (erst 1866 wird die alte Reichsstadt preußisch) auf Einladung des österreichischen Kaisers Franz Joseph ein »Fürstentag« statt, der nichts weniger als die Vorbereitung einer nationalen Einigung zum Ziel hat. Zwar scheitert diese am Widerstand Bismarcks, der seinen König Wilhelm (den späteren deutschen Kaiser) von einer Teilnahme abbringt, da er eine österreichische Vorherrschaft nicht anerkennen will, doch ändert das nichts daran, dass sich hohe Repräsentanten aus allen deutschen Ländern und die Presse aus dem In- und Ausland in Frankfurt aufhalten und Reis' Verkaufsprospekt größere Chancen hat, Aufmerksamkeit zu erhalten.
Die Legende behauptet, Reis habe seinen Apparat dem begeisterten Kaiser Franz Joseph vorgeführt. Eine schöne Anekdote – ebenso schön wie die Vorstellung, Peter Mitterhofer habe dem Kaiser in Wien seine Schreibmaschine vorgeführt. Diese Behauptung konnte nicht bewiesen werden.

Franz Joseph hatte in jenen anstrengenden Wochen in Frankfurt schlicht Wichtigeres zu tun als in einen physikalischen Apparat zu horchen, um eine Melodie zu erlauschen oder zu erfahren, dass ein Pferd keinen Gurkensalat frisst. In erster Linie galt das Telefon von Reis damals als Objekt für Physiker. Über den möglichen Aufbau eines Kommunikationsnetzes wurde 1863 noch nicht nachgedacht.

So bleibt es in jenen Jahren also beim Verkauf von (vom Erfinder nummerierten) neunundfünfzig Apparaten für wissenschaftliche Demonstrationszwecke. Und während sich bald andere Tüftler für den legalen, aber nicht legitimen Nachbau des Telefons interessieren, schlägt Johann Philipp Reis in Frankfurt nicht nur neidlose Anerkennung entgegen. Einer der damals führenden Forscher auf dem Gebiet der Tonentwicklung durch Galvanismus, Johann Christian Poggendorff (1796–1877), auch er Mitglied des Frankfurter Physikalischen Vereins, sieht in Reis einen unerwünschten Konkurrenten.

Beide, Reis und Poggendorff, sprechen am 21. September 1864 in einer Sitzung des Vereins über die Herstellung von Tönen durch Induktion. Poggendorff, der mit aufgeschnittenen Metallzylindern und einer Induktionsrolle experimentiert, muss das inzwischen siebte Modell von Reis als allzu große und perfektionierte Konkurrenz ansehen. Zwar kann Poggendorff nicht verhindern, dass Reis vor dem Verein referiert und seine Apparate weltweit verkauft, doch weiß er als Redakteur der *Annalen der Physik und Chemie* zu unterbinden, dass Reis' Erfindung dort publik gemacht wird. Selbst als Wilhelm von Legat, der Vorsteher der preußischen Telegraphen-Inspektion in Frankfurt, sich für Reis einsetzt, ändert das nichts an Poggendorffs Verhalten. Er weigert sich sogar, Reis' Namen in sein *Biographisch-Literarisches Handwörterbuch der exakten Naturwissenschaften* aufzunehmen.

Es ist spekulativ, ob und wie Johann Philipp Reis sich in der Fachwelt durchgesetzt hätte, und ob er als Unternehmer auch ökonomischen Erfolg erzielt hätte. Offensichtlich bemüht er sich um die Verbreitung seiner Idee, aber der zahlenmäßig bescheidene Absatz der von der Firma Albert hergestellten Telefone kann nicht überzeugen. Wahrscheinlich fehlt es Reis an geschäftlichem Sinn und Durchsetzungskraft, auch an Geld für die internationale Patentierung seiner Erfindung. Vonseiten des Physikalischen Vereins in Frankfurt jedenfalls erhält er zwar lobende Worte, aber keine juristische oder finanzielle Unterstützung. Zudem bleibt Reis stark in seinen Berufsalltag als Lehrer am Institut Garnier in Friedrichsdorf eingebunden. Er ist und bleibt als Forscher ein Außenseiter, kann er doch keine akademische Reputation oder Stellung aufweisen. Zudem sind seine körperlichen Kräfte erschöpft: Er leidet an Tuberkulose. Trotz dieser Widrigkeiten gelingt es ihm in den folgenden Jahren noch, ein paar Erfindungen voranzubringen. Er entwickelt ein Veloziped, ein Gerät zur Aufzeichnung des Wetters, eine Maschine zum Umblättern von Notenblättern auf dem Klavier und sogar Rollschuhe. Doch kann er diese Erfindungen nicht zur Reife bringen, geschweige denn sie kommerziell auf dem Markt anbieten. Johann Philipp Reis stirbt am 14. Januar 1874, erst vierzigjährig, in Friedrichsdorf und wird dort begraben.

EIN SCHOTTISCHER LEHRER FÜR SPRECHTECHNIK ▪ Die kommerzielle Erfolgsgeschichte des Telefons beginnt hier erst – unter anderem Namen: dem von Alexander Graham Bell.
Bell ist dreizehn Jahre jünger als Reis. Er wird 1847 in Edinburgh geboren, studiert Latein und Griechisch und wird Lehrer für Sprechtechnik im schottischen Elgin. Früh beschäftigt sich Bell mit Fragen der Akustik und studiert auch die Arbeiten des deutschen Physikers Hermann von Helmholtz. In seiner Heimatstadt Edinburgh lernt Bell bereits 1863 eines der von Albert in Frankfurt nach Plänen von Reis gebauten Demonstrationstelefone kennen. Schließlich geht Bell nach London und studiert Anatomie und Physiologie der menschlichen Stimme.
1870 wandert Bell, dessen zwei Brüder an Tuberkulose gestorben sind, aus gesundheitlichen Gründen nach Kanada aus und eröffnet dort eine private Schule für Stimmphysiologie. Später, 1882, erwirbt er die amerikanische Staatsbürgerschaft.
Neben seinem pädagogischen Beruf beschäftigt sich Bell immer mehr mit Fragen der akustischen Physik, stößt aber an die Grenzen seines Wissens. Es ist daher nicht verwunderlich, dass er auf die Erkenntnisse anderer Forscher zurückgreift.

Lehrer Reis probiert an seinem Telefon. Was zunächst nur ein Unterrichtsobjekt war, wurde bald ein globales Kommunikationsnetz.

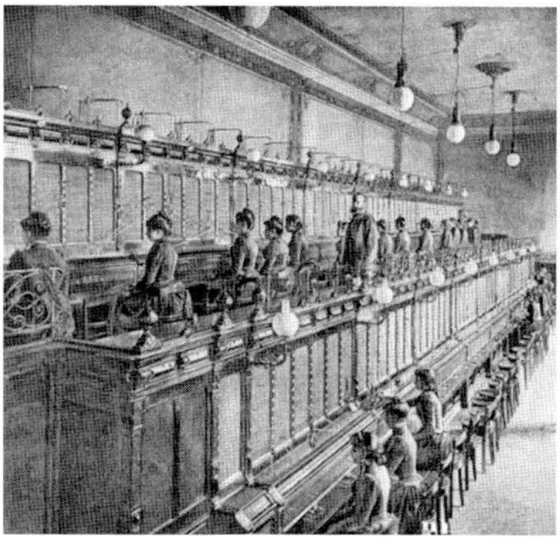

EIN TELEFON FÜR SIGNORA MEUCCI Neben den Arbeiten von Helmholtz und Reis sind dies auch die Pläne des italienischstämmigen Amerikaners Antonio Meucci. Mag man bei der Auswertung von Reis' Telefonmodell und Helmholtz' Studien noch von wissenschaftlicher Fortentwicklung sprechen, überschreitet Bells »Übernahme« der Ergebnisse des italienischen Forschers die Grenze zum Plagiat.

Antonio Meucci, geboren 1808 in San Frediano bei Florenz, installiert bereits um 1833 in einem Theater ein einfaches Akustik-Rohr-Telefon. 1835 verlässt Meucci, der wegen seiner republikanischen Ansichten verfolgt und sogar ins Gefängnis gebracht worden ist, Italien und wandert nach Kuba aus. Dort entwickelt er ein chemisches Verfahren zur Abwasserreinigung und gründet eine Galvanisierungsfabrik, mit der er zu Wohlstand kommt. 1850 siedelt Meucci nach New York über, gründet eine Stearinkerzenfabrik und eine Brauerei und erwirtschaftet damit erneut ein Vermögen.

1854 entwickelt Meucci eine Vorform des Fernsprechers – aus der Not heraus, denn seine rheumakranke Frau kann ihr Zimmer nicht verlassen, mit dem Sprechapparat soll sie Verbindung zu den anderen Räumen halten. 1860 führt Meucci seinen Fernsprechapparat erstmals vor, ohne sich jedoch um die Patentierung oder eine Vermarktung zu kümmern. Er hat bald andere Sorgen, verliert er doch durch Finanzspekulationen sein gesamtes Vermögen. 1866 wird Antonio Meucci bei der Explosion eines Dampfkessels verbrüht, er ist monatelang arbeitsunfähig. Die Meuccis sind gezwungen, Modelle und Pläne zu verkaufen. Später führt Antonio

Meucci seine Forschungen zwar fort, doch bleibt eine kommerzielle Nutzung dem verarmten Mann verwehrt: 1871 will er für sein Telefon ein Patent beantragen, kann aber die Anmeldekosten nicht aufbringen. Eine Vormerkung erlischt 1873. Der Versuch, die »Western Union Telegraph Company« für seine Ideen zu gewinnen, scheitert.
Unterdessen ist kein anderer als Alexander Graham Bell in den Besitz von Meuccis Unterlagen gekommen. Als Meucci seine Pläne zurückfordert, wird ihm von Bells Firma beschieden, die Unterlagen seien verloren gegangen.

WETTRENNEN UM DAS PATENT ▮ Bell bereitet mit Cleverness die kommerzielle Nutzung des Telefons vor. Seine Verteidiger haben zu Recht darauf hingewiesen, dass er die Erfindung in mancherlei Hinsicht technisch verbesserte. Man konnte mit Bells Telefon in beiden Richtungen senden und empfangen. Auch benötigte sein Apparat keine Batterie mehr, sondern wurde mit Induktionsströmen betrieben. Doch unzweifelbar nutzte er auch die Erkenntnisse seiner Vorgänger Reis und Meucci.
Die technische Verbesserung des Telefons war die eine Seite; die andere die geschickte marktstrategische und gesellschaftliche Vorbereitung des wirtschaftlichen Feldzugs. Bell heiratet eine gehörlose Frau, deren Vater Gardiner G. Hubbard einer der bekanntesten Patentanwälte Amerikas ist. Und er findet in Thomas Sanders, dem Vater einer Schülerin, einen begüterten Sponsor für sein Unternehmen.
Der verarmte Meucci ist als Konkurrent ausgeschieden, da droht Bells Unternehmen Gefahr von anderer Seite: Der amerikanische Tüftler Elisha Gray (1835–1901) experimentiert seit 1875 ebenfalls mit einem Telefon. Bell erfährt davon. Es kommt zu einem dramatischen Wettrennen um die Patentierung. Nach dem damaligen Recht genügt allerdings die Vorlage von Plänen, das nachweislich gebaute und funktionierende Gerät kann nachgereicht werden. Am 14. Februar 1876 – das Datum geht in die Technikgeschichte ein – reicht Bell seinen Patentantrag ein. Er kommt seinem Konkurrenten Gray um gerade einmal zwei Stunden zuvor. Anders als Gray legt Bell der Behörde noch keinen funktionierenden Apparat vor. Nach dem Gesetz hat er die Voraussetzungen erfüllt, seinem Antrag wird wenig später stattgegeben.

EIN KAISER TELEFONIERT ▌ Das Unternehmen Bell läuft an – mit gehörigem Aufwand an PR: Im Sommer 1876 wird zum hundertjährigen Bestehen der Vereinigten Staaten von Amerika in Philadelphia eine große Ausstellung eröffnet. Bell bringt seinen inzwischen gebauten Apparat zur Messe – doch in der Wunderwelt der Hallen fristet das Ding in einer Ecke ein unbeachtetes Dasein. Der Zufall hilft Bell: Der brasilianische Kaiser Dom Pedro kommt auf Staatsbesuch und besichtigt auch die Ausstellung. Die Majestät erblickt Bell und erkennt in ihm den Lehrer einer Bostoner Schule wieder, der er ebenfalls einen Besuch abgestattet hat. Kaiser und Tüftler kommen ins Gespräch, und Bell stellt dem hohen Besuch seinen Fernsprechapparat vor. Dom Pedro, den Hörer am Ohr, ruft erstaunt aus: »Herrgott, es spricht!« Damit ist der Siegeszug von Bells Telefon nicht mehr aufzuhalten. Anderntags berichten die Zeitungen groß über das kaiserliche Erstaunen. Bell und der Fernsprecher sind in aller Munde. Und anders als im verschlafenen Friedrichsdorf im fernen Hessen erkennt man im Amerika des Jahres 1876 den praktischen Nutzen und das ökonomische Potenzial des Telefons. Die *New York Tribune* etwa bemerkt in einem Leitartikel begeistert:

»Welchen Nutzen hat eine solche Erfindung? Nun, es kann Fälle geben, in denen es aus staatswichtigen Gründen notwendig ist, dass Beamte von zwei weit auseinanderliegenden Orten aus miteinander sprechen müssen, ohne dass in einer Vermittlung jemand zuhört. Oder vielleicht wird irgendein Liebhaber seinen Antrag direkt in das Ohr der Angebeteten stellen und ihre Antwort hören wollen, auch wenn er meilenweit entfernt ist. Es lässt sich nicht ausdenken, auf welche Weise im 20. Jahrhundert ein Mann um eine Frau werben wird. Man sagt, das gesprochene Wort sei mit dieser Vorrichtung auf einer sechzig Meilen langen Leitung durchgegeben worden. Musik kann man ohne weiteres übertragen. Man stelle sich also ein telegraphisches Ständchen vor!«

EIN WELTUNTERNEHMEN STARTET ▌ Bell gründet 1877 gemeinsam mit seinem Schwiegervater Hubbard und dem Geldgeber Sanders eine eigene Telefongesellschaft. Wenig später sichert er sich auch das Patent in England. Die »Bell Telephone Company« zieht rasch weitere Anleger an, der Wert ihrer Aktien steigt innerhalb kurzer Zeit um zweihundert Prozent. Das ärgert besonders *einen*: Elisha Gray. Er hat im Jahr zuvor auf der Ausstellung in Philadelphia noch gespottet, Bells Apparat sei »nur etwas für Wissenschaftler. Sein kommerzieller Nutzen wird gering sein«. Nun aber zieht er – verbunden mit einem anderen Unternehmen, der »Western Union Telegraph Company« – gerichtlich gegen Bell zu Felde.

Es geht dabei aber nicht um Bells Übernahme von Ideen Meuccis und Reis', sondern um seine guten, vielleicht *zu* guten (auch verwandtschaftlichen) Beziehungen zum Patentamt und um Ungenauigkeiten in seinem Patentantrag. Eine Prozesswelle rollt auf Bell und sein Unternehmen zu, man zählt fast sechshundert Verfahren. Bell behält die Nerven (und hat das Geld, dies alles durchzustehen). Er gewinnt alle Verfahren. Auch technisch kann er punkten: Seine Mitarbeiter verbessern das Telefon ständig, etwa durch die Erfindung des Kohlemikrofons (statt des Kontaktmikrofons nach Reis).

Bells Telefon tritt ab 1881 den Siegeszug um die ganze Welt an, auch in Deutschland, das inzwischen unter dem preußischen König und deutschen Kaiser Wilhelm I. politisch vereint ist und wegen seines wirtschaftlichen Aufschwungs und rasanter gesellschaftlicher Veränderungen großes Interesse am neuen Medium des Fernsprechers besitzt. Besonders der »Generalpostdirektor« Heinrich von Stephan (1831–1897; der 1870 auch der Postkarte den Erfolgsweg geebnet hat) setzt sich für einen raschen Auf- und Ausbau eines Fernsprechnetzes ein.

Bells Unternehmen wird 1885 in »American Telephone and Telegraph Corporation« (AT & T) umbenannt und ist bis heute einer der größten Telekommunikationskonzerne weltweit.

STILLE UND PALAVER ▌ Alexander Graham Bell, der seit 1882 amerikanischer Staatsbürger ist, stirbt am 1. August 1922 in Baddeck im kanadischen Neuschottland. Den rasanten Ausbau eines weltweiten Telefonnetzes hat er noch miterleben können. Als die Nachricht von seinem Tod in die Vereinigten Staaten gelangt, werden ihm zum Gedenken eine Minute lang alle Fernsprechverbindungen unterbrochen. Eine Minute lang herrscht Stille in einer Welt immer emsigeren Palavers.

Noch etwas unhandlich, aber funktionstüchtig: Zeichnung des Reis'schen Musiktelegraphen (Telefon) mit Geber (links) und Empfänger (rechts).

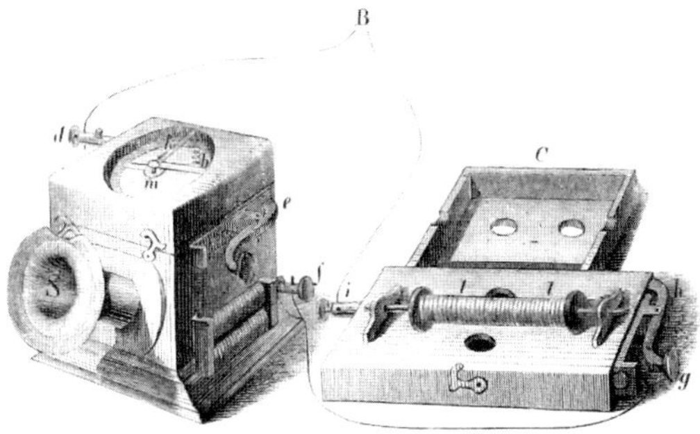

Das Telephon.

Weniger Glück brachte die Technisierung der Mündlichkeit den Pionieren Meucci und Gray: Antonio Meucci stirbt am 18. Oktober 1889 völlig verarmt in New York, ohne dass sein Versuch, über einen Anwalt an seine alten Pläne oder eine Abfindung zu gelangen, Erfolg gehabt hätte. Immerhin gibt es eine späte symbolische Wiedergutmachung: Am 11. Juni 2002 verabschiedete das US-amerikanische Repräsentantenhaus eine Resolution, worin Antonio Meuccis Wirken bei der Erfindung des Telefons gewürdigt wurde.

Elisha Gray hingegen blieb dem Erfinderhandwerk treu: 1893 führt er auf der Weltausstellung in Chicago den »Teleautographen« vor, den Vorläufer des späteren Faxgerätes. Doch kann er seine Erfindung kommerziell nicht weiterverfolgen. In gewisser Weise war Gray seiner Zeit zu weit voraus. Er stirbt am 21. Januar 1901 in Massachusetts, in der Stadt Newtonville (wie es sich für einen Physiker gehört).

Vereinnahmt wurden indes alle Erfinder des Telefons – von einer nationalen Technikgeschichtsschreibung: Italienische Enzyklopädien rühmten Antonio Meucci als den Erfinder des Telefons, amerikanische Alexander Graham Bell, und deutsche Johann Philipp Reis. Dem Deutschen sprang sogar ein Brite bei: Der Physiker und Technikhistoriker Silvanus Thompson publizierte bereits 1883 die *Biographie Philipp Reis: Inventor of the Telephone*, wofür er noch etliche Zeitgenossen und Zeitzeugen befragen konnte – freilich oft auch mit einer suggestiven Fragetechnik.

Die Wahrheit liegt in der Mitte: Alle diese Männer waren Pioniere, und die Idee des Telefons lag im Bedürfnis einer Zeit, die die schnelle fernmündliche Verbindung statt des langsameren Briefes benötigte – und erhielt.

CHRISTIAN HÜLSMEYER

1881–1957

DAS RADARPRINZIP · DAS TELEMOBILOSKOP

Der vierzehnjährige Hülsmeyer hat eine entscheidende Idee. Lippenbekenntnisse der Reedereien und die Ignoranz des Reichsmarineministeriums. Telefunken begeht einen Fehler. Hülsmeyer geht seinen Weg. Die Entwicklung des RADAR in Zeiten des Krieges. Englische Fairness.

Man schreibt das Jahr 1896. Im Physiksaal des Lehrerseminars in Bremen experimentiert der vierzehnjährige Christian Hülsmeyer mit elektrischen Sendern und Empfängern. Aus Italien kam wenige Monate zuvor die Nachricht von erfolgreichen Versuchen Guglielmo Marconis mit der Funkentelegraphie, der Übermittlung von Nachrichten mit elektromagnetischen Wellen. Auch kennt Hülsmeyer die 1888 veröffentlichten Forschungsergebnisse von Heinrich Rudolph Hertz über elektromagnetische Wellen, wonach diese von Metall zurückgeworfen werden.

Der junge Mann hat eine Idee: Wie wäre es, wenn man die Reflexion elektromagnetischer Wellen bei der Darstellung von Schiffen auf hoher See oder auf Flüssen nutzte? Man könnte durch reflektierte Wellen fremde Schiffe bei Nacht und Nebel frühzeitig melden, noch bevor man sie sieht, und so Zusammenstöße und Unfälle vermeiden.

Der angehende Junglehrer ist von diesem Gedanken fasziniert. Er will die Idee realisieren und solch ein Frühwarnsystem bauen, um es gewerblich der zivilen und militärischen Schifffahrt anzubieten. Zwar schließt er 1899 das Lehrerseminar ab – aber nur um seiner Eltern willen. Den Beruf eines Pädagogen will er nicht ergreifen. Christian Hülsmeyer nimmt Kontakt zur elektrotechnischen Industrie auf. Er bewirbt sich bei Siemens-Schuckert in Bremen und beginnt dort im selben Jahr eine Lehre.

PRÄSENTATION AUF DER KÖLNER HOHENZOLLERNBRÜCKE ▌ Christian Hülsmeyer stammt aus einfachen Verhältnissen. Er kommt am 25. Dezember 1881 als Sohn des Zimmermanns Heinrich Ernst Hülsmeyer und dessen Frau Elisabeth in Eydelstedt im oldenburgischen Münsterland zur Welt. Der Knabe besucht die Dorfschule. Dort fällt er durch Fleiß und Begabung auf. Der Lehrer empfiehlt ihn an das pädagogische Seminar in Bremen, wohin der gerade einmal Vierzehnjährige 1896 zieht. Dort hat der Jugendliche die entscheidende Idee zu einem Frühwarnsystem unter Nutzung elektromagnetischer Wellen.

Bei den Siemens-Schuckert-Werken ist der Lehrling mit der elektrischen Ausrüstung von Schiffen befasst und kann seine Fachkenntnisse vertiefen und den elektrotechnischen Stand und die Bedürfnisse der damaligen Schiffsindustrie kennenlernen. 1902 zieht der Zwanzigjährige ins Rheinland, nach Düsseldorf, und arbeitet dort an seiner Idee weiter. Er entwickelt das »Telemobiloskop«, ein Gerät zur Sichtbarmachung beweglicher Objekte durch elektromagnetische Wellen. Hülsmeyer findet sogar einen Investor, den Kölner Kaufmann Heinrich Mannheim, und gründet mithilfe von Mannheims Startkapital in Höhe von fünftausend Mark am 5. Mai 1904 die »Telemobiloskop-Gesellschaft Hülsmeyer und Mannheim«. Es ist eine immense Summe, die Mannheim vorschießt. Im Laufe der Monate kommen noch zwanzigtausend Mark hinzu. Der Kaufmann muss also von Hülsmeyers Idee und deren kommerzieller Umsetzbarkeit überzeugt gewesen sein. Hülsmeyer ist nicht nur ein findiger Forscher, er weiß auch sein geistiges Eigentum zu wahren: Am 30. April 1904, knapp eine Woche vor Gründung der Firma, meldet er das Patent des Telemobiloskops für Deutschland an. Die Patentschrift trägt den Titel *Verfahren, um entfernte metallische Gegenstände mittels elektrischer Wellen einem Beobachter zu melden.*

In den nächsten Wochen und Monaten folgen Patentierungen in Großbritannien, Dänemark und Frankreich. Verschmitzt erinnert sich der zweiundsiebzigjährige Hülsmeyer in einem Interview von 1954 an die Anfänge seiner Firma: »Ja, Mannheim war direkt sprachlos. Wir machten eine Telemobiloskop-Gesellschaft, und dann hab ich auch noch in Köln die Apparate unter der Rheinbrücke auf dort vorbeifahrende Schiffe vorgeführt.«

Hülsmeyer meint die erste öffentliche Vorführung seines Telemobiloskops am 18. Mai 1904 im Domhotel und auf der berühmten Hohenzollernbrücke in Köln, gleich unterhalb des Doms. Die Präsentation geschieht vor Vertretern der Schifffahrt und der lokalen Presse. Eine Kölner Zeitung weiß anderntags zu berichten:

»Das Telemobiloskop, eine Erfindung des Ingenieurs Chr. Hülsmeyer in Düsseldorf, wurde gestern Vormittag um 11 Uhr im Domhotel vor Vertretern des Norddeutschen Lloyds, der Seedampfschiffahrts-Gesellschaft Argo in Bremen und andern geladenen Herren vorgeführt. Die Erfindung beruht auf dem Grundsatz der drahtlosen Telegraphie und bezweckt, Schiffe sowie sonstige metallische Gegenstände auf dem Meere zu sichten. Der Unterschied zwischen der bereits bestehenden Anwendung der drahtlosen Telegraphie und dieser Erfindung beruht neben den konstruktiven Neuerungen lediglich darin, daß, während man bei der drahtlosen Telegraphie Geber und Empfänger auf verschiedenen Schiffen getrennt verwendet, man beim Telemobiloskop Geber und Empfänger auf einem und demselben Schiffe anordnet. Die vom Geber ausgesandten elektrischen Wellen können den Empfänger nicht direkt erreichen, sondern müssen von einem metallischen Gegenstand auf dem Meere (also von Schiffen) zurückgeworfen werden und so auf gebrochenem Wege zum Empfänger gelangen. Der große Vorteil, den die Erfindung bietet, liegt vor allem darin, daß Schiffe, die mit Geber und Empfänger nach diesem System ausgerüstet sind, jedes andere Schiff ohne diese Apparate sichten können, ja, dem Kapitän auf der Kommandobrücke wird sogar auf 3 bis 5 km Entfernung die Richtung gemeldet, in der sich das entgegenfahrende Schiff befindet, so daß er, selbst wo Licht- und Nebelsignale versagen, noch Zeit genug hat, seinem Fahrzeug den richtigen Kurs zu geben und so schweres Unheil rechtzeitig zu verhüten. Der Versuch mit den kleinen Apparaten, die nur für kleinere Entfernungen berechnet sind, gelang vollkommen.«

Hülsmeyers Vorführung war also erfolgreich, das Publikum war angetan, und sogar bis nach Übersee hat die Presse davon Kenntnis genommen – die *New York Times* berichtet von dem Geschehen. Hülsmeyer und sein Investor Mannheim sind voller Zuversicht; für Publicity ist gesorgt, einem geschäftlichen Erfolg kann nichts mehr entgegenstehen.

Hülsmeyer weiß aber um die Schwachpunkte seiner Erfindung. In den folgenden Wochen und Monaten verbessert er das Telemobiloskop mehrmals. Vor allem das Problem der Messung der Entfernung des angezeigten Objektes muss noch gelöst werden.

HOFFEN AUF REEDEREIEN ▌ Hülsmeyers Pläne offenbaren eine differenzierte und praxisorientierte Konzeption des Telemobiloskops: Beim Einsatz auf Schiffen werden Sender (Geber) und Empfänger auf einer aufgehängten, beweglichen Platte so angebracht, dass sie trotz der Schwankungen des Schiffskörpers immer senkrecht stehen. Eine Induktionsspule erzeugt eine Hochfrequenz, die von einer Antenne abgestrahlt und mithilfe eines Projektionsschirms zudem gebündelt wird. Eine Empfangsantenne wiederum leitet die eingehenden Signale an den Zieldetektor weiter, der mit einem Kohärer ausgestattet ist, einem Glasröhrchen mit Eisenfeilspänen, die unter Hochfrequenzstrom zusammengepresst werden und den elektrischen Widerstand reduzieren. Dadurch wird ein Relais geschlossen, das ein akustisches Warnsignal, eine elektrische Klingel, in Gang setzt, also anzeigt, dass das Telemobiloskop ein Hindernis geortet hat. Automatisch klopft der Klöppel auch an den Kohärer, was wiederum die Eisenfeilspäne voneinander trennt. Ergänzt wird das Telemobiloskop durch ein elektromechanisches Gerät, das den Azimutwinkel (ein nach Himmelsrichtungen orientierter Horizontalwinkel) auf eine Rundsichtanzeige mit Zeiger auf der Kommandobrücke überträgt, so dass das Ortungsergebnis vom Kapitän bequem abgelesen werden kann.

Das Problem der Messung der Entfernung eines georteten Schiffs vom Telemobiloskop löst Hülsmeyer noch im selben Jahr: In einem zusätzlichen Patentantrag erläutert er den »verbesserten Hertzwellen-Projektions- und Empfangsapparat zur Ortung von entfernten Metallgegenständen«, der durch Messung des Elevationswinkels vom Sendegerät auf dem Mast zum erfassten Objekt auch die Entfernung anzeigen kann.

Hülsmeyer kann in jenem Sommer 1904 zufrieden sein: Durch die gute Presse ist man bei Reedern auf seine Erfindung und deren möglichen Nutzen aufmerksam geworden. Bereits Anfang Juni kann er auf Einladung des Generaldirektors der Holland-Amerika-Schiffslinie seine Erfindung auf einem Kongress mit dem Titel »Technical Nautical Meeting« in Scheveningen vorstellen. Vom Deck des Begleitschiffs »Columbus« führt Hülsmeyer am 10. Juni sein Telemobiloskop mit einer damaligen Reichweite von dreitausend Metern vor. Die Präsentation verläuft ohne technische Komplikationen, die Herren – Vertreter deutscher und ausländischer Reedereien – beglückwünschen den Erfinder. Einzig aus England schlägt ihm Skepsis entgegen, das Gerät sei »only an embryo«. Noch im Herbst desselben Jahres eröffnet sich für Hülsmeyer erneut die Gelegenheit einer öffentlichen Vorführung in den Niederlanden. Sein Telemobiloskop hat er technisch verbessert und verfeinert und das durch ein erweitertes Patent öffentlich gemacht. Er verspricht sogar eine baldige Reichweite von bis zu zehn Kilometern. Doch entgegen den Lippenbekenntnissen der Reederei-

Diese Zeichnung seines Telemobiloskops präsentierte Hülsmeyer 1904 dem Reichsmarineamt. Doch die Bürokraten lehnten das Gerät als unnütz ab.

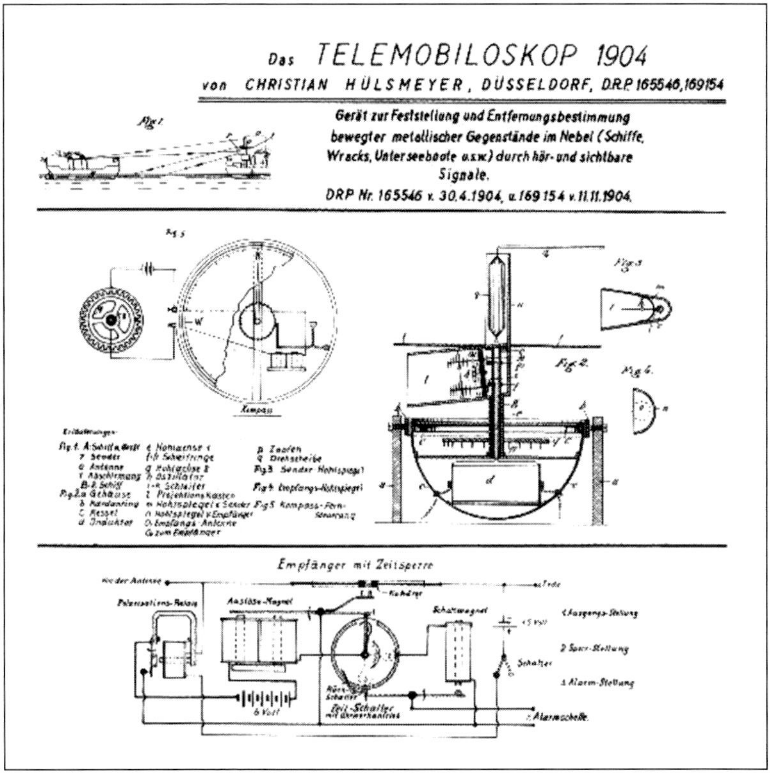

en bleiben Aufträge aus. Auch Hülsmeyers Hinweis, das Telemobiloskop eigne sich für den Ozeanverkehr großer Schiffe, vermag aus unerfindlichen Gründen nicht zu ziehen.

REICHSMARINE UND TELEFUNKEN SAGEN AB ▮ Details aus jenen Jahren sind nur unzureichend gesichert, denn einige Zeit später kommt Hülsmeyer auf dem Hamburger Hauptbahnhof ein Koffer mit Dokumenten abhanden. Das Unglück beginnt damit erst: Hülsmeyer hofft auf die deutsche Kriegsflotte, immerhin Kaiser Wilhelms selbsterklärtes liebstes Kind und Prestigeobjekt. Doch auch dort schlagen dem Erfinder Desinteresse, Arroganz und Ignoranz entgegen. Noch im Alter erinnert sich Hülsmeyer nicht ohne Bitterkeit: »Ich habe dann Herrn Mannheim [...] vorgeschlagen,

uns zunächst [...] an Herrn Tirpitz, Staatssekretär des Reichsmarineamtes, zu wenden, und ihm vorzuschlagen, mit uns auf Teilung zusammenzuarbeiten. Meine Angebote wurden nach sechs Wochen mit der Erklärung abgelehnt, man danke für mein Angebot, könne aber davon keinen Gebrauch machen, weil man angeblich bessere Ideen habe.«
Die noch ganz dem Schifffahrtsgedanken des 19. Jahrhunderts anhängenden alten Herren im Ministerium erklären ihm kurz angebunden, das Telemobiloskop sei deshalb unnütz, weil man mit Signalhörnern fremde Schiffe aus weit größerer Entfernung ausmachen könne. Dies also die »bessere Idee« der Ministerialbeamten.
Die Herren übersehen eines: Ein Signalhorn mag in Friedenszeiten seinen Dienst tun, wenn die Schiffe freiwillig ihre Position in Nacht und Nebel bekannt geben. Im Kriegsfall jedoch – und hierfür wird in jenen Jahren in ganz Europa gerüstet – ist es von strategisch entscheidender Wichtigkeit, gegnerische Schiffe frühzeitig zu orten, um entweder als Erster anzugreifen oder nötigenfalls abzudrehen und das Weite zu suchen. Von solch »neumodischen« taktischen Erwägungen sind die Köpfe des damaligen Marinestabs jedoch weit entfernt.
Hülsmeyer hat die Hoffnung auf eine Vermarktung noch nicht aufgegeben. Noch setzt er auf die zivile Industrie. Nachdem Reedereien sich nur zu unverbindlichen Beifälligkeiten herabgelassen haben, bietet er seine Erfindung der noch jungen Elektroindustrie an. Der »Gesellschaft für Drahtlose Telegraphie Telefunken« unterbreitet er ein Angebot, das am 21. August 1905 abgelehnt wird.
Christian Hülsmeyer sieht für sein Projekt keine weitere Chance. Seine Erfindung ist ihrer Zeit offensichtlich zu weit voraus. Die Firma wird am 11. Oktober 1905 im Amtsregister gelöscht, der Investor Mannheim setzt seine fünfundzwanzigtausend Mark bildlich gesehen in den Meeressand. Hülsmeyer erinnert sich 1954: »Ich habe dann aus Verdruss die ganze Sache aufgegeben.«

EIN ERFOLGREICHER UNTERNEHMER Aber er selbst gibt nicht auf. Bereits im Jahr nach der Liquidation der alten Firma gründet er eine neue: zunächst eine Vertretung für die Herstellung von Glühlampen und Werk-

Hülsmeyers Telemobiloskop aus dem Jahre 1904. »Der Versuch mit den kleinen Apparaten gelang vollkommen.«

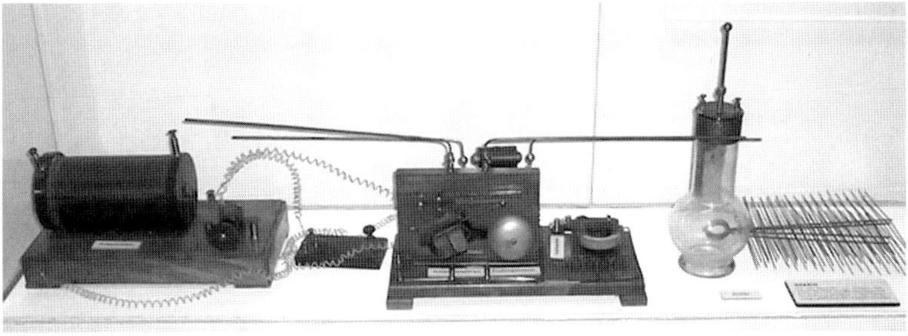

zeugmaschinen, im Jahre 1907 das Unternehmen »Christian Hülsmeyer Kessel- und Apparatebau«. Die Firma stellt unter anderem Wasser- und Rostschutzfilter für den Heißwasser-Gerätebau her.
In Wahrheit dürfte Hülsmeyer dem verkannten Patent des Telemobiloskops kaum nachgetrauert haben: Er ist in all den Jahren und Jahrzehnten ein erfolgreicher und wohlhabender Unternehmer und hat so viele Ideen und Aufträge, dass er nicht die Zeit hat, an vergangene Misserfolge zu denken. Auch privat macht er sein Glück: 1910 heiratet er Luise Petersen. Mit ihr hat er sechs Kinder. Die Düsseldorfer Firma übersteht die Widrigkeiten der Zeitläufte – Inflation, zwei Weltkriege und Nachkriegszeiten – erstaunlich gut. Christian Hülsmeyer leitet die Firma bis 1953 und kann rund einhundertachtzig nationale und internationale Patente aufweisen.

DAS RADAR WIRD ENTWICKELT Dann aber holt ihn die verdrängte Vergangenheit ein, die unglücklichen Anfänge seiner Zeit als Unternehmer. Genauer: Die militärische Forschung hat sich – ohne sich auf den Düsseldorfer Erfinder zu berufen – vor dem Zweiten Weltkrieg einer Idee angenommen, die auf Hülsmeyer zurückgeht: Das RADAR. Es ist ein Kunstwort, eine Abkürzung von »Radio Detection and Ranging« (»Funkortung und -abstandsmessung«). Das Radar wurde zeitgleich von mehreren Forschern entwickelt und im Krieg auf deutscher, britischer und sowjetischer Seite eingesetzt. In Deutschland unternahm Rudolf Kühnhold, wissenschaftlicher Direktor der Nachrichtenversuchsabteilung der Reichsmarine, seit 1934 erfolgreiche Experimente mit Radartechnik. Seine Forschungsergebnisse wurden von den Firmen GEMA (Gesellschaft für

elektroakustische und mechanische Apparate mbH, Berlin) und – Ironie der Geschichte – Telefunken (also die Firma, die 1905 Hülsmeyers Telemobiloskop ablehnte) übernommen und weiterentwickelt, außerdem von Siemens & Halske, Blaupunkt und C. Lorenz. Eine über eintausend Kilometer lange Radar-Überwachungslinie wurde während des Zweiten Weltkriegs von Dänemark bis Nordfrankreich gezogen, mit der man alliierte Luftangriffe orten konnte.
In England entwickelten der Leiter der Radioversuchsstation in Slough, Robert Watson-Watt, und sein Mitarbeiter Arnold Wilkins die Radartechnik für den militärischen Einsatz weiter. Seit 1937 wurde an der englischen und schottischen Ostküste eine Radar-Kette gebaut, die im Zweiten Weltkrieg erfolgreich als Frühwarnsystem bei Angriffen der deutschen Luftwaffe zum Einsatz kam und maßgeblich dazu beitrug, dass Großbritannien den Luftkrieg über dem eigenen Territorium gewinnen konnte.

EHRUNG ZWEIER ALTER HERREN ▮ Vor allem Sir Robert Watson-Watt (1892–1973) wird – bis heute – in der Technikgeschichtsschreibung als der Mann bezeichnet, der das Radar »erfunden« oder »entwickelt« habe. Das ist richtig und auch wieder nicht. Zum einen war das Zeitalter der universalen und singulären Erfindergenies lange vorbei. Erfinder forschten bereits vor dem Zweiten Weltkrieg meist in staatlich oder industriell geförderten Großlabors in Arbeitsteams. Zum anderen war Watson-Watt eben nicht der Entdecker des Radarprinzips, sondern Christian Hülsmeyer (dessen Name bezeichnenderweise bis heute in englischen Publikationen fehlt oder falsch geschrieben wird – etwa ›Hulsineyer‹ und dergleichen). Aber Watson-Watt – das ist sein historisches Verdienst – hat neben Robert Kühnhold die Radar-Technik als Erster für die zivile und militärische Nutzung einsatzfähig gemacht.
Nach dem Zweiten Weltkrieg stieß als Erster der Technikhistoriker Franz Maria Feldhaus (1874–1957) auf das in Vergessenheit geratene Telemobiloskop und dessen Erfinder Christian Hülsmeyer und brachte beide in einem Artikel in der *Rheinischen Post* vom 10. November 1948 in Erinnerung. Freilich war diese Erinnerung punktuell, es vergingen noch einige Jahre, bis Christian Hülsmeyers Name einem breiteren Publikum

ins Bewusstsein gelangte. Vor allem jenseits des Ärmelkanals wusste man noch immer nichts von dem Tüftler aus Düsseldorf. Erst als auf Betreiben Winston Churchills die Verleihung des Adelstitels an Robert Watson-Watt anstand, sickerte Hülsmeyers Name auch in englischen Fachkreisen durch und beschäftigte sogar Londoner Regierungskreise. Man gab sich englisch-großzügig: 1953 waren Christian Hülsmeyer und Sir Robert Watson-Watt Gäste einer Konferenz der Deutschen Gesellschaft für Ortung und Navigation in Frankfurt am Main, und man einigte sich auf dem Symposion auf die offizielle Formulierung, Watson-Watt sei nicht der alleinige Begründer der Radartechnik.

Christian Hülsmeyer nahm die kurzzeitige mediale Aufmerksamkeit gelassen, aber auch mit Freuden hin. Er hatte mit dem Aufbau eines über die Jahrzehnte erfolgreichen Unternehmens und mit der Anmeldung von rund einhundertachtzig Patenten mehr als genug bewiesen, dass er ein geschickter Geschäftsmann und ein findiger Kopf war. In einem Interview aus dem Jahre 1954 meinte er denn auch lapidar: »Inzwischen hatte ich mich dem Wärmetechnischen zugewendet und habe eine Erfindung über Wasserenthärtung gemacht, die mir jährlich sehr viel Geld eingebracht hat. Ich habe inzwischen weit über fünfzig deutsche Patente und über hundert Auslandpatente.«

Im Jahre 1954 – zum fünfzigjährigen Jubiläum der Entdeckung des Radarprinzips – wurde Hülsmeyer im Essener Haus der Technik offiziell geehrt.

Aus dem verkannten Tüftler war ein erfolgreicher Unternehmer und anerkannter Pionier der Technikgeschichte geworden. Bisweilen siegt die Gerechtigkeit. Christian Hülsmeyer starb am 31. Januar 1957 in Ahrweiler und wurde auf dem Düsseldorfer Nordfriedhof beigesetzt. Ein erhaltenes Modell des Telemobiloskops und andere Gerätschaften gelangten an das Deutsche Museum in München.

KONRAD ZUSE

1910–1995

DER FREI PROGRAMMIERBARE RECHNER · DER COMPUTER

Zuse bricht mit dem Angestelltendasein
und verbarrikadiert sich im elterlichen Wohnzimmer.
Eine Rechenhilfe für Statiker. Der Rechner wird
zur Wunderwaffe erklärt. Flucht aus Berlin im
Bombenhagel und Unterkunft in einem Allgäuer
Pferdestall. Die amerikanische IBM drängt auf den Markt.
Aufstieg und Fall der Zuse KG.
Ein Hobbymaler träumt vom Computer-Sozialismus.

Berlin, im Jahre 1936. Die Olympischen Spiele wollen der Welt ein offenes, modernes und wohlhabendes Deutschland vorgaukeln. In Wahrheit hat die nationalsozialistische Unterdrückung alle Bereiche der Gesellschaft längst im Griff. Auch wenn Aufrüstung und öffentliche Investitionen die Zahl der Arbeitslosen vermindert haben, ist doch jeder, der eine solide Anstellung hat, froh darum und setzt sie keinesfalls leichtfertig aufs Spiel. Kein Wunder, dass die Eltern eines jungen, sechsundzwanzigjährigen Mannes im Berliner Arbeiterbezirk Kreuzberg zunächst erbost darüber sind, dass der Sohn seine feste Stelle als Statiker bei den Henschel-Flugzeug-Werken in Schönefeld kündigt und sich als »Erfinder« selbständig macht. Er bastelt aber nicht im Keller oder in der Garage, sondern beschlagnahmt das Wohnzimmer der Familie. Die Möbel werden beiseite geräumt, damit der Sohnemann Konrad genügend Platz für seine raumgreifenden Apparaturen hat. Im Laufe der Monate wächst auf einem Stelltisch eine komplexe Maschine mit Hebeln, Schaltblechen und Drähten heran. Der junge Tüftler schließt sich in dem Raum ein, täglich bis zu vierzehn Stunden, auch an den Wochenenden, und sägt und feilt, rechnet und schreibt. Freunde gehen ein und aus, um ihm bei der Herstellung der mechanischen Verbindungen behilflich zu sein. Die Familie fügt sich, denn der junge Mann ist nicht nur von seiner Idee überzeugt, er besitzt auch die Gabe, sein Umfeld mit seiner Begeisterung anzustecken. Sein Vater, ein pensionierter Postbeamter, der in vierzig Jahren nicht einen einzigen Tag krank war, lässt sich herab, wieder den Dienst anzutreten, um mit seinem Salär dem Sohn finanziell den Rücken freizuhalten. Und die Schwester Lieselotte steckt all ihre Ersparnisse in das Projekt des Bruders. Opfermut und Begeisterung zahlen sich aus: Zwei Jahre später ist die Rechenmaschine Z 1, benannt nach ihrem Konstrukteur Konrad Zuse, fertig. Es ist die Initialzündung einer weltweiten technischen Revolution, der Eintritt in das Computerzeitalter, die vielleicht folgenreichste Erfindung des gesamten 20. Jahrhunderts. Konrad Zuse kann zum damaligen Zeitpunkt selbst nicht ahnen, welch rasante und weltverändernde Entwicklung seine Idee durchlaufen wird. Doch der im Jahr darauf ausbrechende Weltkrieg verhindert das. Entscheidende Jahre, die Zuse beinahe um die Früchte seiner Leistungen als Computer-Pionier bringen.

EIN BUMMELSTUDENT Konrad Zuse stammt aus einfachen Verhältnissen. Geboren wird er am 22. Juni 1910 in Berlin. Vater Emil Zuse ist Postbeamter, ein äußerst gewissenhafter und disziplinierter Mann. Vieles von seinem Arbeitsethos scheint auf seinen Sohn übergegangen zu sein. Später war es für Konrad Zuse üblich, achtzig Stunden und mehr pro Woche in seiner Firma tätig zu sein. Aber Zuse ist kein einseitig begabter Mensch, kein »Fachidiot«. Vielmehr hegt er zeitlebens künstlerische Interessen, verfertigt selbst Aquarelle und Holzschnitte, die vom Expressionismus beeinflusst sind und ein gutes Auge und eine sichere Hand verraten. In späteren Jahren interessiert sich Zuse auch für die gesellschaftspolitischen und humanphilosophischen Auswirkungen und Möglichkeiten seiner Erfindungen. Er bleibt ein langes Leben – er stirbt im Alter von fünfundachtzig Jahren – ein umtriebiger, geistig reger und aufgeschlossener Mann.

Die Anfänge seines Erfinderlebens reichen in die Kindheit zurück. Der Junge ist früh von technischen Konstruktionen begeistert. »Der Stabilbaukasten war mein bester Freund«, erinnert er sich. Konrad Zuse wächst in Braunsberg in Ostpreußen, wohin der Vater versetzt worden ist, auf, später in Hoyerswerda in Sachsen. Mit dem »alten Geist« der preußischen Lehranstalten tut sich der Heranwachsende schwer, der Reformgeist des Gymnasiums in Hoyerswerda liegt ihm mehr. Früh karikiert er Lehrer und Mitschüler, interessiert sich für physikalische und mechanische Fragen und wagt auch, den Lehrern offen zu widersprechen, wenn er sich seiner Sache sicher ist.

Die Industrieanlagen der Umgebung haben es dem Jugendlichen angetan: »Insbesondere die großen Abraumförderbrücken gaben mir eine Vorahnung von einem automatisierten technischen Zeitalter. Mit Begeisterung versuchte ich, diese Giganten mit dem Stabilbaukasten nachzubauen.«

Das Zauberwort »automatisiert« ist gefallen. Der Abiturient beginnt an der Technischen Hochschule in Berlin (der heutigen Technischen Universität) ein Studium des Maschinenbaus, das ihm aber zu verschult vorkommt. Er selbst bezeichnet sich später einmal als »Bummelstudent«. Wieder zieht ihn die Kunst in den Bann: Als Mitglied des »Akademischen Vereins Motiv« wirkt er bei studentischen Theateraufführungen mit: »Es

war eine sehr schöne Zeit, in der ich mich als Bühnengestalter und Schauspieler austoben konnte. Am liebsten spielte ich schräge Figuren. Mein Lieblingsschauspieler war Charlie Chaplin.« Er begeistert sich für die schönen Künste, unter anderem für die Baukunst, und beginnt ein Studium der Architektur, das ihm aber durch seine verknöcherten, erstarrten Unterrichtsvorgaben ebenfalls verleidet wird.
So wechselt er zum Bauingenieurswesen. Dort hält es ihn. 1935 erhält er das Diplom.
Er findet Anstellung als Statiker bei den Henschel-Flugzeug-Werken. Eine scheinbar gesicherte Position in jenen wirtschaftlich und politisch unsicheren Zeiten. Doch Zuse ist ein unruhiger Geist, der das Mathematische mit dem Künstlerischen verbindet, das Nützliche mit dem Schönen. Als Statiker muss er viele und lange Berechnungen anstellen, die langatmig, wiederkehrend und ermüdend sind. Wie gut, denkt er, könnte man diese Zeit für Kunst und Kultur nutzen. Könnte man nicht, wie Produktionsmaschinen in den Fabriken gefährliche und monotone Arbeitsabläufe übernommen haben, auch diese geistige Akkordarbeit einem Apparat anvertrauen, um als Mensch seine Zeit besser, schöner, nützlicher verbringen zu können? Die Idee zu einer Rechenmaschine ist geboren. Konrad Zuse kündigt 1936 seine Stellung und zieht sich mit sechsundzwanzig Jahren zum Tüfteln in die elterliche Wohnung zurück.

SCHALTBLECHE UND LOCHSTREIFEN ▮ Man mag erahnen, welche innere Kraft dieser junge Mann besitzt, welche Überzeugung von sich und seinen Ideen, um sich auf solch ein Wagnis einzulassen, alle beruflichen und gesellschaftlichen Brücken hinter sich abzubrechen, sich in die Abhängigkeit von seinen Eltern und seiner Schwester zurückzubegeben. Scheitert er mit seinem Projekt, ist er als bürgerlicher Mensch gescheitert, dem Spott von Verwandten, Freunden, ehemaligen Kollegen ausgeliefert. Er setzt alles auf eine Karte – und gewinnt.
Der erste Rechner Z 1 wird zwar elektrisch angetrieben, arbeitet aber mit mechanischen Kontakten. Das Prinzip überzeugte: Z 1 war der erste programmierbare Rechner und arbeitete wie auch heutige Hochleistungsrechner mit dem binären Zahlensystem, mit Ein- und Ausgabewerk, Re-

chen-, Speicher- und Programmwerk. Das Programm wurde noch auf gelochten Kinofilmstreifen geschrieben. Da es wegen der mechanischen Montage zwangsläufig zu minimalen Ungenauigkeiten kam, arbeiteten die Schaltungen nicht immer fehlerfrei. Insofern konnte sich Zuse zwar mit dem Prinzip, nicht aber mit der Ausarbeitung zufriedengeben.

Ein Freund bringt ihn auf die Idee, statt Bleche Radioröhren zu verwenden. Aber das Projekt ist ohne fremde Hilfe nicht zu schultern. »Wir würden«, erinnert sich Zuse, »etwa 2.000 Röhren und einige tausend Glimmlampen brauchen, um ein leistungsfähiges programmgesteuertes Rechengerät zu bauen.«

Zuse kann einen Fabrikanten mechanischer Spezialrechenmaschinen als Sponsor gewinnen. Die Z 2 wird 1939 fertiggestellt und 1940 dem Direktor der Deutschen Versuchsanstalt für Luftfahrt vorgeführt, der – es ist Krieg und man erhofft sich von Zuses Rechenmaschine einen militärischen Einsatz – ihm zusagt, einen verbesserten dritten Rechner mitzufinanzieren.

DER ERSTE FREI PROGRAMMIERBARE RECHNER DER WELT Zu Beginn des Kriegs wird Konrad Zuse für ein halbes Jahr zur Infanterie eingezogen. In dieser Zeit beschäftigt er sich viel mit Schach, weil er das Spiel für ein gutes Modell hält, »um einen Rechenmaschinenkalkül zu entwickeln und zu erproben. [...] Auf kleinem Raum und mit wenigen Elementen konnte ich beim Schachspiel eine komplizierte Verflechtung von Bedingungen, Fallunterscheidungen und dergleichen studieren«.

Nach sechs Monaten wird Zuse aus dem Militärdienst entlassen, da er erneut eine Anstellung als Statiker in den kriegswichtigen Henschel-Flugzeug-Werken erhält. Dort und bei der Deutschen Versuchsanstalt für Luftfahrt interessiert man sich immer mehr für seine Arbeiten.

Die Z 3 ist im Mai 1941 fertig. Sie gilt heute als erste funktionstüchtige, frei programmierbare Rechenmaschine der Welt und verfügte über elektromagnetische Relaistechnik mit insgesamt zweitausend Relais, ein binäres Zahlensystem, ein gleitendes Komma, eine Textlänge von zweiundsechzig Worten, eine Speicherkapazität von zweiundzwanzig Bit, eine Steuerung über Acht-Kanal-Lochstreifen, eine Eingabe über eine Spezialtastatur, eine Ausgabe durch Anzeige der Resultate auf Lampenstreifen einschließlich der Lage des Kommas und eine Geschwindigkeit von etwa drei Sekunden für Multiplikation, Division und Quadratwurzelziehen. Zuses Kalkül, wegen seiner Forschungen als unabkömmlich (uk) eingestuft zu werden, geht zunächst nicht auf. Nach Fertigstellung und Präsentation der Z 3 wird er erneut einberufen und muss an die Ostfront. Unerwartet kommt nach einigen Wochen der »uk-Stellungsbefehl«. Zuse hat einflussreiche Gönner in Berlin, er kann endgültig zurückkehren. In der Hauptstadt gründet er seine eigene Firma, die »Zuse Ingenieurbüro und Apparatebau, Berlin« in der Kreuzberger Oranienstraße 6. Bis zum Frühjahr 1945, wenige Wochen vor Kriegsende, betreibt Zuse seine Firma in Berlin, unter den Bombenangriffen und der schlechten Materialversorgungslage in immer bedrängteren Verhältnissen. Oftmals können Material und Bauteile nur über militärische Verbindungskreise aus Beständen der Rüstungsindustrie organisiert werden. Zuse und seine bald zwanzig Mitarbeiter können oft nur nachts und im Keller ihre Entwicklungen vorantreiben, während ringsumher Bomben einschlagen. In jenen Jahren werden für die Henschel-Flugzeug-Werke zwei Spezialrechner zur Flügelvermessung gebaut. Ein speziell für Henschel entwickeltes Messgerät als Analog-Digital-Wandler wird 1944 in einem ausgelagerten Werk in Warnsdorf im Sudetenland entwickelt, kurze Zeit später aber zusammen mit dem ganzen Werk demontiert und geht verloren.

ABENTEUERLICHE FLUCHT AUS BERLIN ▮ Der Kriegsverlauf bedroht Zuses gesamte Arbeit. Er baut unterdessen an der Z 4, einer verbesserten Variante der Z 3. Zu jener Zeit erfährt er von den Bemühungen Professor Howard Aikens von der Harvard University in Amerika, einen frei programmierbaren Rechner zu bauen, kann jedoch keine Details in Erfahrung bringen. Zuse weiß, dass es ein Wettlauf mit der Zeit wird, seine Ideen zu patentieren und zu vermarkten – wenn erst einmal der Krieg zu Ende ist. Der jedoch bringt seine ganze bisherige Arbeit zusehends in Gefahr. Z 1, Z 2 und Z 3 fallen Bombenangriffen zum Opfer. Jahrzehnte später werden diese Prototypen von verschiedenen deutschen Museen nach den Angaben Konrad Zuses nachgebaut.

Inzwischen marschieren im Westen die Amerikaner, im Osten die Russen auf Berlin zu. »Trotzdem wagte ich es noch«, erinnert sich Zuse, »im Januar 1945 zu heiraten. In mancher Hinsicht waren die Voraussetzungen für eine Ehe damals sogar leichter als heute. Zum Beispiel brauchte man keine komplette Wohnung vorzuweisen. Im Bombenkrieg genügte eine einfache Unterkunft.«
Zuse will seine Maschinen und Pläne retten, weiß aber nicht wie. Vor allem der räumlich ausladende Rechner kann ohne fremde Hilfe und übergeordnete Organisation nicht transportiert werden. Ein Mitarbeiter kommt auf die vermeintlich skurrile Idee, die Z 4 als V 4 zu deklarieren, um einen Zusammenhang mit der sogenannten »Wunderwaffe« V 2 zu suggerieren. Die List gelingt.
»Unter dem Motto«, so Zuse über die abenteuerliche Rettungsaktion, »die V 4 muss aus Berlin in Sicherheit gebracht werden, gelang es Dr. Funk tatsächlich, die nötigen Bescheinigungen zu erlangen, zu einer Zeit, als selbst für kriegswichtige Teile von Düsenjägern kein Waggon mehr aus Berlin heraus gestellt werden konnte. Die Z 4 wurde verladen und nach Göttingen in Marsch gesetzt. Für die großen Relaisschränke waren die Treppen zu eng, sie konnten nur über den Lastenfahrstuhl transportiert werden. Im unpassenden Moment kam der schon obligatorische Fliegeralarm. Das Netz fiel aus, und wir konnten uns davon überzeugen, wie hilflos der moderne Mensch ohne den elektrischen Strom ist.«
Vierzehn Tage lang dauert die Odyssee des Waggons mit der Z 4 auf der stark bombardierten Strecke von Berlin nach Göttingen. Kurz nach der Ankunft wird der Güterbahnhof angegriffen, der Rechner bleibt aber wie durch ein Wunder unbeschädigt und wird in Räume der Aerodynamischen Versuchsanstalt gebracht. Inzwischen nähert sich die Front Göttingen. Die Z 4 wird auf höheren Befehl in den unterirdischen Rüstungswerken von Mittelbau-Dora im Harz zwischengelagert. Dort sieht Zuse mit Entsetzen, wie KZ-Häftlinge, insgesamt rund zwanzigtausend, unter unmenschlichsten Bedingungen schuften: »Als wir das gesehen hatten, sagten wir uns: Überallhin, nur nicht hierher!«
Es gelingt Zuse, einen militärischen Marschbefehl ins noch unbesetzte Bayern zu erhalten, zudem tausend Liter Dieselöl. Über die folgenden

Die Familie musste aus dem eigenen Wohnzimmer weichen, damit der Sohn dort seine erste, »raumgreifende« Rechenmaschine Z 1 bauen konnte.

Wochen berichtet er: »Vierzehn Tage lang flohen wir entlang der Front, vorbei an brennenden Ortschaften und über zerbombte Straßen. Wir fuhren meist nachts. Tagsüber fanden wir notdürftigen Unterschlupf bei Bauern.« Über München und das bayerische Oberland gelangen Zuse, seine Frau Gisela und die engsten Mitarbeiter nach Hindelang im Allgäu. Im nahen Dorf Oberjoch treffen sie auf Wernher von Braun und seinen Stab, die in Peenemünde auf Usedom eine Forschungsstätte zur Entwicklung von Boden-Boden-Raketen betrieben und sich ebenfalls abgesetzt haben. »Ich konnte«, so Zuse, »auch ein kurzes Gespräch mit Wernher von Braun führen. Allerdings hatte ich nicht den Eindruck, dass er und sein Mitarbeiterstab schon voraussahen, welche Schlüsselstellung der Computer bei der Weltraumfahrt eines Tages einnehmen würde. In die Pläne Wernher von Brauns, sich den Amerikanern zu übergeben, wurden wir selbstverständlich nicht eingeweiht. Wir hielten es für richtiger, uns selbständig zu machen und uns Quartier im letzten Alpendorf, Hinterstein bei Hindelang, zu verschaffen.«

GRÜNDUNG DER ZUSE KG In dem abgelegenen Ort erleben Zuse, seine Frau und die Mitarbeiter das Ende des Krieges. Es folgen schwierige Jahre des Wartens, der Ungewissheit, der geistigen und materiellen Not. Zuses Rechner wird in einem Pferdestall im Dorf Hopferau im Allgäu untergestellt. Die Arbeit daran kann jedoch nicht weitergeführt werden. Zuse macht aus der Not eine Tugend und nutzt die Monate nach Kriegsende zur Entwicklung einer ersten Programmiersprache, die er »Plankalkül« nennt. Sie konnte zwar nie auf dem Markt erscheinen, wäre aber den rund zehn Jahre später von der Konkurrenz entworfenen Sprachen weit überlegen gewesen.

Den Lebensunterhalt für sich und seine Familie – im Laufe der Jahre kommen fünf Kinder zur Welt – sichert Zuse notdürftig mit dem Verkauf eigener Ölgemälde, Aquarelle und Holzschnitte. Einige dieser mit sicherer Hand ausgeführten Bilder haben sich erhalten. Sie zeigen Allgäulandschaften und waren vor allem bei US-Soldaten als Mitbringsel aus »Old Bavaria« beliebt.

Ganz so abseits ist Zuse im Allgäu allerdings nicht. Die IBM interessiert sich für die Patentrechte an der Z 4, allerdings nur, um eine weitere Entwicklung zu unterdrücken, denn auch deren Wissenschaftler arbeiten an frei programmierbaren Rechnern. Und auch der englische Geheimdienst ist Zuse und seiner Erfindung auf der Spur.

Der Zufall kommt Zuse und der Z 4 zu Hilfe. Professor Eduard Stiefel von der ETH Zürich hat von Zuses Entwicklungen erfahren und spürt ihn 1949 im Allgäu auf. Die Z 4, die er sich vorführen lässt, arbeitet fehlerfrei. Stiefel mietet den Rechner für die ETH an, es ist damals der erste und einzige funktionierende Computer in Europa. Von den großzügigen Einnahmen kann Zuse – inzwischen ist die Bundesrepublik Deutschland gegründet und damit auch wieder Rechtssicherheit vorhanden – eine neue Firma gründen, die Zuse KG. Ein Freund hilft ihm bei der Suche nach geeigneten Räumen. In Neukirchen im Kreis Hünfeld werden sie fündig. Zuse, seine Familie und die wenigen Mitarbeiter ziehen ins Hessische.

Die Zuse KG nimmt im Rahmen des »Wirtschaftswunders« einen rasanten Aufschwung. Der tiefere Grund hierfür liegt freilich in der internationalen Nachfrage nach Rechnern und individuellen Problemlösungen.

Konrad Zuse, Pionier und Selfmademan, stolz vor einem Nachbau der im Krieg zerstörten Z 1.

Konrad Zuse vor einem Nachbau der Z 3, der ersten frei programmierbaren Rechenmaschine der Welt. Das Original wurde ebenfalls im Krieg zerstört.

Zuse erweist sich als hervorragender Entwickler. Von 1949 bis 1961 werden die verbesserten und leistungsfähigeren Rechner Z 5 bis Z 64 gebaut, bis 1967 insgesamt 251 Rechner. Seit 1955 fertigt die Firma Computer mit Röhrentechnik und einem Magnetspeicherwerk. 1961 wird das erste automatische Zeichengerät, der Graphomat Z 64, vorgestellt. Zu den Kunden der Zuse KG gehören so renommierte Firmen wie Leitz, Universitäten und Institute in Deutschland, Frankreich und der Schweiz und Flurbereinigungsbehörden. Der Mitarbeiterstand der Firma wächst bis 1957 auf über einhundert an. 1957 wird der Firmensitz nach Bad Hersfeld verlegt, Ende 1964 ein repräsentabler Neubau bezogen. Konrad Zuse gilt in all den Jahren als Unternehmer, der viel von seinen Mitarbeitern einfordert, aber Pflicht, Disziplin und Leistung auch vorlebt. Immer noch ist er persönlich in der Forschung und Entwicklung tätig und gönnt sich kaum Ruhepausen.

ZUSAMMENBRUCH DER FIRMA ▌ Es gibt auch Rückschläge: Ein deutsches Patent der Z 3 von 1941 wird 1952 international angemeldet. Die Konkurrenzfirmen Triumph und IBM erheben daraufhin Einspruch, da sie ihre Patente, obgleich sie später angemeldet wurden, verletzt sehen.

Der Prozess geht durch alle Instanzen und wird 1967 vom Bundespatentgericht dahingehend entschieden, dass Zuse »mangels Erfindungshöhe« kein Patent erteilt werden kann.
Mit der Zuse KG geht es bergab. Die Gewinne aus den Aufträgen von Industrie und öffentlicher Hand können auf längere Sicht nicht die exorbitanten Entwicklungskosten neuer Rechnergenerationen decken. Auch erkennt man in Deutschland die Bedeutung von Rechnern für die Volkswirtschaft erst vergleichsweise spät. Beispielsweise fördert die Deutsche Forschungsgemeinschaft den Einsatz von Computern an Universitäten erst ab 1957. In den Vereinigten Staaten hingegen können große Konzerne weit mehr Gelder in die Forschung stecken. Als es schließlich Probleme bei der Auslieferung der Z 25 gibt, sind die geringen Finanzrücklagen der Zuse KG rasch aufgebraucht. Die Banken verweigern Kredite. Das Unternehmen steht vor dem Konkurs. Bereits seit 1962 fungiert die Rheinstahl AG als Teilhaberin. 1964 steigt Konrad Zuse als aktiver Teilhaber aus seinem Unternehmen aus. 1965 übernimmt die Brown Boveri & Company (BBC) hundert Prozent der Geschäftsanteile an der Zuse KG. 1967 wird die Zuse KG an die Siemens AG verkauft, zwei Jahre später scheidet Konrad Zuse aus dem Unternehmen aus. 1971 schließlich wird der Firmenname Zuse KG gelöscht.

COMPUTER-SOZIALISMUS ▌ Gelöscht wurde im kollektiven Gedächtnis vielfach auch der Name des Erfinders des ersten funktionstüchtigen, frei programmierbaren Rechners. Die großen Elektronikkonzerne teilten sich den rasant wachsenden Markt auf. Mit deren Namen verbanden jahrzehntelang die meisten Menschen den Computer, der in ihren eigenen Arbeitsbereich Einzug hielt.
Konrad Zuse hat sich aus der Entwicklung von Rechnern zwar zurückgezogen, dennoch bleibt er ein geschäftstüchtiger Mensch und ein interessierter, auch gesellschaftspolitisch aktiver und kritischer Bürger. Er arbeitet als Berater und schreibt ein Buch des Titels *Rechnender Raum* (1969), worin er »den Kosmos als gigantische Rechenmaschine« begreift. Außerdem schreibt er seine Erinnerungen: *Der Computer, mein Lebenswerk* (1970). In den späten Lebensjahren gehört seine Leidenschaft erneut der

Malerei. Humorvoll meint er: »Ich habe zwar kein Kunststudium, aber ein Informatikstudium habe ich auch nicht.«
Mit dem Historiker und Kartographen Arno Peters führt er Gespräche über den »Computer-Sozialismus«, ein von Zuse geprägter Begriff, worunter er die Möglichkeit einer Lösung gesellschaftlicher Probleme durch den sinnvollen Einsatz von Computern versteht. »Mir schwebt«, so Zuse bei einem Vortrag im Deutschen Museum in München im Jahre 1993, »so etwas vor wie eine Art Computer-Sozialismus [...], vieles durchzusetzen, was die Idealisten in den sozialistischen Ländern im Osten dachten, was ihnen dann aber leider nicht ganz gelungen ist.« Das lässt an Konrad Zuses ursprüngliche Motivation denken, als er mit einer programmierbaren Rechenmaschine die stupide, monotone Arbeit der Statiker erleichtern wollte.
Wie viele Erfindungen trägt auch die seine zwei Gesichter: ein menschenfreundliches, das Arbeitsprozesse erleichtert und verkürzt und dem Menschen dadurch mehr Freiraum zur Selbstverwirklichung im Sinne der Conditio humana verschafft; und eine mephistophelische Fratze, da der Computer auch Arbeitsplätze vernichtet und die Voraussetzungen eines globalen, entfesselten Kapitalismus erst geschaffen hat. Zuse war sich dieser Doppelgesichtigkeit seiner Erfindung bewusst. Gerade deshalb appellierte er an Verstand, Verantwortung und Solidarität. Konrad Zuse umreißt die überzeitliche Bedeutung des Computers im Ausblick seiner Autobiographie so: »Wenn man will, kann man in der Computerentwicklung einen weiteren wesentlichen Durchbruch sehen, nämlich von der Verstärkung des Muskels zur Verstärkung des Gehirns. Bis dahin war es kaum in Frage gestellt, dass alle Erfindungs- und Forschungsergebnisse direkt oder indirekt dazu dienten, die materiellen Kräfte des Menschen zu erweitern.«

WISSENSCHAFTLICHE UND LITERARISCHE EHRUNGEN Von der breiten Öffentlichkeit weitgehend unbeachtet erhielt Zuse in den letzten Lebensjahrzehnten zunehmend Anerkennung und Ehrungen: Acht Ehrendoktortitel, zwei Ehrenprofessuren, den Werner-von-Siemens-Ring (1964), die Wilhelm-Leuschner-Medaille (1987) und das Bundesverdienstkreuz mit Stern und Schulterband (1995), die Ehrenbürgerwürde seiner Wohnorte Hünfeld und Hoyerswerda und die Ehrenmitgliedschaft

Nachbau der Z 3. Deren verbesserte Variante Z 4 wurde als »Wunderwaffe« deklariert und aus dem umkämpften Berlin gerettet.

der Gesellschaft für Informatik. Konrad Zuse starb am 18. Dezember 1995 in Hünfeld bei Fulda.

Das Medieninteresse an Zuse und seinen Leistungen wuchs indes ununterbrochen, die öffentliche Anerkennung auch. 1998 sprach ihm die »International Conference on the History of Computing« in Paderborn die Erfindung des Computers zu. Inzwischen tragen Schulen und Straßen Zuses Namen. Er ist sogar Protagonist eines Romans mit dem Titel *Die Frau, für die ich den Computer erfand* (2009) des bekannten Schriftstellers Friedrich C. Delius. Seit 2002 existiert ein Konrad Zuse gewidmetes Medienzentrum an der Bauhaus-Universität Weimar. Nachbauten seiner ersten Rechner befinden sich im Deutschen Museum in München, im Deutschen Technikmuseum Berlin, im Museum der Stadt Hünfeld und im Konrad-Zuse-Computermuseum in Hoyerswerda. Auch in Amerika, aus dem einst der schärfste Gegenwind für die Zuse KG wehte, kam ein Zeichen der Versöhnung und offiziellen Anerkennung: Das kalifornische Computer History Museum in Mountain View bei San Francisco sprach Konrad Zuse 1999 den Ehrentitel eines »Fellow« zu.

THEODORE MAIMAN

1927–2007

DER LASER

Einstein als Vordenker der Photonik. Maser und Laser. Ein Außenseiter macht das Rennen. Eine Lösung sucht nach ihrem Problem. Nach und nach finden sich Anwendungsmöglichkeiten. Nobelpreisregen. Kein Anruf aus Stockholm. Das Zeitalter der Lasertechnologie hat erst begonnen.

Der Laser hält in immer mehr Bereichen des menschlichen Lebens Einzug: Laserstrahlen tasten in CD-, DVD- und Blue-Ray-Playern die Informationen ab, sie sind in Barcode-Scannern, 3-D-Scannern und Laserdruckern eingebaut. In der Medizin wird Laser zur Zertrümmerung von Gallen- und Nierensteinen angewandt, zur Entfernung von Geschwüren, zur Tilgung von Tattoos, zur Wundbehandlung, als chirurgisches Skalpell oder bei Operationen am Auge. In der fertigenden Industrie werden mit Laser Teile präzise geschweißt oder auch geschnitten, feinste Löcher gebohrt und Gravuren angebracht. Dabei sind Laserstrahlen feiner und weit passgenauer als die bislang gebräuchlichen mechanischen Instrumente und Werkzeuge. Und das Zeitalter der »Photonik«, des Einsatzes von Laserlicht, steht – so der Konstanzer Physiker und Wissenschaftshistoriker Ernst Peter Fischer – erst noch bevor. Nach seiner Überzeugung wird die Photonik die Elektronik im Laufe des 21. Jahrhunderts an Bedeutung übertreffen.

Die Erzeugung von Laserlicht liegt gerade einmal etwas mehr als fünfzig Jahre zurück. Und wie bei vielen »Erfindungen« war nicht nur ein Einzelner daran beteiligt. Der erste Forscher jedoch, dem es gelang, einen Laser-Lichtstrahl zu erzeugen, war der Amerikaner Theodore Maiman. Seine Entdeckung brachte ihm zunächst kaum Erfolg. Sein Bericht über seine Forschungsergebnisse wurde von der Fachzeitschrift *Physical Review Letters* zurückgewiesen. Man betrachtete Maimans Ergebnisse als bloße Spielerei. Er selbst war sich der Bedeutung des Laserstrahls zunächst nicht recht bewusst. Sein Kollege Irnee J. D'Haenens, der bei dem Experiment mitwirkte, soll – so wird kolportiert – nach dem erfolgreichen Versuch gesagt haben: »Jetzt haben wir eine Lösung, die nach ihrem Problem sucht.« Das war flapsig gemeint und traf in gewisser Weise dennoch den Kern der Sache. Freilich hat Maiman Jahrzehnte später noch Anerkennung für seine Leistungen gefunden – aber nicht die höchste. Einige Forscher bezeichnen ihn bis heute nicht als Entdecker des Laserlichts, sondern allenfalls als Vordenker eines wissenschaftlichen Prozesses. Und von 1964 bis 2005 wurde der Nobelpreis für Physik oder Chemie elf Mal an zweiundzwanzig Forscher verliehen, die zur Lasertechnik gearbeitet haben. Theodore Maiman hingegen blieb bei dieser höchsten aller öffent-

Charles Townes von der Columbia University. Er erhielt 1964 den Nobelpreis für Physik für seine Arbeiten auf dem Gebiet der Lasertechnik.

lichen Ehrungen außen vor. Insofern war und ist auch er ein verkannter Pionier.

EINSTEINS PHOTONEN-THEORIE Die Vorgeschichte des Lasers führt ein weiteres halbes Jahrhundert zurück, zu Albert Einstein. Der veröffentlicht 1917 seine Schrift *Zur Quantentheorie der Strahlung*, worin er sich über Existenz und Verhalten von Lichtteilchen (Photonen) äußert: Trifft Licht mit geeigneter Wellenlänge auf ein Atom, wirkt die Lichtenergie stimulierend auf ein Elektron. Aus diesem angeregten Zustand kann das Elektron spontan in seinen Grundzustand zurückkehren, die aufgenommene Energie wird als Lichtteilchen (Photon) freigesetzt. Nach Einsteins Überlegungen sollte es jedoch noch eine zweite Möglichkeit der Reaktion geben: die erzwungene oder stimulierte Emission. Wird ein stimuliertes Atom mit genau der gleichen Lichtenergie erneut stimuliert, sendet das Atom zwei identische Lichtteilchen aus. Diese beiden Lichtteilchen (Pho-

tonen) stimulieren weitere Atome in der gleichen Weise, es kommt zu einer Kettenreaktion: Aus zwei Lichtteilchen werden vier, aus vier acht, aus acht sechzehn usw. Es entsteht ein (sichtbarer) Lichtstrahl aus identischen Photonen.
Von Einsteins Theorie bis zur praktischen Erzeugung war es noch ein verhältnismäßig langer Weg. Das hatte seinen Grund in der Ratlosigkeit der Forscher, die Einsteins Theorie zwar zur Kenntnis nahmen, aber nicht wussten, was sie denn mit solch einem Lichtstrahl aus künstlich stimulierten Lichtteilchen anfangen sollten.
Wie so oft in der jüngeren Geschichte erhielt die Forschung ideellen und finanziellen Anschub durch die Rüstungsindustrie. Nach dem Zweiten Weltkrieg gab es in den Vereinigten Staaten von Amerika wie auch in der Sowjetunion eine ganze Reihe von Forschern, die mit Mikrowellen und Licht experimentierten – teils auf der Suche nach einer »Wunderwaffe«, teils aus stupidem Wettbewerbsdrang, der Erste auf einem bestimmten Gebiet sein zu wollen. Immerhin waren die 1950er und 1960er Jahre auch die Zeit des amerikanisch-sowjetischen Wettrennens in den Weltraum.

»MASER« UND »LASER« Eine dieser Entwicklungen war der »Maser«, ein Kunstwort, das sich aus der Bezeichnung »Microwave Amplification by Stimulated Emission of Radiation« (Mikrowellenverstärkung durch stimulierte Emission von Strahlung) herleitet. Der Maser basiert auf Einsteins Theorie der stimulierten Emission, arbeitet aber nicht mit Licht, sondern mit Mikrowellen. 1954 wird das erste Masergerät von dem amerikanischen Physiker Charles Townes (geb. 1915) von der Columbia University gebaut, ein Jahr später ziehen die sowjetischen Wissenschaftler Alexander Prochorow und Nikolai Basow nach. Aber Townes hat bald ein neues Ziel vor Augen: Statt Mikrowellen mit einer Wellenlänge von mehreren Zentimetern will er mit Licht mit extrem kurzer Wellenlänge von wenigen hundert Nanometern experimentieren.
Doch wie aus diesen extrem kurzen Wellenlängen einen sichtbaren Lichtstrahl konstruieren? Sein Kollege und Schwager Arthur Schawlow hat die Idee, Lichtstrahlen zwischen zwei Spiegeln »einzusperren«. Durch die Spiegelung des Lichts werden immer mehr Atome stimuliert, immer

mehr Photonen werden emittiert. Die Spiegel sind jedoch nicht geschlossen, an einer Stelle befindet sich ein kleines Loch, durch das das entstandene Licht austreten kann und damit sichtbar wird.
So die Idee. Die geglückte Umsetzung erfordert noch ein paar Jahre. Und neben Townes und Schawlow gibt es in jener Zeit noch weitere Wissenschaftler an Universitäten und Forschungseinrichtungen, die dieses neuartige Licht herstellen wollen. Einer von ihnen ist Gordon Gould, damals noch studentischer Assistent von Townes. Gould wird auch Namensgeber des neuen Lichts: In seinem Notizbuch bezeichnet er es als »Laser«, eine Benennung, die sich bald durchsetzt. Die Bezeichnung steht für »Light Amplificaton by Stimulated Emission of Radiation« (Lichtverstärkung durch stimulierte Emission von Strahlung). Gould, der gute Aussicht hat, Konstrukteur des ersten Lasergeräts zu werden, stolpert über eine politische Dummheit seiner jungen Jahre: Er wird von dem Forschungsprojekt an der Columbia University, das vom US-Verteidigungsministerium finanziell unterstützt wird (einige militärische Gehirne erhoffen sich eine Wunderwaffe), ausgeschlossen. Der Geheimdienst stieß bei der Überprüfung der biographischen Daten auf einen beiläufigen Kontakt des jungen Mannes zu einer marxistischen Gruppe – in der Zeit des Kalten Krieges hinlänglicher Grund, einen beruflichen Werdegang zu vereiteln.

EIN AUSSENSEITER MACHT DAS RENNEN Ein anderer, damals von vielen als Randfigur betrachteter Forscher macht schließlich das Rennen um die Erzeugung eines Laserstrahls: Theodore Maiman.
Maiman wird am 11. Juli 1927 in Los Angeles als Sohn des Elektrotechnikers Abraham Maiman (der für AT & T arbeitet) geboren. Theodore interessiert sich ebenfalls für die Physik. Er studiert Ingenieurwissenschaften an der University of Colorado und der Stanford University und promoviert 1955 in Physik. Dann geht er in die Forschung, er findet Anstellung an einer privaten Institution, den »Hughes Research Laboratories« im kalifornischen Malibu. Der Geldgeber Howard Hughes ist ein etwas exzentrischer Milliardär, der durch großzügige Konditionen die Elite der Forschung an sein Institut zieht. Aller Sponsorschaft zum Trotz ist man an greifbaren und ökonomisch verwertbaren Forschungsergebnissen in-

teressiert. Die Nachrichten aus anderen Laboratorien, die in den späten 1950er Jahren nach außen dringen, sind entmutigend. 1959 wird auf einer Tagung das Gelingen der Laser-Experimente allgemein noch angezweifelt. Der Wissenschaftshistoriker Ernst Peter Fischer sagt in einem Interview im Deutschlandfunk: »Und dann gab es eine große Tagung, wo alle Experten, die da was zu sagen hatten, zusammengekommen sind. Das war 1959. Und da sind die ganz großen Super-Experten aufgestanden und haben gesagt: Laserlicht wird es auf keinen Fall mit Rubin geben. Und da hat Maiman gesagt: Doch.«

Maiman soll einen neuartigen Maser entwickeln, der statt mit einem Gas mit einem Festkörper als Medium funktioniert. Dieser Maser soll in Flugzeugen zum Einsatz kommen und rauscharm und zuverlässig sein. Als Festkörper einigt man sich wegen seiner physikalischen Eigenschaften auf den Rubinkristall.

Maiman nimmt sehr wohl die Überlegungen seiner Konkurrenten von den »Bell Laboratories« in New York – wo Townes und Schawlow inzwischen arbeiten – zur Kenntnis. Er überträgt deren Ideen auf seine Versuchsanordnung mit dem Rubinkristall – an den Wünschen und Vorgaben seines Brotgebers vorbei. Er besorgt sich eine äußerst helle, spiralförmige Blitzlampe, montiert in ihrer Mitte ein rotes Rubinstäbchen und umkleidet alles mit einer reflektierenden Metallhülse. Er selbst gesteht später: »Ich habe nur Dinge verwendet, die es bereits gab. Ich verschwendete weder Zeit noch Geld, um eine spezielle Lampe zu entwickeln oder eine neue Art von Kristall. Stattdessen benutzte ich Rubin, der in der Natur vorkommt und schon damals in sehr hoher Reinheit industriell hergestellt werden konnte. Ich habe die Rubinstäbe für meine Experimente einfach bestellt und gekauft, genau wie die Blitzlampe. Der Rest war reines Handwerk.«

Es klingt wie die Geschichte vom Ei des Kolumbus: Die Ausführung scheint einfach, ebenso die Möglichkeit zur Nachahmung, aber das Kunststück bestand darin, auf die Idee zu kommen.

Theodore Maiman hat nur *eine* Chance: Gelingt sein Versuch, steht die Wissenschaft an der Schwelle zu neuen Räumen, Maiman selbst vor Ruhm und Anerkennung – so hofft er. Misslingt das Experiment, ist das für ihn das berufliche Aus.

Am Morgen des 16. Mai 1960 betritt Maiman gemeinsam mit D'Haenens das Labor, wo er seine Versuchsanordnung installiert hat. Er schaltet die Blitzlampe mit Pulsen von fünfhundert Volt ein. Zunächst wird nur ein rotes Fluoreszieren sichtbar. Maiman erhöht die elektrische Spannung auf mehr als neunhundertfünfzig Volt. Auf einem Oszillographen, der Laserlichtspuren in sichtbaren Spitzen wiedergeben soll, zeigen sich Muster. Und ein roter Lichtfleck von etwa einem Zentimeter Durchmesser wird sichtbar. Maiman weiß: Es handelt sich um eine stimulierte Emission. »Das war es«, so Maiman in der Erinnerung. »Der Laser war geboren!«

DIE KONKURRENZ BLEIBT SKEPTISCH Die Versuchsanordnung ist freilich noch recht einfach – und nicht von allen Wissenschaftlern als erster gültiger Laser der Welt anerkannt, bis heute. Der 1925 geborene Pionier der Lasertechnologie Wolfgang Kaiser beispielsweise (er lehrte und forschte seit 1964 als Professor für Experimentalphysik an der TU München) tut sich mit Maimans Vorreiterrolle schwer. In einem Interview im Deutschlandfunk aus dem Jahre 2010 meint er: »Einen working laser hat der Maiman in meinen Augen nicht gefunden. Das tut mir leid. Er hatte deutliche Hinweise auf stimulierte Emission. Er hat auf den blitzgepumpten Rubin verwiesen. Aber was ich unter einem Laser verstehe, ist die kohärente Strahlung. Und die hat er nicht gesehen.«

Eine Frage der Definition also. Immerhin hätten Kaiser und Kollegen von den Bell Laboratories in New York (eine Einrichtung der mächtigen AT & T, an der einige Nobelpreisträger beschäftigt waren) bereits am 1. Oktober 1960 eine eigene Arbeit über den Rubinlaser publiziert, worin bessere und sauberere Ergebnisse dokumentiert seien. Unbestreitbare Tatsache ist jedoch, dass Theodore Maimans geglücktes Experiment nicht nur vor denen Kaisers und anderer stattfand, sondern dass er auch als Erster auf die Herstellung von Laserlicht in einer Publikation hinwies.

Diese Veröffentlichung jedoch wird Maiman zunächst verwehrt: Er sendet seinen gerade einmal eine halbe Seite langen Artikel an das Fachblatt *Physical Review Letters*, aber die Redaktion lehnt einen Abdruck ab, da man der irrigen Meinung ist, es handle sich bei dem Experiment um eine Detailfrage des bereits hinlänglich bekannten Masers. Auch Maimans

Theodore Maiman. Der Außenseiter machte bei der Entwicklung des Lasers das Rennen, ging aber beim Nobelpreis leer aus.

Vorgesetze und Kollegen in den Hughes Research Laboratories bleiben skeptisch. Maiman wittert in der Ablehnung ein Komplott. Neid und Missgunst aus akademischen Kreisen, so seine Vermutung, würden ihm seine verdiente Anerkennung versagen.

Maiman schickt den Artikel an die Zeitschrift *Nature*. Dort nimmt man den kurzen Aufsatz an. Er erscheint am 6. August 1960. Im März 1961 kann Maiman auf der internationalen Konferenz über Quantenelektronik in Berkeley vor fünfhundert Physikern aus der ganzen Welt seinen Rubinlaser vorführen. Der große internationale Durchbruch bleibt ihm versagt. Er selbst glaubt – wenn man den Worten seines Kollegen D'Haenens glauben darf – nicht recht an das Potenzial seiner Erfindung.

Maimans Hände und der erste Laser, eine Aufnahme aus den 1980er Jahren. »Jetzt haben wir eine Lösung, die nach ihrem Problem sucht.«

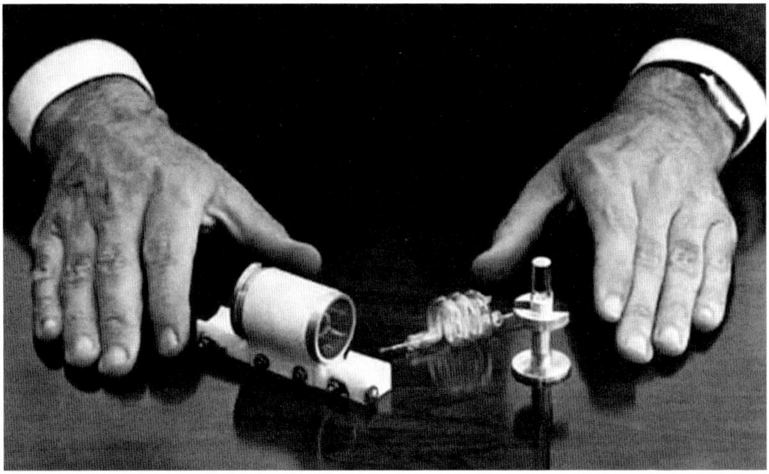

Erst in den nachfolgenden Jahren und Jahrzehnten werden die Anwendungsmöglichkeiten des Lasers nach und nach entwickelt und erforscht (ein führendes Land in der Laserforschung wird neben den USA die Bundesrepublik Deutschland), und sie sind bis heute noch lange zu keinem Ende gelangt. Neue, leistungsfähigere Laserarten werden entwickelt, etwa Argon-Ionen-Laser, CO_2-Laser, Halbleiterlaser und YAG-Laser.
Kritisch beleuchtet Ernst Peter Fischer die damalige Rolle der Konkurrenz: »Danach haben dann die Experten in New York in den großen Bell Laboratorien mit zwanzig, dreißig Leuten das alles besser und schneller hingekriegt. Das ist dann immer noch toll, aber kein wirkliches Kunststück mehr. Also ich würde wirklich gern Theodore Maiman als den eigentlichen Erfinder des Lasers feiern. Und nicht jetzt das Genörgel von Leuten, die als Zweite ins Ziel gekommen sind, ernst nehmen.«

KEIN ANRUF AUS STOCKHOLM ▮ Maiman selbst freilich bleibt in den Augen der Fachwelt ein Mann der zweiten oder gar dritten Reihe. 1962 verlässt er die Hughes Research Laboratories, gründet seine eigene Firma »Korad Corporation« und widmet sich der nichtlinearen Optik und der weiteren Entwicklung von Lasern. Er erhält einige Ehrungen, so den Oliver E. Buckley Prize (1966), den Wolf Prize in Physics

(1983) und den Japan Prize (1987). Der Nobelpreis, für den er immerhin zwei Mal nominiert wird, bleibt ihm versagt. Den erhalten 1964 seine Konkurrenten auf dem Gebiet der Lasertechnik Charles Townes, Nikolai Basow und Alexander Prochorow, 1981 auch noch Arthur Schawlow, zudem in den Jahren bis 2005 achtzehn weitere Forscher, die sich mit Lasertechnologie direkt oder indirekt beschäftigten. Maiman selbst wartet vergeblich auf einen Anruf aus Stockholm. Immerhin wird er spät, im Jahre 1980, in die National Academy of Sciences aufgenommen, 1984 in die National Inventors Hall of Fame.

Theodore Maiman, der sich ursprünglich die Frage nach dem Problem für eine Lösung gestellt haben mag, kommt ganz persönlich in den Genuss einer Anwendungsmöglichkeit des Lasers: Im Jahre 2000 unterzieht er sich in München einer Laseroperation. Er stirbt am 5. Mai 2007 in Vancouver an systemischer Mastozytose, einer genetisch bedingten Hautkrankheit.

Was die Zukunft der Lasertechnologie anbelangt, sieht der Wissenschaftshistoriker und -publizist Ernst Peter Fischer darin eine geradezu philosophische Dimension:

»Es ist schön, dass dieser Wunsch [nach einer besseren Zukunft] vor fünfzig Jahren in Erfüllung gegangen ist. Es ist gut, dass wir dabei nicht stehen geblieben sind. Es gibt noch viele alte Wünsche – und noch mehr neue Wünsche. Das Licht des Lasers zeigt jede Menge Möglichkeiten. Wir können sie nutzen.«

AUSWAHLBIBLIOGRAPHIE

ALLGEMEINE LITERATUR

ATTLMAYR, ERNST: Tiroler Pioniere der Technik. 35 Lebensbilder. Innsbruck und München 1968.

BÜRGIN, LUC: Irrtümer der Wissenschaft. Verkannte Genies, Erfinderpech und kapitale Fehlurteile. »Und sie hatten doch recht«. München 1997.

DULKEN, STEPHEN VAN: Das große Buch der Erfindungen. 100 Ideen, die Geschichte machten. Frankfurt/M. 2006.

FREUND, RENÉ: Land der Träumer: zwischen Größe und Größenwahn. Verkannte Österreicher und ihre Utopien. Wien 1996.

WITT, ARMIN: Das Galilei-Syndrom. Unterdrückte Entdeckungen und Erfindungen. München 1991.

EDWARD JENNER (1749–1823)

DEICHFELDER, KARL: Geschichte der Medizin. Wiesbaden 1985.

DOLAN, E. F.: Jenner and the Miracle of Vaccine. New York 1960.

FISHER, RICHARD B.: Edward Jenner 1749–1823. London 1991.

JENNER, EDWARD: An Inquiry into the Causes and Effects of the Variolae Vaccinae, a disease discovered in some of the western counties of England, particularly Gloucestershire, and known by the name of the Cow Pox. London 1798.

LEFANU, WILLIAM RICHARD: A Bibliography of Edward Jenner. London 1951, 1985(2).

LÜCKE, MANFRED H.: Edward Jenner. In: Klassiker der Medizin. Erster Band. Von Hippokrates bis Christoph Wilhelm Hufeland. Hg. von Dietrich von Engelhardt und Fritz Hartmann. München 1991, S. 309–327.

MILLER, GENEVIEVE (HG.): Letters of Edward Jenner. And other documents concerning the early history of vaccination. From the Henry Barton Jacobs Collection in the William H. Welch Medical Library. Baltimore 1983.

WINKLE, STEFAN: Kulturgeschichte der Seuchen. Düsseldorf und Zürich 1997. www.edwardjennersociety.org · www.jennermuseum.com

IGNAZ PHILIPP SEMMELWEIS (1818–1865)

BENEDEK, ISTVÁN: Ignaz Philipp Semmelweis. 1818–1865. Wien, Köln, Graz 1983.

BENEDEK, ISTVÁN: Semmelweis' Krankheit. Budapest 1983.

SCHÜRER VON WALDHEIM, FRITZ: Ignaz Philipp Semmelweis. Sein Leben und Wirken. Wien und Leipzig 1905.

SEMMELWEIS, IGNAZ PHILIPP: Die Aetiologie, der Begriff und die Prophylaxis des Kindbettfiebers. Pest, Wien, Leipzig 1861.

SEMMELWEIS, IGNAZ PHILIPP: Offener Brief an sämmtliche Professoren der Geburtshilfe. Ofen 1862.

SILLÓ-SEIDL, GEORG: Die Wahrheit über Semmelweis. Genf 1978.

SINCLAIR, WILLIAM J.: Semmelweis. His life and His Doctrine. Manchester 1909.

GREGOR (JOHANN) MENDEL (1822–1884)

HENIG, ROBIN MARANTZ: Der Mönch im Garten. Die Geschichte des Gregor Mendel und die Entdeckung der Genetik. Berlin 2001.

ILTIS, HUGO: Gregor Johann Mendel: Leben, Werk und Wirkung. Prag 1924.

KRUMBIEGEL, INGO: Gregor Mendel und das Schicksal seiner Entdeckung. Große Naturforscher. Hg. von Heinz Degen. Bd. 22. Stuttgart 1967(2).

LÖTHER, ROLF: Wegbereiter der Genetik. Gregor Johann Mendel und August Weismann. Frankfurt am Main 1990.

MENDEL, JOHANN GREGOR: Versuche über Pflanzen-Hybriden. Verhandlungen des naturforschenden Vereines in Brünn. Bd. IV (1865), S. 3–47 [erschienen 1866]. www.mendel-museum.com · www.mendelweb.org

ROSALIND FRANKLIN (1920–1958)

CRICK, FRANCIS: What a Mad Pursuit. A Personal View of Scientific Discovery. New York 1988 [dt. unter dem Titel: Ein irres Unternehmen. Die Doppel-Helix und das Abenteuer Molekularbiologie. München 1990].

FISCHER, ERNST PETER: Am Anfang war die Doppelhelix. James D. Watson und die neue Wissenschaft vom Leben. München 2003.

FÖLSING, ULLA: Nobel-Frauen. Naturwissenschaftlerinnen im Porträt. München 1990.

FRANKLIN ROSALIND E. UND R. G. GOSLING: Molecular configuration in sodium thymonucleate. In: Nature. London 171.1953 (25. April), S. 740–741.

KLUG, AARON: The Discovery of the Double Helix. In: T. Krude (Hg.): DNA. Changing Science and Society. Cambridge 2003.

MADDOX, BRENDA: Rosalind Franklin. Die Entdeckung der DNA oder Der Kampf einer Frau um wissenschaftliche Anerkennung. Frankfurt/M. 2002.

SAYRE, ANNE: Rosalind Franklin and DNA. New York 1975.

STRATHERN, PAUL: Crick, Watson & die DNA. Frankfurt/M. 1998.

WATSON, JAMES D. UND FRANCIS H. CRICK: Molecular structure of nucleic acids, a structure for deoxyribose nucleic acid. In: Nature. London 171. 1953 (25. April), S. 737–738.

WATSON, JAMES D.: Die Doppel-Helix. Reinbek 1969 [zuerst engl. unter dem Titel The Double Helix, 1968]

Wilkins Maurice H. , A. R. Stokes, H. R. Wilson: Molecular structure of deoxypentose nucleic acids. In: Nature. London 171.1953 (25. April), S. 738–740.

RICHARD TREVITHICK (1771–1833)

Beringer, John Jacob: Richard Trevithick. 1902.
Burton, Anthony: Richard Trevithick. Giant of Steam. London 2000.
Jenkin, A. Hamilton: The Life of Richard Trevithick. 1938.
www.trevithick-society.org.uk

KARL DRAIS (1785–1851)

Ebeling, Hermann: Der Freiherr von Drais. Das tragische Leben des »verrückten Barons«. Ein Erfinderschicksal im Biedermeier. Karlsruhe 1985.
Lessing, Hans-Erhard: Automobilität. Karl Drais und die unglaublichen Anfänge. Leipzig 2003.

JOSEF RESSEL (1793–1857)

Comité für die Centenarfeier Josef Ressels (Hg.): Josef Ressel. Denkschrift. Wien 1893.
Marschner, Erhard: Josef Ressel. Erfinder der Schiffsschraube. Seine Vorfahren und Nachkommen. Neustadt an der Aisch 1979.
Murko, Vladimir, Franc Sevnik, Albert Struna: Joseph Ressel. 1793–1857. Inventor of the vessel screw, Forester and economist. Ljubljana 1957.
Pluhař, Zdeněk: Die Bronzespirale. Eine Schicksalsymphonie. Roman. Berlin 1957.
Rampati, Aldo: Josef Ressel. Un Leonardo di casa nostra. Triest 2007.

WILHELM BAUER (1822–1875)

Herold, Klaus: Der Kieler Brandtaucher. Wilhelm Bauers erstes Tauchboot. Ergebnisse einer Nachforschung. Bonn 1993.
Röhr, Albert: Wilhelm Bauer. Ein Erfinderschicksal. Zu seinem 100. Todestag. Deutsches Museum. Abhandlungen und Berichte, 43,1. München 1975.
Scheffel, Fritz: Der Brandtaucher. Wilhelm Bauer erfindet das U-Boot. Die Geschichte eines Lebenskampfes. Leipzig 1936.
Straub, Heinz: Der eiserne Seehund. Das abenteuerliche Leben des U-Boot-Erfinders Wilhelm Bauer. Bergisch-Gladbach 1983.
Technikmuseum U-Boot »Wilhelm Bauer« e. V. Bremerhaven (Hg.): Kleine Geschichte und Technik der deutschen U-Boote. Bremerhaven 1990.
www.historischer-verein-dillingen.de

SIEGFRIED MARCUS (1831–1898)

BUBERL, ALFRED: Die Automobile des Siegfried Marcus. Bad Sauerbrunn 1994.

BÜRBAUMER, URSULA: Das erste Auto der Welt? Männer und Motoren in Österreich im 19. Jahrhundert. Wien 1998.

GOLDBECK, GUSTAV: Siegfried Marcus. Ein Erfinderleben. Beiträge zur Technikgeschichte DK 621.43:92. Düsseldorf 1961.

HARDENBERG, HORST: Siegfried Marcus. Mythos und Wirklichkeit. Unter Mitarbeit von Ursula Bürbaumer. Wissenschaftliche Schriftenreihe des DaimlerChrysler Konzernarchivs. Bd. 3. Hg. von Harry Niemann und Armin Hermann. Bielefeld 2000.

KURZEL-RUNTSCHEINER, ERICH: Siegfried Marcus. Heft 29/30 und 31/32 der Zeitschrift des OLAV. 1928.

KURZEL-RUNTSCHEINER, ERICH: Siegfried Marcus. Lebensbild eines österreichischen Erfinders. Hg. vom ÖAMTC. Wien 1956.

SEIFFERT, REINHARD: Die Ära Gottlieb Daimlers. Neue Perspektiven zur Frühgeschichte des Automobils und seiner Technik. Wiesbaden 2009.

SEPER, HANS: Damals als die Pferde scheuten. Die Geschichte der österreichischen Kraftfahrt. Wien 1968.

GUSTAV WEISSKOPF (1874–1927)

BÖTTCHER, HELMUTH M.: Gustav Weißkopf – Die Geschichte des ersten Motorfliegers. Berlin, Wien, Leipzig 1942.

MÜLLENBACH, HERBERT: Eroberung der Luft. München o. J.

O'DWYER, WILLIAM UND STELLA RANDOLPH: History by Contract. Leutershausen 1978.

RANDOLPH, STELLA: Before the Wrights Flew. New York 1966.

RANDOLPH, STELLA: Lost Flights of Gustave Whitehead. Washington 1937.

SCHWIPPS, WERNER UND HANS HOLZER: Flugpionier Gustav Weißkopf. Legende und Wirklichkeit. Oberhaching 2001.

WÜST, ALBERT: Gustav Weißkopf: »Ich flog vor den Wrights«. Erster Motorflug 14. August 1901. Eine Zusammenfassung von Ergebnissen der Weißkopf-Forschung. Leutershausen 1999. www.weisskopf.de

MAX VALIER (1895–1930)

ATTLMAYR, ERNST: Tiroler Pioniere der Technik. 35 Lebensbilder. Innsbruck und München 1968, Artikel »Max Valier«, S. 80–87 [mit ausführlicher Bibliographie der Veröffentlichungen Max Valiers].

ESSERS, ILSE: Max Valier. Ein Vorkämpfer der Weltraumfahrt. 1895–1930. Technikgeschichte in Einzeldarstellungen. Nr. 5. Hg. vom Verein Deutscher Ingenieure. Düsseldorf 1968.

Stamer, Fritz: Zwölf Jahre Wasserkuppe. Berlin 1933.
Valier, Max: Der Vorstoß in den Weltenraum. München 1924.
www.maxvalier.org · www.sternwarte.it

ILSE KOBER-ESSERS (1898 –1994)

Arnauld de la Perière, Gabriele von, Ilse Essers: Prinz Heinrich von Preußen: Admiral und Flieger. Herford 1983.
Essers, Ernst und Ilse Essers: Deichselkräfte an Lastzügen. Köln und Opladen 1957.
Essers, Ilse: Hermann Ganswindt, Vorkämpfer der Raumfahrt mit seinem Weltenfahrzeug seit 1881. Technikgeschichte in Einzeldarstellungen. Nr. 5. Hg. vom Verein Deutscher Ingenieure. Düsseldorf 1977.
Essers, Ilse: Technik an meinem Lebensweg. Als Frau und Ingenieur in der Frühzeit der Luftfahrttechnik. Hg. von Peter F. Selinger. Graz 1988.
Essers, Ilse: Max Valier: Ein Pionier der Raumfahrt. Bozen 1980.
Essers, Ilse: Max Valier. Ein Vorkämpfer der Weltraumfahrt. 1895–1930. Technikgeschichte in Einzeldarstellungen. Nr. 5. Hg. vom Verein Deutscher Ingenieure. Düsseldorf 1968.

JOHANN KRAVOGL (1823–1889)

Attlmayr, Ernst: Tiroler Pioniere der Technik. 35 Lebensbilder. Innsbruck und München 1968, S. 41–45.
Granichstaedten-Czerva, Rudolf: Johann Kravogl. Erfinder des Elektromotors. Wien 1929 (Neuausgabe: Lana 1998).
Kravogl, Paula: Jungmädchenjahre. Erinnerungen. Innsbruck 1917.
Pfaundler, Leopold: Über die Mantelringmaschine von Kravogl und deren Verhältnis zur Maschine von Pacinotti-Gramme. In: Sitzungsberichte der mathematisch-naturwissenschaftlichen Klasse der kaiserlichen Akademie der Wissenschaften. 87. Band, 2. Abteilung, Jg. 1883, S. 640.

NIKOLA TESLA (1856–1943)

Bokšan, Slavko: Nikola Tesla und sein Werk. Leipzig, Wien, New York 1932.
Ferzak, Franz: Nikola Tesla. Neuenhinzenhausen 1993.
Freund, René: Im Wechsel des Stroms. In: Land der Träumer. Zwischen Größe und Größenwahn – verkannte Österreicher und ihre Utopien. Wien 1996. S.197–212.
Krause, Michael: Wie Nikola Tesla das 20. Jahrhundert erfand. Weinheim 2010.
O'Neill, John: Nikola Tesla – Der Gegenspieler Edisons. Wien, Innsbruck, Wiesbaden 1951.
Tesla, Nikola: Colorado Springs. Aufzeichnungen. Peiting 2008.
Tesla, Nikola: Meine Erfindungen. Eine Autobiographie. Hg. und aus dem

Amerikanischen übertragen von Daniel Fedeli. Basel 1996.
CAMMERFORD, MARTIN: Teslas verschollene Erfindungen. Geniale Techniken wiederentdeckt. Edition Freie Energie. Wiesbaden 1994.
WITT, ARMIN: Nicola Tesla, der Dichter der Elektrizität. In: Unterdrückte Entdeckungen und Erfindungen. Frankfurt/M. und Berlin 1993. S. 275–304.
www.tesla-museum.org

HIPPOLYTE BAYARD (1801–1887)

DUCA, LO: Bayard, der erste Lichtbildkünstler. Paris 1943.
HARMANT, PIERRE G.: Hippolyte Bayard. In: Le Photographe. 20.03.1961, S. 134–139, und 05.04.1961, S. 165–168.
JAMMES, ANDRÉ: Hippolyte Bayard. Ein verkannter Erfinder und Meister der Photographie. Bibliothek der Photographie. Hg. von Romeo E. Martinez. Bd. 8. Luzern und Frankfurt/M. 1975.
POTONNIÉE, GEORGES: Histoire de la Découverte de la Photographie. Paris 1925.

ADA BYRON-LOVELACE (1815–1852)

ADA LOVELACE. INTRODUCTION/EINFÜHRUNG: Joasia Krysa. 100 Notes – 100 thoughts/100 Notizen/100 Gedanken. Nr. 055. dOCUMENTA (13), 9.6.2012–16.9.2012. Ostfildern 2011.
KÜNZEL, WERNER: Charles Babbage. Differenz-Maschinen. Exkurse zur Kartographie der technischen Kultur im 19. Jahrhundert. Berlin 1991.
STEIN, DOROTHY: Ada. Die Braut der Wissenschaft. Berlin 1999 [engl. unter dem Titel: Ada: A Life and a Legacy. Cambridge, Mass. 1985].
TOOLE, BETTY ALEXANDER: Ada, the Enchantress of Numbers. A Selection from the Letters of Lord Byron's Daughter and Her Description of the First Computer. Mill Valley, California 1992.
WOOLLEY, BENJAMIN: Byrons Tochter. Ada Lovelace – Die Poetin der Mathematik. Berlin 2005 [engl. unter dem Titel: The Bride of Science. Romance, Reason and Byron's Daughter. London 1999].

PETER MITTERHOFER (1822–1893)

BASTEN, PETER UND RICHARD KRCAL: Peter Mitterhofer und seine Schreibmaschine 1864–1964. Aachen 1972.
GRANICHSTAEDTEN-CZERVA, RUDOLF: Peter Mitterhofer, Erfinder der Schreibmaschine. Ein Lebensbild. Wien 1924.
HOENIGER, KARL THEODOR: Peter Mitterhofer aus Partschins, Erfinder der Schreibmaschine. Meran 1952.
LASSNIG, EWALD: Festschrift zur 150. Wiederkehr des Geburtstages von Peter

Mitterhofer, Erfinder der Schreibmaschine. Partschins 1972.
Lassnig, Ewald: Peter Mitterhofer. 1822–1893. Ein Pionier der Schreibmaschine. Bozen 1993.
Waize, Alfred: Peter Mitterhofer und seine fünf Schreibmaschinenmodelle. Wolfenbüttel 1977.
www.schreibmaschinenmuseum.com

JOHANN PHILIPP REIS (1834–1874) UND ANTONIO MEUCCI (1808–1889)

Bernzen, Rolf: Das Telephon von Philipp Reis. Eine Apparategeschichte. Marburg 1999.
Bernzen, Rolf: Philipp Reis. Formen, Phasen und Motivationen der Auseinandersetzungen mit dem Telephon. Versuch einer Bestandsaufnahme. Berliner Beiträge zur Geschichte der Naturwissenschaften und der Technik, Bd. 16. Berlin 1992.
Beyrer, Klaus: Johann Philipp Reis – Alexander Graham Bell. Zwei Pioniere des Telefons. In: Mensch Telefon. Aspekte telefonischer Kommunikation. Hg. von Margret Baumann und Helmut Gold. Heidelberg 2000. S. 57–74.
Fürst, Artur: Das Weltreich der Technik. Entwicklung und Gegenwart. Bd. 1. Berlin 1923.
Görne, Thomas: Tontechnik. München 2008.
Thompson, Silvanus: Philipp Reis. Inventor of the Telephone. A Biographical Sketch. London 1883.

CHRISTIAN HÜLSMEYER (1881–1957)

Ender, Joachim: 98 Jahre Radarprinzip. Der Erfinder Christian Hülsmeyer. Rede zum Gedenken an sein Lebenswerk im historischen Rathaus Köln, 4. Juni 2002. Sonderdruck 30.04.2004 anlässlich 100 Jahre Radar.
Vollmar, Fritz: Das Telemobiloskop von Christian Hülsmeyer, ein früher Vorläufer des Radargeräts. In: Deutsches Museum. Abhandlungen und Berichte. 28. Jg.. 1960. Heft 1. München und Düsseldorf 1960. S. 33–36.
www.watsonwatt.org

KONRAD ZUSE (1910–1995)

Alex, Jürgen: Zur Entstehung des Computers – von Alfred Tarski zu Konrad Zuse. Düsseldorf 2007.
Mons, Wilhelm, Horst Zuse, Roland Vollmar: Konrad Zuse. Ernst Freiberger-Stiftung. Berlin 2005.
Peters, Arno: Was ist und wie verwirklicht sich Computer-Sozialismus. Gespräche mit Konrad Zuse. Berlin 2000.
Rojas, Raul (Hg.): Die Rechenmaschinen von Konrad Zuse. Berlin 1998.

ZUSE, KONRAD: Der Computer, mein Lebenswerk. München 1970.
ZUSE, KONRAD: Rechnender Raum. Braunschweig 1969.
www.horst-zuse.homepage.t-online.de
www.konrad-zuse-computermuseum.net
www.zuse-museum-huenfeld.de

THEODORE MAIMAN (1927–2007)

ALBRECHT, HELMUTH: Laserforschung in Deutschland 1960–1970. Stuttgart 1997.
BÄUERLE, DIETER: Laser – Grundlagen und Anwendungen in Photonik, Technik, Medizin und Kunst. Weinheim 2009.
EICHLER, HANS JOACHIM UND JÜRGEN: Laser – High-Tech mit Licht. Berlin 1995.
FISCHER, ERNST PETER: Laser. Eine deutsche Erfolgsgeschichte von Einstein bis heute. München 2010.
KOEBNER, HANS: Laser – vom tödlichen zum heilenden Strahl. Aachen 1988.
KRAUTER, RALF: Der Laser wird 50. Eine Sendung des Deutschlandfunk, Wissenschaft im Brennpunkt, 09.05.2010. www.dradio.de/dif/sendungen/wib/1179403/
MAIMAN, THEODORE H.: The Laser Odyssey. Blaine 2000.
TOWNES CHARLES H.: How the Laser Happened. Oxford 1999.
WEBER, HORST: Laser. München 1998.

BILDNACHWEIS

Die Redaktion hat sich nach bestem Wissen und Gewissen bemüht, die Rechteinhaber ausfindig zu machen. Sollte sie dennoch etwas übersehen haben, bitten wir um Kontaktaufnahme an die Verlagsadresse (http://www.styriabooks.at/).
Wir danken folgenden Rechteinhabern für die freundliche Abdruckgenehmigung:
S.43 © Humboldt-Universität zu Berlin, Vergleichende Zoologie, Lehrsammlung;
S.63 © Science Museum The British Railway Locomotive H.M.S.O.;
S.151 / 157 © Flughistorische Forschungsgemeinschaft Gustav Weisskopf;
S.160 © Deutsches Bundesarchiv, Bild 102-01338 Fotograf: Georg Pahl;
S.172 © Familie Essers; S.229 © London Science Museum, Fotograf: Carsten Ullrich;
S.282 © Deutsches Museum;
S.286 © AIP Emilio Segre Visual Archives; S.288/ 294 © Academy of Achievement Washington D.C.

IMPRESSUM

ISBN 978-3-222-13394-7

Lektorat: Susanne Rick
Bildredaktion: Tobias von Schultzendorff
Covergestaltung: Gabriele Burde, Berlin
Produktion und Gestaltung: Simin Bazargani, Gabriele Burde, Berlin
Druck: Druckerei Theiss GmbH, 9431 St. Stefan im Lavanttal
7 6 5 4 3 2 1
Printed in Austria